HEYNE BÜCHER
SACHBUCH

Petra Deimer

DAS BUCH DER WALE

WILHELM HEYNE VERLAG
MÜNCHEN

HEYNE SACHBUCH
Nr. 19/105

3. Auflage
1. Auflage dieser Ausgabe
Früher als Heyne-Taschenbuch unter der Nr. 01/7271 erschienen.

Genehmigte und aktualisierte Taschenbuchausgabe
Wilhelm Heyne Verlag GmbH & Co. KG, München

Printed in Germany 1990
Umschlagfoto: Francois Gohier Pictures, San Diego
Umschlaggestaltung: Atelier Adolf Bachmann, Reischach
Druck des Bildteils: RMO, München
Satz, Druck und Verarbeitung: Presse-Druck Augsburg

ISBN 3-453-04016-3

INHALT

Meinen Eltern, Evelina und Eleuterio Reis,
ohne deren Hilfe ich den Walen nie begegnet wäre.
In der Hoffnung,
den Walen ein wenig zu helfen.

VORWORT

Nur wenige Lebewesen haben die Fantasie der Menschen so beflügelt wie der Wal. Vom Riesenfisch, der in der biblischen Mär den Jonas verschlang, vom schiffezerschmetternden Leviathan, von der Jagd auf den weißen Wal als symbolischem Bild des vergeblichen menschlichen Strebens, in den wahren Sinn der Dinge einzudringen, ist die Rede... und von viel Seemannsgarn. So wird in jedem Walfängerdorf die Geschichte von einem Kapitän Ahab gesponnen, dem Moby Dick ein Bein abgebissen hat und der durch den Leviathan zum Krüppel wurde. Hin und wieder gibt es Unglücke zu beklagen, aber dann hat keineswegs ein Wal mutwillig Rache geübt, sondern ein Fänger ist beispielsweise im Eifer des Gefechts in die Schlinge von Tau und Tampen geraten, so daß ihm durch ein derartiges Mißgeschick ein Bein abgerissen wurde.

Nicht Fische, sondern Meeressäugetiere sind Wale, deren Urahnen vor rund 60 Millionen Jahren den Sprung ins kalte Wasser machten, weil sie ein üppiges Nahrungsangebot lockte. Zunächst kaum seetüchtiger als Nilpferde, paßten sich die zukünftigen Könige der Meere ihrem neuen Lebensraum dank erstaunlicher Umwandlungsprozesse hervorragend an und eroberten alle Meere, manche auch das Süßwasser. Von den kleinen Delphinen bis zu den majestätischen Ozeanriesen kann diesen Anpassungskünstlern in unseren Tagen kaum eine andere Kreatur das Wasser reichen.

So ist der Blauwal mit mehr als 30 Metern Länge das größte Tier, das je auf Erden existierte. Der Pottwal hält mit mehr als 1000 Metern Tiefe den Rekord im Tauchen, wenn er, umschlungen von ewiger Finsternis und Kälte, in die unwirtliche Tiefsee vordringt, um mit gigantischen Tiefseekraken zu ringen. Der Grauwal schlägt jedes andere Säugetier im Langstreckenwandern, wenn er alle Jahre wieder im Sommer die satten Weidegründe der Arktis und im Winter seine Kinderstube unter der Sonne von Kalifornien aufsucht. Der Buckelwal kreiert jedes Jahr einen neuen Hit; er hat die Stellnetzfischerei erfunden, um mit Hilfe eines raffinierten Luftblasentricks Meeresfrüchte tonnenweise in sein Maul einzufahren.

Wale können über ein kompliziertes Radarsystem ihre Umgebung, Beutetiere und Artgenossen messerscharf abtasten. Sie haben eine innere Uhr und einen Kompaß. Sie können nicht nur SOS funken, sondern auch über Meilen miteinander kommunizieren, wenn nicht gar auf ihre Weise philosophieren. Wenn Artgenossen in Not geraten, lassen sie Verletzte oder Kranke nicht im Stich, sondern helfen ihnen mit vereinten Kräften. Kommt eine werdende Mutter nieder, sind Hebammen zur Stelle, die dem Kalb einen sanften Klaps verpassen, damit es seinen ersten Blas, den ersten Atemzug, an der Oberfläche vollzieht – geschützt vor Hai- oder Schwertwalattacken. Delphine retten Schiffbrüchige aus Seenot oder treiben wie auf Kommando Fischern gute Fänge in die Netze.

Die Wunderkinder der Meere sind intelligent und kooperativ, sanft und hilfsbereit, in der Natur wie auch bei der Show im Zoo oder Ozeanarium. Damit sind nur einige wenige Eigenschaften der wundersamen Wale genannt, der Tiere, über die wir noch viel zuwenig wissen. Ich kann nur hoffen, daß der Mensch ein Einsehen mit diesen intelligenten Meeressäugern hat und endlich damit anfängt, sie zu achten, anstatt sie systematisch zu vernichten. Denn der Wal ist nicht der Feind der Menschen, aber der Mensch kam als Feind der Wale. In nur wenigen Jahrzehnten hat er diese Tiere ohne Wehr und Waffen auf der Suche nach dem flüssigen Gold, dem Waltran, mit moderner Technik an den Rand der Ausrottung gebracht.

Rettet die Wale! Sie können sich nicht wehren. Ich wünsche mir, mit diesem Buch einen Teil zu ihrem Überlebenskampf beitragen zu können.

Hamburg, im Juni 1983/Juli 1990 Petra Deimer

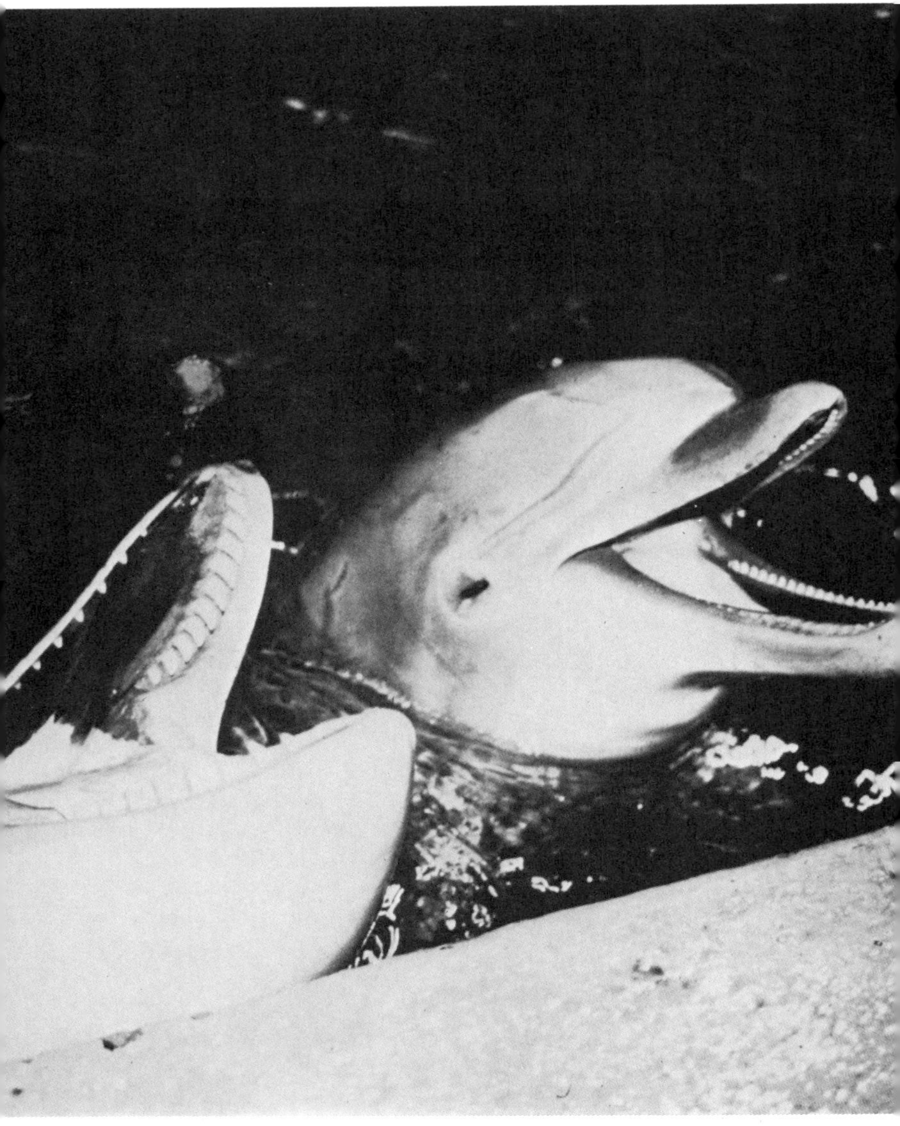

ORCA, DER SANFTE MÖRDER-WAL

Angeblich ist der Mörderwal ein Tyrann oder Peiniger, ein gieriger Wolf oder wütender Räuber, der weltweit die Meere verunsichert. In Hagenbecks Tierpark zeigt sich ein solcher »Killer« von der besten Seite. Das zwei Tonnen schwere Walmädchen aus Island ist lammfromm und nicht nur mit den Delphinen ein Herz und eine Seele.

Unermüdlich stampft der Trawler durch die schwere See vor der isländischen Küste. Prall gefüllt das Netz. Ein Hol. Zwischen den silbrigglänzenden Fischleibern bäumt sich ein schwarzweißer Körper auf, zittert und bebt. Ein Schwertwal oder »Mörderwal«. In Windeseile machen die Männer das Geschirr klar. Der ganze Fischfang wird wieder dem Meer übergeben. Sie wollen den Wal. Aber lebend. Er ist für das Delphinarium von Hagenbecks Tierpark in Hamburg bestimmt. Dort landete Orcinus orca – so seine wissenschaftliche Bezeichnung – am 6. Dezember 1981. Der dick mit Vaseline eingeschmierte und in einen »Walcontainer« gebettete »Killer« kam aus der Luft; er landete nach einem 18stündigen Charterflug von Reykjavik in Hamburg-Fuhlsbüttel. Unterwegs wurde die Haut feucht gehalten, damit der kostbare Wal keinen Schaden erlitt. Denn die Haut ist äußerst sensibel und darf nicht austrocknen. Der Leib ruhte auf einer weichen Unterlage, damit das Tier nicht durch die eigenen Körpermassen erdrückt würde.

Kaum bei Hagenbeck eingetroffen, wurde Orca, wie das Mädchen später getauft wurde, sogleich in dem Pool für Delphine zu Wasser gelassen. Alle waren froh. Orca hatte den Flug gut überstanden. Und schon bald mauserte sie sich zu einer faszinierenden Tierparkattraktion. Nicht nur daß sie die Herzen der Zuschauer im Sturm gewann, sondern sie schlug auch einen verwitweten Delphinmann, mit Namen Frisco, sofort in ihren Bann. Dabei ist das zwei Tonnen gewichtige Mädchen angeblich ein »Mörder«, der Delphine frißt. Doch von Feindschaft keine Spur. Frisco begann bald, seine neue Liebe zu umschwärmen. Er becircte sie mit leckerem Fisch, den er sich vom Mund absparte und in dem Kanal zwischen Vorführ- und Ruhebecken treiben ließ. Wenn sie dann endlich kam, ließ er einen schrillen Pfiff erklingen, wie ihn Trainer Köhrmann zur Belohnung aus seiner Trillerpfeife hören läßt. Frisco weiß, wo's langgeht bei Hagenbeck – Orca inzwischen auch. Fast jede Woche bin ich im Delphinarium gewesen, um Orcas Fortschritte zu beobachten. Einfach toll, wie schnell die Nummern klappten. »Orca hat Artistenblut in den Adern«, meint Köhrmann, »es macht richtig Spaß, mit ihr zu arbeiten.« Hier Auszüge aus dem Tagebuch:

11. Dezember: Am Beckenrand stehen dichtgedrängt Journalisten und Fotografen. Alle wollen Orca sehen. Sie genießt den Rummel, zeigt sich von ihrer besten Seite. Immer wieder steht sie auf der Schwanzflosse im Wasser und läßt ihre vierzig weißen Zähne blinken. Wer sich traut, darf den Kopf streicheln, der sich wie ein Gummistiefel anfaßt. Kurt Köhrmann frißt sie schon aus der Hand.

16. Dezember: Der Ernst des Lebens im Delphinarium beginnt. Schließlich soll Orca bis Mitte März fit für die erste Show sein. Köhrmann kniet am Beckenrand, immer höher hält er den Belohnungsfisch, immer höher spingt seine Schülerin aus dem Wasser. Es klappt wie am Schnürchen. Sie bekommt den Fisch – und ein großes Lob dazu: den Pfiff aus der Trillerpfeife.

Ein großer, roter Ballon wird von der Decke herunter mehrmals auf die Wasseroberfläche fallen gelassen. Auf Kommando nimmt Orca Anlauf und springt. Gerade eben erwischt sie den Ball mit der Schnauzenspitze und plumpst mit viel Getöse wieder ins Wasser. »Sie muß noch lernen, rückwärts, sozusagen im Salto, zu wassern«, meint Köhrmann, »sonst werden die Zuschauer in den ersten Reihen naß.« Wie er das macht? Ganz einfach, so hört sich's jedenfalls an. Er zieht den Ball während des Sprunges ein wenig zurück, und der Wal lernt, wie er springen soll.

4. Januar: Der Sprung über die Latte muß besser werden, beim letzten Mal lief er noch nicht so gut. Orca schwimmt: Anlauf. Kurz vor der Latte, die etwa einen Meter über der Oberfläche hängt, bremst sie ab, schwimmt geruhsam unten durch, macht eine Wende unter Wasser und kommt an den Beckenrand. Sie streift mit ihren listigen kleinen Augen den Trainer und macht sich nicht einmal die Mühe, zum Fischebetteln aus dem Wasser aufzutauchen. Längst hat sie kapiert, daß sie für Kaspereien nicht belohnt wird. Nun gut, die Übung wird wiederholt. Und haut hin. Es gibt Fisch – und den Pfiff. Das war sehr gut. Jetzt kommt die Sache mit dem Sattel, weil Orca im Sommer einen Reiter tragen soll. Ihr wird ein Bügel auf den Rücken gelegt, sie muß gestreckt, ohne unterzutauchen, am Beckenrand entlangschwimmen. In dem Moment, in dem Bleistücke an den Seiten ihres Körpers hinuntergelassen werden, um sie an die Beine eines Reiters zu gewöhnen, flippt sie aus. Das hilft nichts, die Nummer wird wiederholt, bis alles klappt.

15. Januar: Es klappt. Überhaupt macht das Walmädchen tolle Fortschritte. Sie hat an allen Übungen zugleich arbeiten müssen. In meinen Augen wäre sie schon bühnenreif. Aber Köhrmann will davon nichts hören. »Die muß erst alles wie im Schlaf machen und vor allem, ohne mich vor versammeltem Publikum mit einem Spaß reinzulegen.«

Mit irgendeinem Trick kommt sie tatsächlich immer wieder an. Nicht daß es ihr Ziel wäre, ihren Lehrer aufs Kreuz zu legen, sie liebt es, ihn zu testen – Schule einmal andersherum. Zudem hapert es noch mit dem Sprung auf die Matte. Sie ziert sich, ehe sie ihre vier Meter Körperlänge aus dem feuchten Element auf den Beckenrand schwingt. Kein Wunder, daß sie dieses Kunststück nicht besonders liebt, denn trotz ihrer Lungenatmung müßte sie an ihrem Körpergewicht, das nur im Wasser tragbar ist, ersticken. Sie empfindet vor Boden unter dem Bauch eine natürliche Todesangst.

8. Februar: Orca hat sich zur Meisterschülerin gemausert. Sie liegt auf dem Rücken, spielt toter Mann und läßt sich kraulen. Sie winkt mit der Brust- oder Schwanzflosse. Ball und Latte, Sattel und der Sprung auf die Matte sind kein Problem mehr. Strafe ist tabu, seit der Begründer von Hagenbecks Tierpark die sogenannte zahme Dressur eingeführt hat. Die Tiere lernen, weil sie gelobt werden. Früher mußte beispielsweise ein Bär tanzen, weil er auf eine heiße Tanzfläche gestellt worden war. Strafe ist auch bei Orcas Training tabu, selbst als Köhrmann einmal, durch meine Fragen abgelenkt, zu dicht am Becken steht und Orca prompt die Situation nutzt und ihren Lehrer mit einem schwungvollen Kopfstoß umwirft.

Rund neun Kilo Fisch verdrückt die Walin jeden Tag während ihrer vier Vorstellungen in der Hauptsaison, die optimale Portion, damit sie weder zu träge noch zu dick wird, um mit

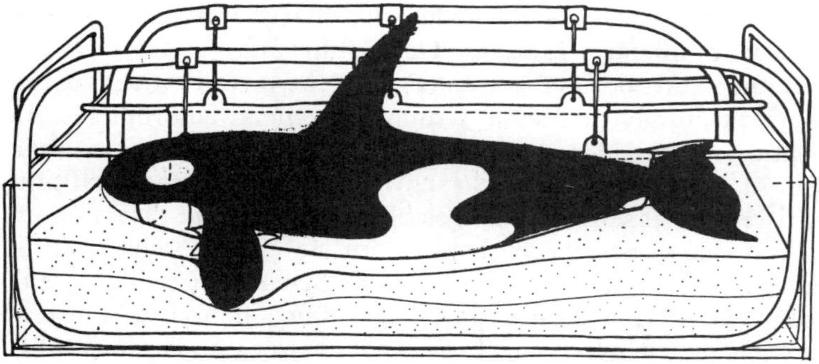

Auf eine weiche Unterlage gebettet und durch Medikamente beruhigt:
Orca reist in ihrem »Walcontainer« nach Hamburg.

Schwung an die Arbeit zu gehen. In der Natur freilich würden die Mahlzeiten üppiger ausfallen, nicht zuletzt, weil ein Schwertwal auf »freier Schwanzflosse«, der immerhin ein Tempo von 55 Stundenkilometern machen kann, einen viel höheren Energieumsatz hat. Je nach Angebot wandern Fische – wie Hering, Dorsch, Scholle, Hai oder Thun – durch die Mägen der Weltmeerbummler. Aber auch andere Meeressäuger, wie Robben oder auch Wale, sowie leichtsinnige Seevögel werden angegriffen. Nach Beobachtungen des britischen Biologen Lyall Watson jagen Schwertwale in der Antarktis Pinguine, indem sie einfach eine Eisscholle zum Kentern bringen und sich die Beute in das mit spitzen Zähnen bewehrte Maul rutschen lassen.

Die Wale sollen einen solch ausgeklügelten Trick auch anwenden, um sich beispielsweise an Robben heranzumachen. Lyall Watson beobachtete in der Antarktis, wie sich zwei an eine Eisscholle heranpirschten, auf der eine Weddellrobbe friedlich ihr Nickerchen hielt. Die beiden Angreifer schoben ihre Rücken unter die Ruhestätte, hoben sie an, und die schlafende Robbe schlidderte geradezu in das geöffnete Maul eines wartenden Dritten. Sehr kooperativ, zumindest aus der Sicht der

Wale. Und hier zeigt sich wieder, zu welch enormen Leistungen und verblüffenden Taktiken Tiere fähig sind.

Je nach Art der Beute wendet der Schwertwal – oder besser eine zusammengehörende Gruppe, die meist aus fünf bis 20 Familienmitgliedern besteht – eine andere Taktik an, um sich ein Mahl zu verschaffen. So schwimmen sie langsam und mit teilweise oder senkrecht aufgestellter Rückenfinne direkt unter der Wasseroberfläche entlang, wenn sie einen Fischschwarm aufs Korn nehmen. Bis zu einem halben Kilometer legen sie beim Fischejagen zurück und kümmern sich nicht im geringsten um andere, auch freßbare Tiere, beispielsweise andere Wale, die in ihrer unmittelbaren Umgebung ihrem Nahrungserwerb nachgehen. Wehe aber, wenn sie gerade Walfleisch auf dem Speisezettel haben. Dann hilft einem Opfer auch die doppelte Größe wenig. So wurde im Juni 1958 vor den Kommandeurinseln von Bord eines Kutters beobachtet, wie eine Schule Schwertwale einen Überfall auf einen Finnwal startete. In kreisenden Bewegungen schwammen die Angreifer ihre Attacke immer näher heran. Einer nach dem anderen riß tiefe Wunden in den wehrlosen Bartenwal, der seinem Schicksal nicht mehr entrinnen konnte. Sie rissen ihm den ganzen Körper auf und zogen nach einer halben Stunde das verletzte, aus allen Löchern blutende Tier in die Tiefe, ertränkten es, indem sie es nicht mehr zum Einatmen an die Oberfläche kommen ließen.

Nach Angaben des sowjetischen Walforschers Awenir G. Tomilin bedienen sich die Schwertwale zweier Methoden, um einen großen Wal zur Strecke zu bringen: Gewöhnlich wird die Beute von vorn angegriffen. Es beginnen die erwachsenen Männchen, während die Weibchen und Kälber den Ausgang des Kampfes aus der Ferne abwarten. Vierzig kräftige und dichtstehende Zähne, die in den breiten Kieferknochen sitzen, bilden das furchteinflößende Gebiß. Damit können sie ohne weiteres einen der großen Wale zerfleischen. Die zweite Methode ist das Ertränken.

Eine besondere Delikatesse scheint die massige und fette Zunge zu sein. Immer wieder wird beobachtet, daß angreifende Schwertwale das Maul ihrer Opfer öffnen, ihre Zähne in den

Schlund schlagen und die Zunge in Stücke fetzen. Um dabei ihre stoßenden Bewegungen noch zu verstärken, können sich die geschickten Jäger eine für Wale seltene Eigenschaft zunutze machen: Sie rudern ruckartig mit den breiten, fleischigen Brustflossen, die wie stabile Paddel wirken.

Sogar der größte aller Zahnwale, der Pottwal, der berühmt-berüchtigte Moby Dick, scheint Manschetten vor Schwertwalangriffen zu haben. Ich komme an anderer Selle noch einmal darauf zurück, als ich bei den Walfängern von Madeira beobachten konnte, wie sich Pottwale, von Fangbooten umzingelt und dem Tod geweiht, sternförmig zusammenrotteten. In dieser Schutzstellung, wie man sie beispielsweise auch von Zebras kennt, verharrten die Tiere, die Köpfe in der Mitte, nur noch mit den Schwanzflossen nach außen schlagend. So hielten sie still, bis ein Lanzenstich nach dem anderen ihren Tod besiegelte. Sie versuchten nicht einmal mehr zu fliehen. Ein solches Verhalten können sie nur gegen die mörderischen Angriffe der Schwertwale entwickelt haben.

Als eine Herde Schwertwale einmal im Golf von Kalifornien über etwa hundert Delphine herfiel, wandten die Tiere eine andere Taktik an. Sie umzingelten die Delphine, zogen den Kreis um ihre Opfer immer enger. Plötzlich löste sich ein starkes Tier aus dem Kreis und sprang mit einem gewaltigen Hechtsprung in die Mitte der Delphinschule, die sich daraufhin teilte und auseinanderstob. Nun waren die abgesonderten Tiere eine leichte Beute für die Jäger.

Ähnliche Angriffsmanöver inszenieren die Schwarz-Weißen auch bei der Walroßjagd in arktischen Gewässern. Es hilft den Walrossen wenig, daß sie ihre beiden Elfenbeinhauer, die eigentlich ihre Hauptfunktion bei der Futtersuche haben, auch als Waffe einsetzen können. Ungeachtet ihrer langen dolchartigen Zähne, mit denen sie den sandigen Boden nach Muscheln durchpflügen – oder aber auch schon Eskimos auf der Walroßjagd aus dem Boot gehauen haben –, bleibt Orca Sieger. Walrosse, wie auch alle anderen Robben, tun gut daran, sich, so schnell sie ihre Flossenfüße tragen, auf festen Boden zu begeben.

Wenn sie nicht das rettende Ufer erreichen können, bleibt ihnen kaum die Möglichkeit, sich im Wasser zu verstecken. Aber dennoch kommen Robben mitunter mit dem Leben, wenn auch nicht gerade mit heiler Haut, davon. In der Antarktis habe ich eine Krabbenfresserrobbe auf einer Eisscholle schlummern sehen, um deren Leib wie ein Gürtel eine riesige, inzwischen verheilte Wunde lag. Ein Mensch hätte eine solche Verletzung wohl kaum überstanden. Aber schließlich geht es unter Robben auch nicht immer friedlich zu. Manche Bullen prügeln sich alljährlich während der Paarungszeit so gewaltig um die Gunst der Weibchen, daß sie aussehen, als seien sie reif für ein Lazarett. Offenbar können diese Meeressäuger eine ganze Menge vertragen, ohne gleich ins Seegras beißen zu müssen.

In früheren Jahren wurden Schwertwale in der Nähe der Tummelplätze von Robben wesentlich häufiger gesichtet, so der Autor Tomilin. »Die Wächter der Plätze beobachteten noch im Jahr 1933 in der Nähe der Beringinsel eine Herde von 60 Schwertwalen. Die Tiere patrouillierten am Ufer und fingen die Robben, die sich ins Wasser begeben hatten, um Futter zu suchen. Jetzt kommt es kaum noch vor, daß Schwertwale Robben angreifen.« Tomilin hält es für möglich, daß das abnehmende Interesse der Schwertwale an Robben und an lebenden Waltieren mit der zunehmenden Tätigkeit der Walfangflotten zusammenhängt. Er nimmt an, daß sich die cleveren Jäger – und Sammler – darauf spezialisiert haben, von den Abfällen der Fangschiffe zu leben. Dumm wäre diese Form der Anpassung sicherlich nicht, denn schließlich schwimmen den Orcas im Kielwasser der Fangschiffe die Brocken wie von selbst in den Rachen. Ich vermute aber, daß sich die Schwertwale bald wieder nach einer anderen Quelle umtun müssen, denn mit den schwindenden Walbeständen wird auch die Walfängerei immer weniger.

Anders als Haie greifen Orcas offenbar nur an, wenn sie Hunger verspüren, und nicht, um ein Blutbad anzurichten. Mitunter halten sie sich in der Nähe anderer Arten auf, ohne denen auch nur eine Flosse zu krümmen. Dann kennen auch die Verwandten nicht die Furcht, die sie zu gegebener Zeit mit gutem Grund vor ihnen haben. Lammfromm geben sich die »Mörder« auch bei Gefahr. Oder schlägt ihnen eine gefährliche Situation auf den Magen? Folgendes passierte im Herbst 1955: Im Prinz-Gustav-Kanal in der Antarktis wurden 60 Schwertwale so von den Eismassen eingeschlossen, daß sie sich nicht mehr befreien konnten. Unentwegt hielten die aufgeregten Wale Ausschau, indem sie ihre Köpfe bis zu zwei Metern aus dem Wasser herausstreckten. Vier Monate lang mußten sie in diesem eisigen Gefängnis aushalten, ehe sie wieder einen freien Weg aus dem Wasserloch fanden. Mit ihnen eingeschlossen verweilten Zwergwale und auch Robben als Leidensgefährten in derselben Not. Die Orcas griffen keines der Tiere an.

Das schlechte Image der Schwertwale blättert allmählich etwas ab. Seit sie in der Gefangenschaft zu bewundern sind, gewinnen sie weltweit Freunde. Man beginnt, ihnen nachzusehen, daß sie eben einen beträchtlichen Appetit stillen müssen, um sich in Form zu halten. Man verteufelt sie nicht mehr so sehr um ihrer maßlosen Gefräßigkeit willen, die immer wieder enorm übertrieben wurde, besonders seit der dänische Zoologe Eschricht im Magen eines Schwertwals die Überreste von 13 Schweinswalen und 14 Robben fand. Diese Überreste wurden als Relikte von ganzen Tieren interpretiert, obwohl eine solche Menge Futter auch in den größten Schwertwal nicht auf einen Schlag hineinpassen würde.

Im Juni 1964 kam der erste Schwertwal unter menschliche Obhut. Es war ein zweijähriges Männchen von fast fünf Metern Länge und einem Gewicht von 1090 Kilo. Man taufte es auf den Namen Moby Doll, weil man es zunächst fälschlich für ein Weibchen hielt. Moby Doll war von einer Harpune verletzt worden. Man schleppte das verwundete Tier in die Vancouver-Bucht und behandelte es mit Penizillin und Vitaminen, um es wieder aufzupäppeln. Das Experiment gelang, und Moby Doll überlebte. Zunächst mußte er in einem Trockendock verweilen, bis er in ein Gehege umsiedelte, das von einer Bucht durch Drahtnetze abgeteilt wurde. Erst nach anderthalb Monaten begann der Wal, Futter anzunehmen und seine 50 bis 90 Kilo

Fisch am Tag zu verschlingen. Bald lernte er, auf Abruf an das Futterfloß zu schwimmen. Er ließ sich streicheln und den Bauch kraulen. Das war eine Sensation. Aber nicht lange. Nach 86 Tagen starb der Wal, vermutlich an Hautpilz.

Der wohl berühmteste Schwertwal ist Namu, der Killerwal, der 1965 Fischern ins Netz ging und von dem Direktor des Aquariums von Seattle für 8000 Dollar gekauft wurde. Um Namu, das gezähmte Ungeheuer, wurde ein Film gedreht, der die Herzen der Zuschauer bewegte. Der Mörder war alles andere als ein Mörder. Er wurde schnell zahm und schwamm sich in die Herzen aller.

Die hohe Rückenfinne (auch Schwert genannt) unterscheidet den Schwertwal von allen seinen Artgenossen.

Den Namen Killer verdienen diese bis zu zehn Meter großen Tiere mit dem guten Appetit nicht. »In erster Linie greifen sie die schwachen und kranken Meeressäuger oder deren unvorsichtige Kälber an«, so Tomilin. Sie spielen die Rolle eines Hygienebeauftragten, der die schwachen und alten Tiere aussondert, wodurch er eine schwächliche Nachkommenschaft bei diesen Arten verhindert. Seemannsgarn ist das Gerede um den »Widderwal«, der wie ein Räuber wütet, und von dem es bei Plinius heißt: »Bald versteckt er sich im Schatten großer Schiffe und lauert, bis jemandem die Lust ankommt zu baden, bald steckt er den Kopf aus dem Wasser und sieht sich nach Fischerkähnen um, schwimmt sodann heimlich hinzu und wirft sie um.« Noch nie hat nachweislich ein solcher Wal einen Menschen angegriffen. Und auch Orcas Freundschaft mit dem Delphinmann Frisco beweist nur einmal mehr, daß Wale friedliche und freundliche Giganten sind. Dafür würde auch ich meine Hand ins Feuer legen.

Als Hagenbecks Tierpark im Mai 1982 seinen 75jährigen Geburtstag feierte, hatte ich Gelegenheit, Orcas »Mordlust« auf die Probe zu stellen. Mit genügend Sekt im Bauch folgte ich der Einladung Köhrmanns, doch einmal ins Becken zu steigen. Ich tat's. Zur Verblüffung von Wal und Delphinen, die vorsichtige Kreise um mich schwammen. Als ich meine dicke Freundin, der ich sonst immer nur vom Beckenrand aus den Bauch kraulen durfte, endlich an der Rückenflosse erwischte und mich auf ihren Rücken schwingen wollte, ließ sie sich auf die Seite kippen. Ich verlor jeden Halt.

So wenig aggressiv sich Orca bei Hagenbeck gegenüber Menschen verhielt, so wenig gefährlich zeigten sich auch ihre Artgenossen, die mein Kollege Erich Hoyt ab 1973 vor der nördlichen Küste von Vancouver Island, Kanada, beobachtete und filmte und die er in seinem Buch »The Whale called Killer« beschrieb. Mit einem Kanu machten sich Hoyt und Kameramann Peter Vatcher an eine Walschule von 16 Orcas heran, klar zu einem Experiment, das von der Universität Victoria und dem Regierungsprogramm »Chance für die Jugend« unterstützt wurde:

»Plötzlich, keine drei Meter von uns entfernt, erschienen drei Wale. Ich schnappte nach Luft, als die Dünung, die die massiven, schwarz-weißen Körper verursachten, unser Boot hin und herschaukelten. Peter hantierte mit seiner Filmkamera herum. Die Wale verharrten einen Augenblick, ihre Rückenflossen bewegten sich wie schwarze Segel im Wind, dann blies ein Wal. Kawoof! Ein leichter Fischgeruch trieb über das Kanu. Jedoch bevor wir uns wieder gefangen und die Kameras richtig eingestellt hatten, waren sie auch schon wieder verschwunden. Sekunden später sprang ein ausgewachsener Bulle mit seinen 4

Tonnen Gewicht und 7,50 Metern Länge direkt vor uns aus dem Wasser. In den nächsten fünf Minuten sprangen die Wale noch zweimal, wobei sie einen Abstand von 15 Metern zum Boot einhielten. Es war jedesmal plötzlich und schockierend und fast schon vorüber, bevor es begonnen hatte. Dann klatschte der Wal mit der Schwanzflosse auf das Wasser, rollte sich auf den Rücken und begann Wassertreten mit seinen beinahe runden, meterlangen Brustflossen. Es dauerte sehr lange. Die Wale hielten die ganze Zeit eine gewisse Distanz zu unserem zerbrechlichen Boot. Trotzdem dauerte es Monate, bis wir merkten, daß die Wale bewußt vorsichtig und ›sanft‹ waren. Fünf Sommer fuhren Peter Vatcher und ich zur Johnston Straight, um die Vorgänge dort festzuhalten und das tägliche Leben der Walgruppe, genannt Stubbs-Herde, mit ihren 16 Mitgliedern zu fotografieren. Die Herde ist benannt nach ihrem auffälligsten Mitglied, einer wahrscheinlich alternden Kuh mit einer zerfetzten Rückenflosse.

Mörderwale sind sehr gesellige Säugetiere, und die Stubbs-Herde bildete keine Ausnahme. Die Bullen mit ihren auffallenden 1 bis 1,5 Meter hohen Rückenflossen schwammen oft zusammen, vor oder neben den Kühen und ihren Jungen, und die jungen Kälber, zu erkennen an ihrer gelblichen Färbung des sonst weißen Bauches, der Augen- und Sattelflecken, blieben nahe bei ihren Müttern und bliesen dicht hinter oder neben

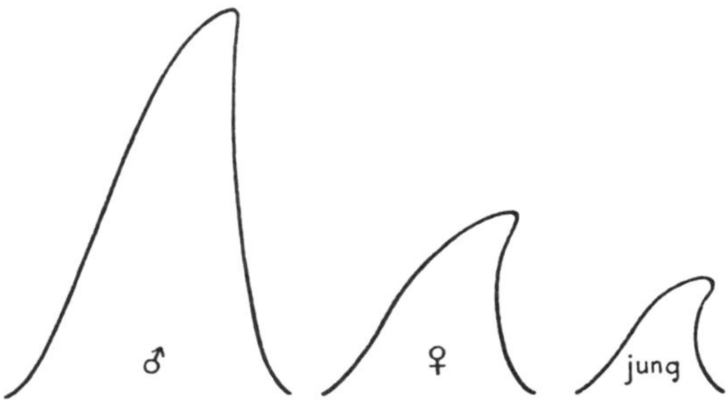

Bei den Weibchen und Kälbern ist das Schwert nach hinten gezogen, bei den Männchen steht es senkrecht.

ihnen. Die älteren Kälber oder Jugendlichen bewegten sich in gemischten Gruppen zu zwei, drei oder vier Mitgliedern, manchmal mit einem Bullen. Einige andere, gewöhnlich Bullen, schwammen allein.

Dieses halbe Dutzend Gruppen mit ein bis vier oder mehr Individuen verteilte sich gewöhnlich, wenn sie durch die Johnston Straight schwammen, über ein 1,5 bis 3 Quadratkilometer großes Gebiet. Mindestens einmal am Tag beobachteten wir, wie die gesamte Herde sich in fester Formation zusammenschloß, was gewöhnlich Rastzeit bedeutete. Hier ein Bericht über die Vorgänge in diesem straff organisierten Verhaltensmuster während der Rastzeit. Ich habe während dieser Zeit wiederholt Tonbandaufnahmen gemacht, ohne jedoch irgendwelche Geräusche auf das Hydrophon zu bekommen: Die Wale sind still. Oftmals holt die gesamte Herde simultan drei oder vier langsame Atemzüge, während sie still an der Oberfläche liegt. Dann tauchen sie ungefähr fünf Minuten lang unter und kommen in der gleichen Lage wieder nach oben und wiederholen denselben Vorgang. Die Wale bleiben dicht beieinander, so daß sie sich manchmal berühren, wenn sie auf- und untertauchen. Dieses Ausruhen kann vier bis fünf Stunden dauern.

Eines Morgens, Ende August 1973, schlief die Stubbs-Herde vier Stunden lang in der ruhigen Bucht dicht bei unserem Lager. Wir paddelten direkt an die Riesen heran, um Nahaufnahmen vom Kanu aus zu machen, genau über ihren Blaslöchern. Sogar in ihrem Schlaf paßten sie auf, um – wie es manchmal schien – Zusammenstöße abzuwehren. Offensichtlich bemerkten sie unsere Anwesenheit, und mehrere Male vermieden sie es in letzter Minute, direkt unter unserem Boot aufzutauchen.

Eines Tages bot sich ein besonderes Schauspiel: Wir haben beobachtet, wie die Wale sich knapp einen Kilometer von unserem Lager entfernt an glatten Felsen scheuerten. Es gibt eine Auswahl von ›Scheuerfelsen‹ und mindestens einen ›Scheuerstrand‹ auf dem täglichen Pfad der Stubbs-Herde durch die Johnston Straight. Anfänglich bezweifelten wir, ob sich die Wale scheuern, und wir untersuchten das Gebiet bei Ebbe. Die Felsen in der Umgebung waren mit Seepocken bedeckt, aber der ›Scheuerfelsen‹ war glatt und sehr angenehm zu berühren. Wir folgten unserer Stubbs-Herde zum Scheuerstrand. Wir hatten beobachtet, daß sich hier regelmäßig sonderbare Rituale abspielten, etwas, das mehr als Spielen oder Scheuern bedeuten mußte. Jedoch zogen sich die Wale immer zurück, wenn wir zu nahe herankamen. An diesem Tag fuhren wir schon seit dem Morgen neben der Herde her. Als sie abbog und auf den ›Scheuerstrand‹ zusteuerte, versuchten wir noch einmal dicht hinter den Walen zu bleiben. Peter stellte den Motor unseres Schlauchbootes ab.

Sieben Wale schwammen gegen den Uhrzeigersinn im Kreis, als wenn sie zum ›Scheuern‹ anstanden. Peter versuchte, das Boot ruhigzuhalten, aber die stark herabkommende Flut trieb uns näher an sie heran. Wir steuerten direkt auf das flache Wasser vor dem Strand zu, genau dorthin, wo sich die Wale aufhielten. Wir diskutierten, ob wir den Motor anwerfen sollten oder nicht. Peter meinte, daß der Lärm sie stören würde, mehr als unsere Anwesenheit. Wir beschlossen, uns von der Flut treiben zu lassen. Plötzlich sahen wir unter uns im trüben Wasser undeutlich einen fast acht Meter langen männlichen Mörderwal, der sich auf dem sandigen Grund entlangrollte. Wir waren drei Meter entfernt, als wir diesen Wal beobachteten. Er drehte sich wie ein spielendes Kind. Bald merkten wir, daß mehr dabei war als nur harmloses Vergnügen.

Der riesige Bulle schwamm hinüber zu verschiedenen anderen Walen in sehr flachem Wasser, 15 Meter vor uns. Drei oder vier Wale rollten im flachen Wasser, aus dem ihre Körper fast halb herausragten. Wir beobachteten ihre gebeugten Rückenflossen, wenn sie sich herumrollten, und wie sie sich aneinanderrieben. Dann kamen zwei Tiere, wohl ein Bulle und eine Kuh, Bauch an Bauch zusammen.

›Sie paaren sich!‹

Es war ein gedämpfter Ausruf. Zwanzig Minuten lang verharrten wir atemlos und hofften, die Szene nicht zu stören. Die letzten Strahlen des Sonnenunterganges verblichen, und schließlich umhüllte uns die Nacht.

Wir hatten das Vertrauen der Stubbs-Herde gewonnen dank unserer sanften Ausdauer in den vergangenen Sommern. Die Wale hatten uns erlaubt, in einem Augenblick, den wir für sehr intim hielten, in ihrer Nähe zu bleiben. Während die Stubbs-Herde uns nie zu fürchten schien, fanden wir, daß wir ihr Vertrauen erwecken und ihre Neugierde gewinnen mußten. Wir haben es nicht erlebt, daß Mörderwale von Menschen eingefangen wurden. Ihr Verhalten uns gegenüber war charakteristisch: kurz angebunden und nüchtern. Nur gelegentlich waren sie neugierig genug, sich uns zu nähern.

Nach unserer Erfahrung waren die Wale (wenigstens die der Stubbs-Herde) nicht gefährlich. Ich habe nie eine aggressive Handlung von einem Mörderwal beobachtet, weder unter Artgenossen noch zwischen Mörderwalen und Menschen, noch zwischen Mörderwalen und anderen Meerestieren in der Johnston Straight. Im Gegenteil, wir haben wiederholt beobachtet, daß die Stubbs-Herde mit der konstanten Anzahl von zwei oder vier Zwergwalen und ein paar Dutzend Tümmlern zusammen schwamm. Vielleicht, weil die Stubbs-Herde zu einer Gruppe von ungefähr 200 Mörderwalen gehört, die sich hauptsächlich von großen Lachsschwärmen ernährt.

Orcas im offenen Ozean neigen vielleicht eher dazu, sich von größeren Säugetieren zu ernähren. Wir würden nicht sofort zu diesen Walen ins Wasser springen, obwohl auch sie wahrscheinlich dem Menschen nicht gefährlich werden. Mörderwale, ungeachtet ihrer ausgedehnten Kost und der Vielseitigkeit ihres Verhaltens, verdienen wirklich nicht den Ruf, dem sie ihren Namen verdanken, und schon gar nicht unter ›Mörder-Menschen‹.«

Denn von »Mörder-Menschen« kann man schon eher sprechen. Sie stechen vor der japanischen Küste Orcas und Delphine immer wieder nutzlos ab oder erschießen sie mit Gewehren, weil sie als »Fischschädlinge« angeblich großen Schaden anrichten und den Menschen Konkurrenz machen. So wurde Erich Hoyt 1977 Zeuge einer Massenschießerei auf die schwarzweißen Wale. Mitte der fünfziger Jahre veranstaltete die Marine der Vereinigten Staaten mit MGs und anderen Schußwaffen ein Kesseltreiben auf Hunderte, weil die Tiere angeblich den Heringsfang vor Island um die Hälfte verringerten. In der Antarktis haben ihnen norwegische Korvetten mit Harpunen nachgestellt. Und 1979 haben die Sowjets mehr als 1000 Tiere abgeschlachtet. Aber was sollen die Wale denn fressen? Sollen sie sich vielleicht aus dem Inhalt von Konserven ernähren?

Mir gefällt der Name Schwertwal viel besser. Er steht für das Merkmal, das einen Orca jederzeit von anderen Walen deutlich unterscheidet; für die Rückenfinne. Sie erhebt sich bei einem ausgewachsenen, zehn Meter langen Männchen bis zu Menschengröße über die Meeresoberfläche, steil und erhaben, wie ein straffes Segel. Da das Schwert keinerlei stützende Elemente wie Knochen enthält, wird es durch die Durchblutung aufrecht gehalten. Vermutlich verleiht es dem Tier Stabilität beim Schwimmen.

Bei einem Bullen, den ich vor einigen Jahren in einem kalifornischen Ozeanarium, Marineland, bewunderte, hing das Schwert schlaff in einem Bogen herab. Vermutlich weil das große Tier in dem Pool an Bewegungs- und damit an Durchblutungsmangel litt. In der Natur wurde nach meiner Kenntnis ein solch schlaff herunterhängendes Schwert selten beobachtet. Doch was wissen wir schon vom Schwertwal in der Natur.

Zurück zu meiner dicken Freundin bei Hagenbeck, die wie kaum eine andere den schlechten Ruf der Mörderwale Lügen straft. Lammfromm zieht sie ihre Show ab und läßt sich geduldig neue Übungen einstudieren. Natürlich gehört auch Reiten längst zum festen Bestandteil im Programm. Ein Mitarbeiter Köhrmanns darf regelmäßig auf dem Rücken vor der Rückenfinne, dem Schwert, Platz nehmen und wird auf diese Weise sanft durch das Wasser transportiert.

Orca scheint richtig Spaß zu haben an dem Showbusineß, auch nachdem ein Arbeitstag zu Ende gegangen ist. So hat sie längst von den Delphinen abgeschaut, wie man mit der Schwanzflosse winkt, und sie hat auch schon aus freien Stücken versucht, einen Wasserball zu köpfen. Und all das tut sie auch, wenn die Fischbelohnung nicht winkt. Neulich hatte sie eine besondere Überraschung parat, und zwar für mich: Den letzten Belohnungsfisch gut unter der fleischigen Zunge versteckt, steuerte sie auf den Beckenrand zu, wo ich stand, ließ sich von mir kraulen und spuckte mir dann den glitschigen Hering entgegen.

Ob sie mich für meine Streicheleinheiten belohnen oder ob sie mir oder vielleicht Köhrmann einen Streich spielen wollte, weiß ich nicht. Jedenfalls ist sie listig genug, um sich immer wieder einen neuen Spaß einfallen zu lassen, der Trainer und Beobachter verblüfft. So gehörte es eine Zeitlang zu ihren Marotten, Fisch nicht sogleich hinunterzuschlucken, sondern unter der Zunge und in den »Backen« zu horten. Hin und wieder spuckte sie den ollen Gammel dann wieder aus, um wie eine Katze mit der Maus damit zu spielen, ehe sie den Nahrungsbrokken, dem Sog eines Staubsaugers gleich, wieder in ihrem Maul verschwinden ließ. Wie gelangweilt schwamm sie dabei in Richtung Fisch – gleichgültig, an welcher Stelle in dem großen Becken er gerade trieb – und nahm ihn auf, wobei es schien, als würdigte sie ihn keines Blickes ihrer stets wachen Augen. Wenn Köhrmann sie dabei ertappte, daß sie den Fisch nicht ordnungsgemäß sofort hinunterschluckte, schimpfte er ein wenig mit ihr und schaute in dem stets aufgerissenen Maul nach, das ständig nach mehr Nahrung bettelt. Schließlich soll sie mit ihm nicht im Becken herumsabbern, weil sich die Speisereste lösen und nicht gerade die Wasserqualität verbessern, obwohl natürlich eine Umwälzanlage ständig für sauberes Wasser sorgt. Als diese Kläranlage einmal ausgefallen war, bekam ich einen gehörigen Schreck. Orca und die Delphine mußten in dem Ruhebecken aushalten und konnten sich nicht im Schnellschwimmen üben. Dicker Schleim hing Orca aus den Augenwinkeln, wie Glibber. Köhrmann lachte nur über meinen besorgten Blick. »Orca hat nichts am Auge. Der Schutzfilm, der von den Augen abgesondert wird und sie gegen das Wasser und die gelösten Stoffe schützt, kann nicht so schnell fortgewischt werden, weil der Sog fehlt, der bei höheren Geschwindigkeiten entsteht. Das müßten Sie eigentlich wissen.« Da hatte ich meinen Rüffel weg.

Obwohl Orca bei Hagenbeck gesund und munter wie ein Fisch im Wasser ist, gibt es auch genügend Anlaß, die Haltung von Meeressäugetieren in der Gefangenschaft zu kritisieren. Etliche Tiere müssen beim Fang oder auf dem Transport sterben; andere leiden an Nerven-, Magen- oder Hautkrankheiten. Die empfindlichen Tiere sterben an Infektionen, Entzündungen, Infarkten, an Leberzirrhose, an Lungenentzündung oder an Fremdkörpern, die unachtsame Besucher ins Becken werfen;

Das Schwert enthält keine stützenden Knochen;
es wird durch gute Durchblutung gefestigt und ist vermutlich ein
Stabilisator beim Schnellschwimmen.

sie leiden an Bewegungs- und Durchblutungsmangel. Es gibt Gründe genug, das Zurschaustellen von Tieren – vor allem wilden Tieren – zu begrenzen und es nur gut geführten Zoos zu erlauben. Deshalb wandte sich auch die Gesellschaft zum Schutz der Meeressäugetiere (GSM) massiv gegen den Neubau eines großen Ozeanariums in der Eifel: »Die Haltung von Walen läßt sich mit dem Tierschutzgesetz kaum oder überhaupt nicht vereinbaren, da hier weder eine artgemäße noch eine verhaltensgerechte Unterbringung gewährleistet sein kann.

Offensichtlich stehen bei diesem Projekt geschäftliche Interessen im Vordergrund – auch wenn es heißt: Unser Vorhaben wendet sich der Bildung, der Forschung und einer sinnvollen Freizeitgestaltung zu. Insbesondere sollen das Bewußtsein und das Verständnis für das Meer und für seine Bewohner als wesentlicher Teil unserer Umwelt gefördert werden. Freilich bleibt unumstritten, daß es solch glückliche Konstellationen gibt, doch ist man in Mechernich dabei, über das Ziel hinauszuschießen: Für die Forschung ist auf einem Tummelplatz für Touristen nicht viel zu holen, und für die Bildung braucht man nicht unbedingt lebende Sensationsdarsteller wie Wale und Delphine. Flipper ist längst jedermann ans Herz gewachsen und live in etlichen Zoos vertreten.

So wäre es der guten Sache sicherlich dienlicher, würde man auf besondere Attraktionen verzichten. Kaum ein Tierfreund wünscht sich Freizeitgestaltung zu folgendem Preis: Fang und Transport bezahlen mehr als 75 Prozent der Opfer mit ihrem Leben – selbst wenn Anlagen in Küstennähe stehen –, ehe die Walnummer beginnt. Die nächste kritische Phase kommt für die Überlebenden mit der Umstellung auf ein Leben in der Gefangenschaft: Streß und Faktoren wie Wasserzusammensetzung, Klima und Nahrung machen den Tieren zu schaffen. Ein Beispiel: Von sechs Jacobitas (schwarz-weiße Kleinwale), die ein deutscher Zoo noch lebend aus argentinischen Gewässern ins Land holte, starben sehr bald fünf. Doch auch wenn sich Wale eingelebt und zu zahmen Publikumslieblingen entwickelt haben, erwartet sie kein langes Leben, geschweige denn, sie würden gesunden Nachwuchs bekommen. So erschlafft beispielsweise bei Schwertwalen früher oder später die Rückenfinne (Schwert), weil die Tiere an Durchblutungs- beziehungsweise Bewegungsmangel leiden.

Hiermit sind nur ein paar Beispiele genannt. Sie sollen verdeutlichen, daß Natur-, Arten- und Tierschutz vor Showbusineß kommen müssen. Ich bitte darum, diese Aspekte bei der Überprüfung eines Antrages zum Seeland-Aquarium zu berücksichtigen.«

Orcas Wohlbefinden bietet allerdings keinen Grund zur Sorge. Sie hat sich spielend eingelebt. Und immerhin hilft sie mit, die Herzen der Zuschauer für sich und andere Wale zu gewinnen, eine Lanze zu brechen für bedrohte Arten, die immer noch vor die Harpune kommen. Schließlich haben nur wenige Menschen die Chance, einen Wal live zu erleben. Dazu Dr. Klaus Hagenbeck: »Letztendlich tragen wir mit unserem Wal im Becken auch zum Naturschutz bei, weil wir den Leuten zeigen, wie ein Wal aussieht. Und besser als im Mittelmeer geht es den Tieren bei uns allemal. Beispielsweise Mittelmeer-Delphine haben wegen der Verschmutzung des Wassers so schlechte Blut- und Leberwerte, daß etwa 90 Prozent nicht einmal transportiert werden könnten, ohne ihren Tod zu riskieren.«

Ich möchte wissen, was mit Orca geschehen soll, wenn sie sich nicht mehr im Bassin wohl fühlen sollte. Seine Antwort: »Ich würde sie wieder ins Meer bringen lassen, wenn's nötig ist.« Da möchte ich dabeisein. Er auch.

Inzwischen aber wurde meine Freundin nach Japan verkauft.

AUF DEN SPUREN DES MOBY DICK

Eine Reise zu den Walfängern von Madeira ist eine Reise in die Vergangenheit, eine Reise voller Abenteuer, wie vor 200 Jahren. Moby Dick, der Pottwal, gibt sich nur selten zu erkennen. Als leibhaftiges U-Boot ist er ein rastloser Wanderer zwischen der geheimnisvollen Tiefsee und dem Oberflächenwasser. Nur zum Atmen steigt er empor, um sogleich wieder abzutauchen und in unergründlicher Tiefe sein Leibgericht, gespenstige Tiefseekraken von riesiger Gestalt, zu erbeuten. Ein paar Männer auf der portugiesischen Insel Madeira, Walfänger der alten Schule, haben den richtigen Instinkt, Moby Dick aufzuspüren. Sie jagen mit der Handharpune und töten mit der Lanze.

Das Telefon reißt mich aus dem Tiefschlaf. Die Sonne geht gerade erst auf. Ich greife schlaftrunken zum Hörer. Ohne Morgengruß brüllt eine tiefe Stimme: »Baleia, mach schon, die Wale sind da. Tempo, Tempo!« Dann wird der Hörer am anderen Ende der Leitung auf die Gabel geknallt. Ich springe in meine Klamotten, die immer bereit neben meinem Bett liegen, greife meine Fototasche und kann nur noch hoffen, daß ich nichts vergessen habe. Erst im Taxi habe ich Zeit, tief Luft zu holen.

Das Taxi bringt mich zur Walfangstation am Rande des Dorfes Canical, das sich am Westzipfel der Insel Madeira in ein Tal zwischen Hügeln und schroffen Felsen schmiegt. Hinter uns liegt der roh ins Gestein geschlagene Tunnel, der Canical erst seit etwa 30 Jahren mit dem Rest der Inselwelt verbindet. Früher mußten die Bewohner entweder eine lange Bergtour unternehmen, um in die Hauptstadt Funchal zu kommen, oder – sofern sie konnten – auf dem Seeweg dorthin gelangen. Der Taxifahrer hat kein Erbarmen mit mir. Kurz vor der Walfangstation setzt er mich raus. Der Weg ist zu schlecht, Staub und Schotter, Schlaglöcher.

Mit hängender Zunge erreiche ich die Fabrik, die Landstation mit ihrer altertümlichen, vergammelten Kocherei, in der Pottwale verarbeitet werden. Der bestialische Gestank, der ständig über der Anlage schwebt, so daß sich eigentlich nur Fliegen hier wohl fühlen können, schlägt mir entgegen. Ich laufe die Rampe hinunter, die dazu dient, nach dem Fang die toten Wale hochzuslippen, damit sie oben auf der Plattform zerlegt und verkocht werden. Beinahe rutsche ich mit meinen Kameras auf etwas Glibberigem aus. Wahrscheinlich ein Stück vom letzten Wal, das die Möwen noch nicht weggeschnappt haben. Eleuterio Reis, Kommandant der Station, der sonst immer ein breites Grinsen im Gesicht hat, begrüßt mich, ohne eine Miene zu verziehen, nur mit einem knappen »Guten Morgen«. Unentwegt brüllt er in ein Funkgerät, so laut und hektisch, daß man annehmen muß, wir stünden kurz vor einem Vulkanausbruch und müßten schnell das Weite suchen. Dabei geht es nur um ein paar Pottwale. Etwa neun sind es, die da draußen vor den Desertas, zu deutsch Wüsten, einer kargen vulkanischen Inselgruppe ohne Bäume und Wasser, gesichtet wurden. Der Mann oben auf dem Berg von Madeira, der jeden Morgen dort seinen Posten bezieht und mit dem Fernglas Ausschau hält, ob irgendwo die Wale blasen, hatte Alarm geschlagen. Jetzt gibt er Einzelheiten durch: wie viele Wale, wohin schwimmen sie, woher kommen sie, wie schnell ziehen sie weiter.

Reis hatte als erster von der Sichtung erfahren und schnell eine Leuchtrakete in die Luft gejagt, um alle Männer aus dem Dorf zusammenzutrommeln. Barfuß sind sie den Schotterweg zur Station gelaufen, um, so schnell es geht, die Fangboote klarzumachen. Ihre Frauen eilen hinter ihnen her. Sie bringen den Proviant für den langen Fangtag, der vor uns liegt. Wie froh wäre ich, wenn wir keine Wale erlegten... Mir das Blutbad auf See anschauen, das hatte ich nun wirklich nicht gewollt. Meine Absicht war, Knochen von den angelandeten, bereits toten Tieren zu sammeln, für meine Diplomarbeit über die Beckenknochen dieser Tiere. Mit dem Fang wollte ich nichts zu tun haben, nur das nicht. Aber da hatte ich meine Rechnung ohne Reis gemacht, der schon bei meinem ersten Besuch – nur zur

Orientierung – gemeint hatte: »Du kannst hier arbeiten, ich werde dir auch helfen. Meine Kinder interessieren sich leider nicht für Wale. Ich will doch nicht all mein Wissen mit ins Grab nehmen.«

Mutig – wie ich später in Hamburg, weit weg vom grausigen Schauplatz, war – hatte ich mich entschlossen mitzumachen. Nun gab es kein Zurück. Reis meinte es ernst. Auf Seetauglichkeit hatte er mich schon ein paar Tage zuvor geprüft, mich in einer Nußschale von Boot über das tosende Wasser an der immer kabbeligen Nordküste geschüttelt. Das habe ich zwar gut durchgestanden, aber jetzt wird mir fast übel.

Handharpune und Lanze liegen bereit, das Boot ist immer klar zum Auslaufen.

Die Fangboote sind klar, alle drei zu Wasser gelassen. Es sind Schaluppen oder Langboote aus Holz, von Hand in der eigenen Werkstatt gezimmert. Nicht länger als neun Meter. Wie damals, zu Melvilles Zeiten, zur Blütezeit des Walfangs, als sich die Jagd in der Arktis noch lohnte, als das »flüssige Gold« im hohen Norden noch lockte, als es noch viele Wale gab. »Wozu modernisieren«, hat Reis gesagt, »das lohnt sich nicht bei so wenigen Walen. Das kostet Geld, dann müßten wir mehr fangen, um rentabel zu arbeiten. Aber woher nehmen?«

Die erste Mannschaft, bestehend aus vier Männern, einem Harpunier, einem Steuermann und zwei Helfern, ist ins Boot gesprungen. Wie immer ist das Manöver mit viel Lärm und Palaver verbunden. Die Klippe zum Einsteigen ist glitschig, auf und nieder tanzt das Boot, die Wellen schlagen hoch. Das Boot knallt ziemlich unsanft gegen den Fels. Beinahe geht ein Mann über Bord.

Und dann, wie immer, springt der Motor, die einzige Modernisierung gegenüber dem historischen Walfang, nicht an. Das Gezeter beginnt von neuem. Einer hat sich ein Loch ins Ölzeug gerissen, bei dem anderen ist die Verpflegung naß geworden. Alle fluchen, was das Zeug hält. Ich kann nur hoffen, daß meine Fotoausrüstung nicht baden geht.

Endlich ist der 25-PS-Motor angesprungen, und wir tuckern in Richtung Schnellboot, der »Vedetta«. Reis, der noch immer nicht sein schnarrendes und fiependes Funkgerät aus der Hand gelegt hat, und ich klettern an Bord.

Der Mann auf dem Ausguckposten gibt weiter die Position der Wale durch. Die Tiere haben es offenbar nicht eilig, noch nicht.

Der Maschinist macht die Leinen vom Schnellboot los. Der Anker wird gehievt, das Schiff setzt sich in Bewegung. Hinter uns eine dreckige Öllache. Meine Bemerkung über Umweltverschmutzung kommentiert Reis nur mit einem dezenten Achselzucken.

Noch eine Weile verfolgt uns eine schimpfende Seeschwalbe, die ausgerechnet auf den Planken dieses Bootes einen Nistplatz gewählt hatte. Todesmutig greift sie an. Sie erinnert mich an die »Vögel« von Hitchcock.

Reis hat das Steuer übernommen. Mit einer Hand; in der anderen hält er noch immer sein Walkie-talkie, dessen Eigengeräusche trotz des Motorenlärms nicht zu überhören sind. Der Maschinist klettert aus einer Luke. Ölverschmiert. Endlich läuft der Motor gleichmäßig und nicht mehr, als würde er uns jeden Moment um die Ohren fliegen. Reis putzt alle paar Minuten mit seinem Ärmel die Scheibe. Sie ist so beschlagen, daß sie fast undurchsichtig ist. Von draußen klatscht Spritzwasser dagegen.

Ich habe mich nach oben verkrochen, auf das Bootsdach, um den heißen Wortgefechten zu entgehen. Aus der Sprechanlage kommen für mich sowieso nur »böhmische Dörfer«, obwohl ich inzwischen etwas Portugiesisch gelernt habe. Kaum denke ich, daß ich hier auf dem Ausguck ein wenig Ruhe habe, solange wir noch fern von den Walen sind, da reißt mich ein energisches Klopfen gegen die Scheibe aus meinen Gedanken. Ich muß runter. Die See ist zu rauh.

Das erste Fangboot ist schon fast außer Sichtweite. Hoch oben tanzt es auf den Wogen, um gleich wieder in einem Wellental zu verschwinden. Wie von Geisterhand gezogen, verfolgt es nur ein Ziel. Gischt markiert den Weg. Ein bißchen mehr Windstärke, und wir hätten das ganze Unternehmen abblasen müssen. Nicht, daß die Boote nicht seetüchtig genug wären, aber wir wären auf blauen Dunst hinausgefahren. Denn kein noch so geübtes Walfängerauge hätte bei zu starker Brise sein Ziel gefunden.

Allein der Blas, die unter hohem Druck ausgestoßene Atemluft, die wie eine Dampfwolke über dem Meeresspiegel steht, läßt erkennen, wie nah der Wal ist. Nur zum Atmen – zum Blasen – kommt dieses lebende Unterseeboot an die Oberfläche. Bei schlechter Sicht oder großer Windstärke verfliegt der Atem, ehe er gesichtet wird, oder aber ist überhaupt nicht zu sehen. Dann schlägt dem Wal eine glückliche Stunde.

Armer Moby Dick, heute meint es der Wettergott nicht gut mit dir. Der Ausguckposten auf dem Berg von Madeira gibt noch immer deine Position durch. In den schnittigen Booten naht der Tod, Meile um Meile.

Die beiden anderen Fangboote machen hinten am Schnellboot fest und lassen sich in unserem Kielwasser treiben. Die Männer haben sich, so gut es geht, eingerichtet, das Ölzeug fest zugezogen. Nur der Mann an der Pinne steht aufrecht, als hätte er Saugnäpfe an den nackten Füßen. Für mich ein Rätsel, daß er bei dem Seegang nicht über Bord fällt.

Wir nähern uns den Desertas. Steil ragen die schroffen Felsen aus dem tiefblauen Meer. Gut 3000 Meter Wasser haben wir unter dem Kiel. Hier ist ozeanische Wüste. Das Meer ist zu tief, um reich an Nährstoffen zu sein, um eine üppige Nahrungskette aufzubauen. Zwar fehlt es nicht an dem Licht, das die Pflanzen benötigen, um die Basis für eine Nahrungskette, die Primärproduktion, zu bilden. Aber es fehlt an organischen Partikeln, die beispielsweise in flachen Zonen wie den Schelfgebieten durch Strömungen an die Oberfläche transportiert werden und dem Aufbau dienen. So finden in den Gewässern rund um das Archipel Meeresbewohner fast nur in unmittelbarer Küstennähe einen passablen Lebensraum und sofern uneinsichtige Fischer nicht gerade einmal wieder mit Dynamit gefischt und alles Leben schon im Keim erstickt haben.

Ein paar Meilen von der Küste entfernt kommen hauptsächlich Durchzügler vor wie Thunfische, die auf der Wanderung sind, um andere Nahrungsgründe oder Laichgebiete aufzusuchen. In der Tiefsee freilich gibt es Leben, dort finden alle die, die der ewigen Finsternis, der Kälte und dem Druck angepaßt sind, eine Existenz. Hier leben gespenstige Fische mit riesigen Mäulern, so groß, daß sie Beute schlagen können, die fast größer ist als sie selbst. Sie haben Leuchtorgane entwickelt, die es ihnen erleichtern, ihren Partner zu finden oder Beute anzulocken. Andere leben gezwungenermaßen in trauter Zweisamkeit, so der Anglerfisch. Das Weibchen nimmt ein Männchen auf und ernährt es wie einen Parasiten, nachdem beide miteinander verwachsen sind. Zeit seines Lebens dient das Zwergenmännchen nur als »Samenspender«. Es überlebt nicht, wenn es nicht in seiner frühesten Jugend an ein Weibchen gerät. In der Tiefsee kann nur überleben, wer bescheiden ist, wer anderen eine raffinierte Falle stellt oder wer sich lebenslang an einen anderen bindet. Auch aus der Familie der Weichtiere, der Mollusken, zu denen Schnecken und Muscheln gehören, aber auch Tintenfische, gibt es Vertreter, die sich in der Tiefe aufhalten. Und es sind die Tintenfische, die den Moby Dick in die Tiefe locken, denn sie sind das Grundnahrungsmittel der Pottwale. Um an diese Kost heranzukommen, haben sich die größten unter den Zahnwalen darauf spezialisiert, in schwindelnde Tiefen zu tauchen.

Ein ausgewachsener Pottwalbulle auf der Rampe. Er wiegt etwa 60 Tonnen. Die gewaltige Schwanzflosse – ein leistungsfähiges Fortbewegungsorgan – steht waagerecht im Gegensatz zu den senkrechten Schwanzflossen der Fische.

Reis hat sich inzwischen zu mir auf die Decksplanken gesetzt; bis auf eine kleine Holzbank gibt es keine Sitzgelegenheiten. Unter Deck sind zwei verlotterte Kojen, die nur als Ablage für ein heilloses Durcheinander an Tampen, Kleidung und Werkzeug dienen. Sie werden ohnehin nicht benutzt, es sei denn, eine Ausfahrt dauert länger als einen Tag, was ungewöhnlich ist, zumal die Wale bei Nacht in der Dunkelheit entwischen würden. »Trink ein Bier«, sagt der Kommandant, jetzt mit sehr freundlicher Stimme. Ich traue dem Frieden nicht so recht, wieso ist er auf einmal so freundlich. Als könnte er meine Gedanken lesen, verzieht er sein von Sommersprossen übersätes Gesicht zu einem breiten Grinsen. »Du wirst es nötig haben, das beruhigt. Für dich wird es kein Vergnügen sein, wenn der Walfang beginnt. Das wird ein ziemliches Blutbad.« Nur zu gern würde ich einen Schluck aus der Pulle nehmen, zumal ich seit dem letzten Abend nicht einen Tropfen getrunken habe. Ich druckse herum, weiß nicht recht, wie ich ihm erklären soll, daß ich fürchte, nicht auszuhalten... »Was ist, wenn ich mal muß?« Schließlich kann ich nicht wie die Männer mal eben über Bord... »Ach so«, lacht er. »Das habe ich ja ganz vergessen, aber ich habe eine Pütz für dich mitgenommen. Meine Frau hat mir den Tip gegeben.« Beruhigt gönne ich mir einen winzigen Schluck. Mein Magen ist leer, er droht sich vor lauter Aufregung umzudrehen.

»Noch etwa eine Stunde, dann erreichen wir die Wale«, plaudert Reis. Die Schule, so nennt man eine Walherde, soll aus etwa einem Dutzend Tieren bestehen. Es sind Weibchen, so um die neun bis zehn Meter lang: Ich kann kaum glauben, daß man diese Angaben machen kann, nur nach den Beobachtungen durch das Fernglas, nur nach dem Bild des Blas. »Man kann vielleicht nicht«, kommentiert Reis, »aber wir können. Seit Jahr und Tag beobachten wir diese Tiere.« Er erzählt mir aus alten Zeiten. Ich vergesse fast, daß Schreckliches auf mich zukommt. Schon mit 14 Jahren wurde er Walfänger wie sein Vater, wie der Vater seiner Frau. Damals, sie lebten auf den Azoren, mußten sie den Wal noch mit dem Ruderboot jagen. Motoren kannten sie nicht, allenfalls wurden Segel gehißt. Und ein Schnellboot, wie die »Vedetta«, gab es auch nicht. So etwas mußte erst in jüngster Zeit angeschafft werden. Aus Sicherheitsgründen, falls ein Mann über Bord geht, falls auf See etwas passiert. Ich werfe einen Blick auf die Nußschale von Fangboot und bin froh, daß ich nicht die ganze Zeit auf dem Kahn zubringen muß. Noch nicht, wie sich später zeigen wird.

»Du kannst dir denken«, redet Reis weiter, »daß ich den Pottwal kenne wie andere ihren Hund oder ihr Pferd. Sonst könnten wir hier mit unseren altertümlichen Fangmethoden unsere Sachen packen. Der Pottwal ist intelligent, wie die Delphine.« Das glaube ich wohl, wie ein Fisch wird er wohl nicht an die Angel gehen. Mir ist klar, daß ich die Zähne

Der Walexperte kann die Tiere – sofern kein starker Wind weht – am Blas, der ausgeatmeten Luft, erkennen. Beim Tauchen zeigen sich auch Unterschiede an der Fluke.

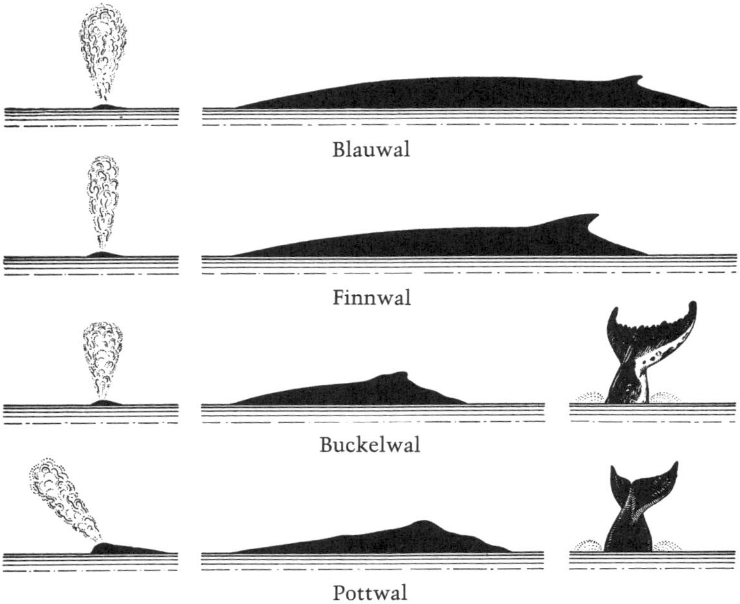

zusammenbeißen muß, komme, was da kommen mag. Nie wieder finde ich einen solchen Meister, der die Wale so gut kennt. Nur mit Reis kann ich den Pottwal erleben, ihn vielleicht ein wenig in seinem Verhalten verstehen lernen. Schließlich blickt er auf runde 40 Jahre Erfahrung mit diesem Hochseetier zurück. Ein Jäger, der auf modernen Walfang geht, mit hochtechnisierten Methoden, hat es kaum nötig, das Verhalten seiner Opfer zu studieren. Sie können der Technik sowieso nicht entkommen.

»Nun komm«, reißt mein Lehrer mich aus meinen Gedanken, »hier in der Nähe müssen die Wale sein.« Wir klettern beide auf das Dach der »Vedetta«, das ein Geländer zum Festhalten hat. Seelenruhig läßt Reis jetzt seine Blicke über den mittlerweile glatten Meeresspiegel schweifen, die Augen zu Sehschlitzen zusammengekniffen. Das ewig quakende Walkie-talkie baumelt an seinem Riemen an der Schiffswand. Ein Segen, es ist abgeschaltet. Wir sind jetzt hinter den Desertas, hier kann der Ausguckposten den Schauplatz nicht mehr verfolgen. Die Wale können aber nicht weit sein, beim Vorbeifahren hatte uns ein Thunfischer die Position durchgegeben. Sie tauchen immer wieder, ohne schnell weiterzuziehen. Sie sind auf Nahrungssuche, ohne Hast. Noch...

Plötzlich steigt eine Dunstwolke auf, und ich erwische mich dabei, daß ich »da« schreie, ausgerechnet ich. Reis wirft einen schnellen Blick in die Richtung, in die ich schaue. Tatsächlich, »baleia, baleia, Wal, da bläst er!« Vor lauter Aufregung vergesse ich plötzlich, daß ich mir eben noch wie ein elender Verräter vorgekommen war.

Der kurze Frieden auf der »Vedetta« ist wie weggeblasen, alles schreit und wirbelt jetzt wieder durcheinander. Die Leinen der beiden Fangboote, die wir noch immer im Schlepp hatten, werden losgemacht. Das erste Boot jagt los, prescht mit vollem Tempo durch das aufspritzende Wasser. Alle vier Männer stehen aufrecht. Noch ruht die Harpune, ein von Hand geschmiedetes Eisen, mit noch eingeklappter dolchartiger Spitze, verbunden mit dem hölzernen Wurfteil, im Bug. Sie zeigt bedrohlich nach vorne. Im Bootsrumpf säuberlich aufgeschossen liegen etwa tausend Meter Tampen aus echtem Manilahanf, festgespleißt an der Harpune. Das Seil muß aus echtem Manila sein, sagt Reis, weil die Männer es mit bloßen Händen halten. Manchmal saust es mit affenartiger Geschwindigkeit durch das Boot, wenn der getroffene Wal flieht und es an der Harpune hinter sich herzieht.

Alle drei Fangboote sind jetzt ausgeschwärmt. Rundum blasen die Wale, noch immer ausgeglichen und ruhig, noch immer ohne Argwohn. Metallischsilbern glänzen ihre sich aufwölbenden Rücken in der Sonne. Deutlich sind die flach zipfelförmige Rückenfinne und die kleineren Buckel, die schwanzwärts flach verlaufen, zu sehen. Dann durchbricht eine runde Kuppe den Meeresspiegel: der vordere Teil des riesigen, kastenförmigen Kopfes mit dem Blasloch, der Nase. Kaum erhebt sich die Nase aus dem Wasser, steigt der deutlich sichtbare Blas auf. Der Wal hat einmal kräftig ausgeatmet, um sofort neue Luft zu schöpfen. Wie geschmiert gleitet der lange, schlanke Körper durch die Fluten, wogt sanft auf und nieder unter dem Antrieb der mächtigen, quergestellten Schwanzflosse. Keine Turbulenzen, kein sich kräuselndes Wasser verraten die enorme Kraft, die dahintersteckt. Was sich da elegant und harmonisch im Meer bewegt, ist nicht der meist abgebildete klobige Speckberg, sondern ein perfekt seinem Lebensraum angepaßtes Tier, stromlinienformvollendet.

Plötzlich kommt Unruhe auf. Die Bewegungen der Tiere werden hektisch, höher hinaus wölben sich die Leiber, schneller geht ihr Atem. Ein Fangboot greift an. Ein Unterwasserwarnruf – wir können ihn nicht hören – hat die ganze Walschule in Alarmbereitschaft versetzt.

Von hinten schiebt sich das Fangboot an den Wal. Genau in dem Moment, in welchem sich der Rücken, der periodischen Schwimmbewegung folgend, beugt, wirft der Harpunier zielsicher die Harpune. Das messerscharfe Eisen bohrt sich tief in die Speckschicht, genau unterhalb der Rückenfinne. Getroffen. Ein Zucken erschüttert den Walkörper, ein kurzes Aufbäumen. Die Schwanzflosse taucht auf. Der getroffene Wal versucht, senkrecht in die Tiefe abzutauchen, versucht, der Gefahr zu entrinnen, Schutz in der Tiefe zu finden. Aber die Chance ist gering. Die Harpune sitzt, die ausklappbare Spitze hat sich unter dem Zug zu einem Widerhaken ausgeklappt. Der Wal zieht das Harpunenseil hinter sich her, immer tiefer, Meter um Meter. Die Männer im Boot sind auf der Hut. Denn wehe, wenn einer mit dem Bein in eine Schlinge gerät, während das Seil, eben noch aufgeschossen, jetzt durch das Boot saust. Der Harpunier hält ein scharfes Messer in der Hand, um den Tampen sofort kappen zu können.

Auf einmal kommt das Seil zur Ruhe, etwa 300 Meter sind abgespult. Der Wal taucht nicht weiter. Was wird er tun? Minuten vergehen, nichts passiert. Die Männer haben schnell das Seil hinten um einen Poller geschlagen, um es unter der gewaltigen Zugkraft, die wieder kommen muß, besser halten zu können. Der Wal kann nicht unbegrenzt in der schützenden Tiefe verweilen. Er muß wieder hoch, muß blasen, Atem schöpfen. Schon taucht er wieder auf, nicht weit entfernt von seinem Feind. Offenbar hat das Tier die Gefahr noch gar nicht richtig erkannt. Aber doch, der Atem geht hastig, wie auch die Schwimmbewegung. Der Wal versucht, an der Oberfläche zu entkommen, macht jetzt knapp 40 Stundenkilometer, seine Maximalgeschwindigkeit. Aber es hilft ihm nichts. An der fest im Rückenspeck verankerten Harpune zieht er seinen Feind hinter sich her. Straff spannt sich das Seil.

Der Steuermann im Fangboot gibt mehr Gas, die anderen holen mehr Seil wieder ein. Der Harpunier hat jetzt aufrecht stehend die Lanze in der Hand, ein ähnliches Eisen wie die Harpune, aber spitz. Wieder bläst der Wal. Der Harpunier hält die Lanze wurfbereit. In dem Moment, in dem das Boot den Wal von hinten überholt, schleudert er sie in den zuckenden Leib. Tief bohrt sich das Eisen zwischen Brustkorb und Kopf. Der Mann versucht, das Herz zu treffen, dann hätte das Tier einen schnellen Tod. Aber der erste Wurf hat noch nicht gesessen. Wieder taucht der Wal. Wieder steigt er zurück an die Oberfläche. Und wieder bohrt sich die Lanze in seinen Körper. Der Blas verfärbt sich leicht rötlich. Die Atemwege sind getroffen. Blut vermischt sich mit dem Atem. Aber noch gibt das verletzte Tier nicht auf. Es versucht, mal tauchend, mal an der Oberfläche schwimmend, zu entfliehen.

Plötzlich tauchen zwei weitere Wale auf. Brustflosse an Brustflosse schwimmen sie neben ihrem Familienmitglied, das mit dem Tode ringt. Sie weichen nicht von seiner Seite, auch nicht, als wieder und wieder die Lanze schwirrt. Sie wollen helfen. Aber was können sie tun? Nichts. Sie sind Tiere ohne Wehr und Waffen. Dabei könnten sie helfen. Sie könnten das Fangboot mit Mann und Maus zum Kentern bringen, könnten es mit ihren starken Köpfen rammen und versenken, könnten es mit einem

Es wurde nie bekannt, daß ein Pottwal ein Fangboot angegriffen hätte, wie die Zeichnung vermuten lassen könnte.

einzigen Hieb der mächtigen Schwanzflosse zweiteilen. Sie könnten den Feind vernichten, genug Kraft besitzen sie, aber sie tun es nicht. Sie kennen keine Angriffslust. Weil sie von natürlichen Feinden verschont blieben, außer, wenn ihnen »Killerwale« nachstellen, haben sie weder gelernt anzugreifen noch sich gezielt zur Wehr zu setzen.

Reis hat nie erlebt, daß ein Pottwal ein Fangboot attackiert hätte. Zwar liegt bei der Landstation ein halbiertes, das beim Fang draufgegangen ist, doch war das nur ein Versehen. Der Wal, den die Männer harpunierten, hat – wohl mehr vor Schreck – beim Abtauchen mit der Fluke, der Schwanzflosse, derart um sich geschlagen, daß die Planken zerbarsten. Den Männern, die dabei über Bord gingen, hat der Wal auch nicht ein Haar krümmen wollen. Sie waren für ihn keine Feinde; er hat nur versucht, sein Leben zu retten. Und auch die Männer, die im Wasser trieben, bis sie von ihren Kollegen aufgenommen wurden, kamen gar nicht auf die Idee, den Wal zu fürchten. Sie wissen, daß er harmlos ist. Statt dessen haben sich zwei geprügelt, weil der eine den anderen dabei erwischte, ihm eine Buddel Rotwein zu klauen. Und das alles gleich neben Moby Dick, dem als schiffezerschmetternd verschrienen Leviathan. Nicht ein Menschenleben hat dieses Tier mutwillig auf dem Gewissen. Wenn früher Walfänger im hohen Norden ums Leben kamen, dann forderte das Meer seine Opfer, aber nie ein rachsüchtiger Wal.

Der Wal ist tot. »Morte«, strahlen die Walfänger, die ihrem Opfer soeben den Gnadenstoß versetzt haben. Noch einmal hat sich der Körper mit letzter Kraft aufgebäumt. Aus dem Blasloch sickert nur noch dickflüssiges Blut. Er hat seinen letzten Blas getan. Bis zur letzten Sekunde haben die beiden anderen Tiere bei dem Todgeweihten verweilt. Erst jetzt suchen sie das Weite, nachdem jede Hilfestellung nutzlos geworden ist. Das tote Tier ist auf die Seite gekippt und trudelt wie eine leere Flasche in einem Meer von Blut. Der Kopf ist von Lanzenstichen übersät. Das Maul leicht geöffnet. Einer der Männer nimmt eine Fahnenstange, an der ein roter Wimpel hängt, und rammt sie – mir erscheint es wie der Gipfel an Brutalität – dem Tier in das gebrochene Auge. Es ist die einzige Stelle, an der die Fahne hält. Die Fahne soll der Besatzung am Ende des Fangtages helfen, den Wal wiederzufinden und ins Schlepp zu nehmen, damit der Kadaver auf der Landstation verarbeitet werden kann.

Noch ist nicht Abend, noch sind Wale da. Warum nur fliehen sie nicht, ich begreife das nicht. Sie können doch lange genug die Luft anhalten und unter Wasser das Weite suchen. Sie wissen doch, was hier passiert, jetzt haben sie doch erkannt, daß sie hier sterben müssen. Ihr Verhalten zeigt das deutlich, ihre Unruhe, ihr schnelles Atmen. Manche haben sich zusammengetan, andere hasten einzeln hin und her. Natürlich versuchen sie zu entkommen. Aber da ist Reis, ein Mann, der die Wale kennt.

Er hat eine mörderische Taktik entwickelt, ihnen den Fluchtweg abzuschneiden. Immer wieder rast er mit der »Vedetta« hinter den Tieren her und zwingt sie zur Umkehr. Sobald das Schnellboot in gleicher Höhe mit den Flüchtenden ist, dreht er bei und schafft mit dem für die geräuschempfindlichen Wale vermutlich ohrenbetäubenden Lärm eine Art akustische Barriere. Sie fühlen sich umzingelt, als seien sie in eine Falle gegangen, eine Falle, die weder oben noch unten einen Fluchtweg offenläßt. Und wie von Sinnen steuern die Tiere, die sich weniger mit dem Auge als vielmehr nach dem Gehör orientieren, in die einzige Richtung, die Reis ihnen offenläßt. Sie müssen den Walfängern vor die Harpune. Einen Ausweg gibt es nicht. Besonders heute nicht.

Wir sind auf einmal ganz dicht vor einer Insel der Desertas. Reis hat die allmählich in ihrer Kraft nachlassenden Tiere geradezu an die Felswand gedrückt. Ein Kesseltreiben beginnt. Auf der einen Seite begrenzt die Insel das Schlachtfeld, auf der anderen das lärmende Schnellboot. An Steuerbord und Backbord nehmen die Fangboote mit ihren ebenfalls lärmenden Motoren die Jagd wieder auf. Plötzlich dreht eines bei und kommt zu uns an die »Vedetta«. Reis hatte einen Pfiff losgelassen, der mir durch Mark und Bein gegangen war. Das kann doch nicht sein Ernst sein. Er will, daß ich umsteige, das grausame Schauspiel auch noch hautnah erlebe. Ich steige um. Wie benebelt höre ich ihn nur noch mit einem Ohr brummen, daß mir schon nichts passieren würde, daß er ja in der Nähe sei.

Die Männer strahlen mich freundlich an. Bestimmt ahnt keiner, wie mir das alles an die Nieren geht. Ehe ich richtig begreife, was geschieht, haben wir gleich neben uns schon einen Wal, nein, es sind zwei. Neben dem großen Blas steigt noch ein vergleichbar winzigkleiner in die Höhe. Eine Mutter mit Kind. Der Harpunier hat sein Gerät bereits zum Wurf angehoben. Er zielt.

Dann schmeißt er plötzlich die Harpune auf die Bootsplanken und schreit etwas wie Mutter und Kind. Er setzt sich gelassen auf den Boden und kaut an seinem Brot. Mit vollen Backen meint er zu mir: »Es ist nicht gut, die zu töten.« Ich bin froh, daß ich wenigstens das nicht erleben muß. Dabei wäre es für die Fänger ein Kinderspiel gewesen, hier schnell und leicht zu siegen. Sie hätten nur das Kalb zu harpunieren brauchen, wie es die Walfänger früher taten, um sich der Mutter sicher zu sein. Sie verläßt ihr Junges nicht, eher geht sie freiwillig in den Tod. Es wäre nicht einmal nötig, sie auch zu harpunieren. Sie würde bei ihrem Säugling verweilen und Lanzenstiche hinnehmen, bis ihr Leben erlischt.

Der Harpunier hat zu Ende gefrühstückt. Mit einem Hammer klopft er eine Lanze gerade. Wir steuern auf die beiden anderen Fangboote zu, die jetzt ganz dicht unter der Küste liegen. Es herrscht erstaunliche Ruhe. Zwischen den Booten liegen vier Wale. Sie sind mit ihrer Kraft am Ende. Sie verharren in einer eigenartigen Stellung. Die Köpfe nach innen, die Schwanzflossen nach außen gerichtet, haben sie sich sternförmig angeordnet und suchen Schutz in einer Art Bollwerk. Noch leben sie, atmen und schlagen schwach mit der Fluke, aber ohne sich von der Stelle zu rühren. Wohin auch, sie sind umzingelt und haben offenbar kapituliert. Die Fänger haben die Harpunen beiseite gelegt. Sie benutzen nur noch die Lanze, stechen die Tiere ab, als sei hier ein Schlachthof. Wäre nicht der Mensch gekommen, hätten die Wale mit dieser Strategie, sich sternförmig zusammenzurotten, sicherlich überlebt. Vermutlich haben sie dieses Abwehrverhalten, nach dem Motto »Einigkeit macht stark«, gegen die Angriffe von Killerwalen entwickelt. Und vermutlich können sie sich und besonders ihre Jungen, um die sie mit ihren Körpern eine Festung bauen, vor ihrem einzigen natürlichen Feind, dem Orca, schützen, nicht aber vor dem Menschen, der dieses Sozialverhalten gnadenlos ausnutzt.

Auf einmal geht alles ganz schnell. Die Wale sind tot, nicht alle, die zur Schule gehörten. Die Mutter mit dem Jungen und noch eine Dreiergruppe, die sich zusammengetan hatte, um gemeinsam zu entkommen, hat Reis fliehen lassen. Absichtlich, wie er sagt, schließlich wolle er sich nicht selbst das Wasser abgraben.

Mittlerweile ist die »Persistencia«, das Mutterschiff unserer Flotte, eingetroffen. Der umgebaute Fischdampfer macht die toten Wale fest, mit der Fluke nach oben und gut auf Steuerbord und Backbord verteilt, damit der alte Seelenverkäufer nicht unter dem Ballast das Gleichgewicht verliert. Ein Wal fehlt. Verdammt! Reis läßt einen gehörigen Seemannsfluch vom Stapel und begibt sich mit der »Vedetta«, auf der ich jetzt endlich auch wieder bin, auf die Suche. Mir fällt ein altes Walfängerlied ein, das deutlich macht, daß ein verlorener Wal ein großer Verlust ist.

Wie ein Spürhund schnüffeln wir am Meeresspiegel entlang. Die Suchaktion scheint fast aussichtslos. Zwar treibt ein toter Pottwalkörper an der Oberfläche und sinkt nicht wie die schnellschwimmenden Furchenwale auf den Grund, doch schaut natürlich nur eine schwache Erhebung hervor, getarnt in der Farbe des Meeres. Plötzlich gibt die »Vedetta« Gas. Hat Reis Lunte gerochen? Tatsächlich, nach knapp zehn Minuten schwimmt uns der Kadaver vor den Bug. Kreisende Möwen, die immer wieder herabstürzen, um sich ein paar fette Brocken herauszureißen, kennzeichneten den Weg. Wir nehmen den Wal ins Schlepp und übergeben ihn später an die »Persistencia«, die uns unter dem Gewicht der bereits vertäuten Wale schwankend und schaukelnd entgegenstampft. Der Mann oben im »Krähennest« strahlt, daß wir das verlorene Opfer doch noch gesichtet haben.

Der Käpt'n erschien auf dem Achterdeck,
die Augen so hart wie das Eis.
An die Davits, an die Davits und klar bei den Fallen,
zu Wasser mit den Booten, den drei'n, Jungs,
zu Wasser mit den Booten, den drei'n.

Für jeden Kiel einen kühnen Harpunier
und den Steuermann mit der Lanze
und vier Teerjacken, sich in die Riemen zu legen,
denn jetzt geht es um's Ganze, Jungs,
denn jetzt geht es um's Ganze.

Sie fierten die Boote mit den Männern darin,
und bald war'n sie nahe dem Wal.
Fest entschlossen war'n die tapferen Männer,
ihn zu kriegen beim nächsten Strahl, Jungs,
ihn zu kriegen beim nächsten Strahl.

Ein Ruck, die Harpune steckte, es tauchte der Wal
mit 'nem netten Schnörkel des Schwanzes,
nebenbei verloren wir zwei über Bord,
aus ist's mit Grönland für euch, Jungs,
und nie fingen wir diesen Wal.

Als der Käpt'n vom Verlust seiner Männer hörte,
das Herz brach es ihm fast,
aber als vom Verlust des Wales hörte,
da setzte er halbmast, Jungs,
da setzte er halbmast.

Nun erscheint uns schon das Wintergestirn,
und es ist Zeit, die Anker zu lichten,
unser Jagdgerät unter Deck zu verstau'n,
weg von Grönland den Kurs zu richten, Jungs,
weg von Grönland den Kurs zu richten.

Oh, dies Grönland ist ein Schreckensort,
bleibe hier länger, wer mag,
wo der Wind kalt jetzt weht, selbst der Wal weggeht,
und selten nur wird's Tag, Jungs,
und selten nur wird's Tag.

Mittlerweile geht am Himmel glutrot die Sonne unter. Wie weggeblasen ist der Spuk, der eben noch die Meeresbucht unsicher gemacht hatte. Das Wasser verfärbt sich tiefschwarz, kein Blut ist mehr zu sehen. Möwen kreischen. Es wäre ein idyllischer Abend auf See, wäre nicht eben das Sterben der Wale gewesen, säßen mir nicht Furcht und Schrecken in den Gliedern. Und Trauer. Ich gebe zu, in dem Fangboot wußte ich manchmal nicht, um wessen Leben ich mehr zittern sollte, um das meine oder um das der Tiere. War ich mir doch plötzlich nicht mehr so sicher, daß Moby Dick wirklich harmlos ist. Fast die ganze Zeit hatte ich irgendein Objektiv vor den Augen, auch noch, als ich längst alle Filme verschossen hatte. Nur, um das Gemetzel nicht

Der Pottwal ist der größte Zahnwal. Sein riesiger, kastenförmiger Kopf macht etwa ein Drittel der gesamten Körperlänge aus.

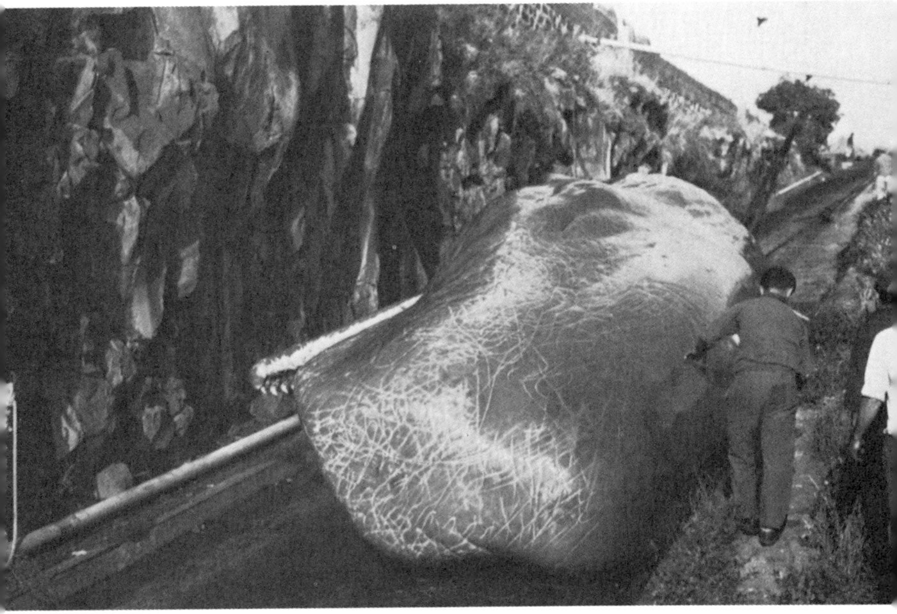

ohne jeden Filter beobachten zu müssen. Als ich dann endlich zurück auf die »Vedetta« durfte, ist mir ein Film über Bord gegangen. Der Mann an der Harpune sah mich betroffen an und entdeckte erst jetzt die Tränen in meinen Augen. Er entschuldigte sich, obwohl ihn gar keine Schuld traf. Daß ich wegen der Wale weinte, hat er bis heute nicht begriffen. Für ihn bedeuten sie den Broterwerb, nicht mehr und nicht weniger. Sie sind große Fische, Walfische.

Drei Stunden Fahrt, dann erreichen wir Canical. Jetzt trinke ich eine Flasche Bier, meine Kehle ist ausgedörrt. Reis versucht mich im Plauderton abzulenken. Ich bin so müde, daß ich mich auf den Decksplanken zusammenrolle und in eine Art Halbschlaf verfalle. Um mich herum die rauhbeinigen Seeleute. Mich stört jetzt gar nichts mehr. Ich will nur Ruhe haben, Ruhe nach diesem Sturm, den ich mein Lebtag nicht vergessen kann.

Endlich legen wir an. Wieder nimmt das Gezeter seinen Lauf. Wieder bricht sich scheinbar ein Mann beim Aussteigen fast das Genick, jedenfalls hörte sich das Geschimpfe der eben noch müden Portugiesen so an. Die Fangboote werden mit dem riesigen Hebebaum emporgehievt und oben auf die Plattform hingelegt. Die verbogenen Lanzen kommen ins Bootshaus, die Harpunen stecken noch in den Kadavern der Wale. Die »Persistencia« macht langsame Fahrt. Morgen früh wird sie vor Anker liegen, mit den getöteten Tieren.

An der Pier begrüßen uns freudig Achim und Top, die beiden Hunde von Reis, ein Schäferhund und eine Promenadenmischung von unglaublicher Häßlichkeit und Intelligenz in Schwarzweiß und mit Ringelschwanz. Ein paar Touristen haben noch ausgehalten. Sie warten auf das große Spektakel. »Ja, ja«, raunt Reis, »morgen.« Heute passiert nichts mehr.

Wir nehmen noch einen Whisky, »den brauche ich immer«, sagt Reis, »nach einem Tag wie heute. Du mußt verstehen, ich liebe die Wale, und ich sehe auch nicht gern zu, wie sie getötet werden und daß wir sie töten.«

Kaum angekommen in meinem Zimmer in der Pension »O Facho«, dem Leuchtturm, falle ich todmüde ins Bett. Ein Abendessen hätte ich ohnehin nicht runterkriegen können. Ich schlafe tief, aber nur für zwei Stunden, dann bin ich wieder wach, schweißgebadet. Die Erlebnisse meines ersten Fangtages verfolgen mich, das Grauen. Am liebsten würde ich meine Koffer packen und abreisen. Ich könnte doch eine andere Diplomarbeit schreiben, wieso unbedingt eine über Wale? Bin ich wirklich übergeschnappt, wie die Leute zu Hause behaupten?

Ich halte durch, ich muß durchhalten. Am nächsten Morgen stehe ich auf der Plattform. Die Männer haben schon den ersten Wal emporgeslippt. Mit der Schwanzflosse nach vorn zog ihn ein stabiles Drahtseil hoch, angetrieben von einer altertümlichen Dampfmaschine. Die Harpune steckt ihm noch im Rückenspeck. Er liegt auf der Seite, wie ein gestrandetes U-Boot. Immer noch sickert Blut, vermischt mit Wasser, aus dem Blasloch. Eine Horde Kinder stürzt sich sofort auf das tote Tier und schrappt von der Seite mit scharfen Eisenstücken Hautlappen ab. Sie benutzen die Haut als Köder zum Angeln. Allmählich verwandelt sich der im Meer silbrigglänzende Körper, er verfärbt sich dunkler, wird fast schwarz.

Das Maul eines Pottwals: Nur der Unterkiefer trägt Zähne.

Das Auge ist kaum zu sehen. Aus dem Maul quillt die fleischige, kurze Zunge. Ober- und Unterkiefer sind leicht auseinandergeklappt. Deutlich treten aus dem stabförmigen Unterkiefer die beiden Zahnreihen hervor. Die Zähne sind leicht nach hinten gebogen. Im Oberkiefer hat der Pottwal keine Zähne, hier befinden sich Löcher, in die exakt die Unterkieferzähne hineinpassen.

Nur in seltenen Fällen treten bei ausgewachsenen Tieren auch aus dem Oberkiefer ein paar kleine Zähne hervor, die aber eher störend als nützlich sein dürften. Sie sind von den gegenstoßenden Unterkieferzähnen, denen sie in den Weg wachsen, abgenutzt.

Bei diesem Wal tragen die Unterkiefer besonders im mittleren Bereich Spitzen, die deutlich nach hinten umgebogen sind. Sie gehören einem Weibchen. Das ist typisch, meint Reis. Ein solches Weibchen, das im fortpflanzungsfähigen Alter ist, geht nicht besonders tief auf Tauchstation, um nach Tintenfischen zu jagen. Die Tintenfische in diesen Regionen mit einer Tiefe um 300 Meter sind zähleibig. Sie bestehen aus festem Fleisch, das nicht reißt, wenn der Wal das Weichtier auf die spitzen Haken nimmt, ehe er den Brocken im ganzen Stück hinunterschluckt. Zerkaut wird die Nahrung nicht, wie man aus Magenuntersuchungen weiß. Sie wandert im Stück in den gigantischen Magen, der leer bei einem elf Meter langen Tier rund 100 Kilo wiegt; bei einem 16 Meter langen Bullen um 250 Kilo.

Wenn die Wale älter werden – und in tiefere Regionen um 1000 Meter tauchen –, verändern sich die Zähne. Besonders bei den älteren Männchen werden sie abgerundet und stumpf. Reis erklärt diesen Prozeß damit, daß sie nunmehr Tintenfisch fressen, der aus weniger festem, aber glibberigem Fleisch besteht; es würde zerreißen, wenn der Wal die Beute mit spitzen Zähnen faßt.

Obwohl die Zähne eine Länge von etwa 20 Zentimetern erreichen können, scheinen sie nicht allzu große Bedeutung für die Tiere zu haben. So kommen die Kälber ohne Zähne auf die Welt, und erst wenn die Tiere geschlechtsreif werden, brechen die etwa 40 Zähne durch. Manche Pottwale haben sogenannte

»gelockte Kiefer«; sie sind lockenartig verwachsen, als seien sie einmal gebrochen und schlecht wieder zusammengewachsen. Auch die Zähne wirken wie in einem verunglückten Gebiß. Für diese Wale scheint eine solche Mißbildung aber nicht mehr als ein »Schönheitsfehler« zu sein. Wie die noch zahnlosen Jugendlichen müssen sie ihre Beute ohne funktionstüchtige Zähne, nur mit dem stabförmigen Kiefer, schnappen können. Unter mangelndem Körpergewicht scheinen sie jedenfalls nicht zu leiden, denn ihre Speckschicht ist genauso dick wie die ihrer Artgenossen mit makellosem Gebiß.

Beim Verarbeiten wird dem Wal zunächst die Speckschicht vom Leib gezogen. Dem lebenden Tier dient sie als Fettdepot und als Isolierschicht gegen den Verlust von Körperwärme.

Die Arbeit der Walfänger ist wie immer mit viel Lärm verbunden. Kinder und Helfershelfer sind gekommen, um so schnell wie möglich die Kadaver zu verarbeiten. Wenn die Tiere zu lange liegenbleiben, verwesen sie, zumal die Speckschicht, der Blubber, ein Auskühlen der warmblütigen Körper verhindert. Schon nach drei Tagen unter der heißen Sonne Madeiras kann es passieren, daß ein Wal, der vor sich hin gammelt, plötzlich auseinanderbricht. Die Produkte, das Öl und das Fleischmehl, verlieren dann an Wert.

Als erstes wird mit den wuchtigen Flensmessern der Kopf abgetrennt und mit der Dampfwinsch an die Seite gezogen. Tiefrot quillt das mächtige Muskelfleisch hervor. In der Mitte klafft ringförmig der Kehlkopf. Dieser ist bei den Zahnwalen gänseschnabelartig verlängert; zwei Knorpel, Epiglottis und Aryknorpel, ragen schlauchförmig in den unteren Teil des Nasenganges. Dieser Gänseschnabel ist von der Kreismuskulatur des Rachens umgeben, die ihn luftdicht abschließen kann und eine Art Ventil bildet. Zudem verhindert der schnabelartige Kehlkopf, daß Luft- und Speiseröhre miteinander in Verbindung treten. Dank dieser Konstruktion kann sich ein Wal nicht »verschlucken«, noch kann Wasser durch den Rachen oder über den Nasengang in die Lunge geraten. Wenn der Wal beispielsweise beim Tauchen Luft aus der Lunge abgeben will, gestattet ihm das Ventil, die Menge genau zu dosieren. Ein solcher Mechanismus spielt möglicherweise bei der Sprache eine wichtige Rolle.

Ein Walfänger ist jetzt auf den abgetrennten Leib gestiegen, barfuß. Das schmiedeeiserne Flensmesser ist gewetzt. Mit voller Wucht rammt er es an dem langen Stiel in den fleischigen Berg, bis der Körper der Länge nach aufgeschlitzt ist. Nun wird am Schwanzende die massive Speckschicht mit einem Loch versehen und mit einem großen Schäkel an der Winsch festgemacht. Das Drahtseil wird über Eck gespannt und jetzt mit voller Kraft angezogen. Zentimeter um Zentimeter hebt sich die Speckschicht, löst sich von der darunterliegenden Muskulatur. In einem riesigen Streifen hebt sich der gewaltige Blubber. Der

Kadaver fängt an zu beben, als sei in ihm noch ein Hauch von Leben. Die Männer sind auf der Hut, denn wehe, wenn der Speck abrutscht und zurückschnellt. Die gut 20 Zentimeter dicke Schicht ist so fest und zäh, daß sie beim Zurückschnellen einen unglücklich dazwischengeratenen Menschen wie eine Fliegenklatsche das Insekt erwischte. Ein Krachen und Ächzen, endlich löst sich der riesige Flatschen vom Körper.

Ich will mich gerade auf die Mauer setzen und zuschauen, da holt mich ein energischer Pfiff von Reis heran. Er hat einem der Arbeiter die Anordnung gegeben, rund um die Geschlechtsöffnung ein kreisförmiges Stück herauszustanzen und es für mich beiseite zu schaffen. »Irgendwo da drin muß dein Knochen sein, der Beckenknochen.« Wie Schuppen fällt mir von den Augen, daß ich ja zum Arbeiten hier bin. Ich hole mein buschmesserähnliches Werkzeug, das Reis längst gegen das für Biologen übliche Skalpell eingetauscht hat, aus der Tasche und verziehe mich mit meiner Arbeit etwas abseits von diesem bestialisch stinkenden Schlachthof. Immer wieder glitscht mir der unhandliche Brocken aus den Händen. Das Fleisch ist so zäh, daß ich es nur mit größter Mühe schneiden kann. Endlich hat mein madeirensischer Chef ein Einsehen. Mit geschicktem Griff und der Präzisionsarbeit eines Chirurgen schneidet er draufzu. Es dauert nicht lange, und er hat den Knochen in diesem unübersichtlichen glitschigen Haufen endeckt. Vorsichtig löst er den überaus zerbrechlichen Knochen aus dem umgebenden Gewebe von Muskeln, Sehnen und Fett.

Der Knochen ist empfindlicher als alles andere. Mit Staunen halte ich das knöcherne Etwas, das an den Enden verknorpelt ist, in der Hand. So wenig Becken bei so viel Körper. Keine 20 Zentimeter mißt das stabförmige Element. Wie fast alle Knochen ist es stark porös und ölhaltig. Nur der Unterkieferknochen ist stabil und kompakt. Das übrige Skelett – wie auch die Wirbel – erinnert eher an einen ölgetränkten Schwamm. Diese Strukturierung erlaubt es dem riesigen Tier, im Wasser fast so leicht wie eine Feder zu sein. Sie dient als Schwebehilfe. Landlebende Tiere – nicht einmal Saurier – hätten es nie auf solche Walgrößen gebracht, sie wären vielmehr unter ihrem eigenen Körpergewicht zusammengebrochen. Wir legen das eine Beckenelement, das noch von einigem öltriefenden Gewebe umgeben ist, in die Sonne, damit es, bis auf den Knochen, gammelt und leichter zu präparieren ist. Anschließend muß ich mich wieder allein quälen, um auf der anderen Seite des Fleischbergs den zweiten Beckenknochen herauszuholen.

Mit viel Mühe versuche ich, die Lage des Beckens zu erfassen, so wie es im Körper liegt. Aber es will mir bei dem Herumgewürge nicht gelingen. Nur andeutungsweise kann ich die Anatomie erahnen. Mit derartigen Schwierigkeiten hatte ich nie und nimmer gerechnet, obwohl ich natürlich wußte, daß es kein Pappenstiel ist, ein Tier zu untersuchen, das auf keinen Präparationstisch paßt, geschweige denn unter ein Mikroskop. Einmal wieder hatte ich allen Grund, meine Kommilitonen im Institut zu beneiden. Aber kapitulieren wollte ich nicht.

Von dem Walkörper, den die Arbeiter entlang der Wirbelsäule in große Brocken zerlegten, um sie dann Stück für Stück an Haken über die Plattform zu schleifen und in der Kocherei zu versenken, war bald nicht mehr viel geblieben. In Streifen geschnitten, waren die Speckschicht sowie die Knochen und das übrige Gewebe in den dampfenden Kesseln verschwunden. Selbst das viele Blut wird in einer Rinne aufgefangen, geronnen und verarbeitet. Wie aus dem Fleisch und den Knochen wird daraus Eiweiß gewonnen, in Form von Mehl, als Futter- und Düngemittel.

Das Fleisch ist für die menschliche Ernährung nicht zu gebrauchen. Höchstens einige kleine Partien kann man essen, sagt Reis. Aber weder er noch seine Mannschaft legen Wert auf ein Pottwalmahl. Auch seine Hunde rühren das tranige und zähe Fleisch nicht an, genauso wie die streunenden Straßenköter sich nicht von der Schlachterei anlocken lassen. Um so mehr wundert's mich, daß Japaner immer wieder damit argumentieren, daß sie Walfleisch, auch Pottwalfleisch, dringend für ihre Ernährung benötigen. Das kann doch nur eine faule Ausrede sein, um das technisch wertvolle Öl des bedeutenden »Industriewals« Pottwal nicht zu verlieren.

Auf der Plattform ergießt sich eine riesige Lache, der Mageninhalt des Tieres. Es wimmelt von papageiähnlichen Schnäbeln, den unverdaulichen Resten der Tintenfische. Von manchen sind nur die hornigen Mundwerkzeuge geblieben, andere liegen komplett auf dem Beton, wohlerhalten, nur mausetot, mit acht oder zehn Fangarmen, je nach Art. Zwischen den schlaffen Körpern der Kopffüßler wimmeln weiße, häßliche Würmer, Innenparasiten, mit denen sich der Wal herumgeschleppt hatte. Sie sind nicht tot, bewegen sich schlängelnd in dem Dreck, bis sie der volle Wasserstrahl von der Rampe zum Meer hinunterspült. Auf der Rampe liegt der ellenlange Darm, der bei einem ausgewachsenen Pottwal bis 160 Meter lang sein kann, was erstaunlich ist, zumal Fleischfresser meist einen relativ kurzen Darm besitzen. Der Darm ist als einziges vom Pottwal nicht zu verwerten. Um diesen Rest zerren und zanken die Möwen, ehe er wieder im Meer landet.

Inzwischen ist der nächste Wal auf der Plattform angekommen. Die anderen treiben noch vor der Rampe im Wasser. Auf ihren langsam aufquellenden Leibern tummeln sich einige Kinder wie auf treibenden Schlauchbooten. Für sie ist ein erfolgreicher Fangtag ein Fest, wie für ihre Väter. Sie amüsieren sich bei ausgelassenen Spielen, oder sie angeln. Der Wal, als großer Köder, kommt ihnen gerade recht. So hielt es auch der Chef einer Walfangstation auf den Azoren, die ich auf der Suche nach einem geeigneten Arbeitsplatz ein Jahr zuvor kennengelernt hatte. Er und seine Mannen waren an jenem Tag zu faul, um den Wal gleich zu verarbeiten. Ich habe diese Station ganz schnell wieder vergessen. Man wußte hier nicht einmal, daß der Wal solche Knochen besitzt, wie ich sie suche. Da weht bei Reis doch ein anderer Wind. Hier wird gearbeitet. Und für Reis besitzt der Wal kein Stück, das er nicht kennt.

Eine Überraschung! Reis strahlt und hält mir eine Handvoll Wal unter die Nase. »Hier hast du was zum Üben.« Ein Embryo. »Aber wieso? Wieso wird eine trächtige Walkuh getötet?« frage ich voller Entsetzen. Ich muß einsehen, daß man ihr die Trächtigkeit von außen nicht ansehen kann. Also nehme ich den Fötus als ein wissenschaftliches Geschenk und begebe mich an die Arbeit. Wenigstens verliere ich bei diesem Untersuchungsobjekt nicht gleich die Übersicht. Aber kaum habe ich den Embryo für eine Stunde aus den Augen gelassen, muß ich mich vor Ekel schütteln. Er ist übersät von Maden und Fliegen. Kurzentschlossen werfe ich das Exemplar – ehe mir ganz schlecht wird – in die Mülltonne! Daß ich damit freilich bei Reis nicht durchkommen würde, hätte ich mir eigentlich gleich denken können. Als er meine Missetat entdeckt, kommentiert er nur kurz: »Wozu gibt es denn Wasser«, und spült den Embryo ab. Und ich untersuche weiter...

Mit äußerster Vorsicht doktore ich an dem kostbaren Exemplar herum. Ich löse die Muskeln, Sehnen und Knorpelelemente, ohne durch einen Schnitt mein Präparat zu beschädigen. Schließlich bekommt man nicht alle Tage eine Rarität in die Hände. Kein Wissenschaftler würde mir verzeihen, wenn ich den Fötus zerstückelt und damit für weitere Untersuchungen untauglich machte. Also wird das seltene Stück in Formalin eingeweckt, nachdem ich meine Orientierungsstudie beendet habe. Natürlich stimmt mich diese Untersuchung besonders traurig, wurde doch hier ein selten gewordenes Leben schon im Keime erstickt.

Ehe ein Pottwalkalb das Licht der Welt erblickt, vergeht mehr als ein Jahr. Die Tragezeit beträgt 14 bis 16 Monate. Das eine Junge – Zwillingsgeburten sind bekannt, aber etwa so selten wie bei Menschen – kommt in der Steißlage zur Welt. Vermutlich hat es sich im Laufe der Entwicklung als sinnvoll ergeben, daß die Lungenatmer mit der Schwanzflosse zuerst aus dem Mutterleib gleiten, zumal sich dabei die Gefahr verringert, daß sie bei einem länger andauernden Geburtsvorgang nicht noch unter Wasser ihren ersten Blas tun und ertrinken. Das Kalb wird mit etwa vier Metern Länge geboren und ein oder sogar zwei Jahre lang von der Mutter gesäugt. Die Milch ist sehr fettreich, so daß das Junge zusehends wächst. Die Mutter spritzt dem Jungen die Milch aus den Zitzen – die als Anpassung an die Stromlinienform rechts und links der Genitalöffnung in Hautfalten liegen – direkt in das suchende Maul. Nach Beobachtungen von Reis legt sie sich dazu etwas auf die Seite, und das Kalb schwimmt mit seinem leicht nach oben gezogenen Mundwinkel an die Zitze heran. In dieser Stellung verharren Mutter und Kind, bis das Junge genug von der dickflüssigen und klebrigen Nahrung aufgenommen hat. Es kann nicht selbst saugen, da es keinen »Schnullermund« mit Lippen hat, sondern schon das typische Pottwalmaul mit dem stabförmigen Unterkiefer.

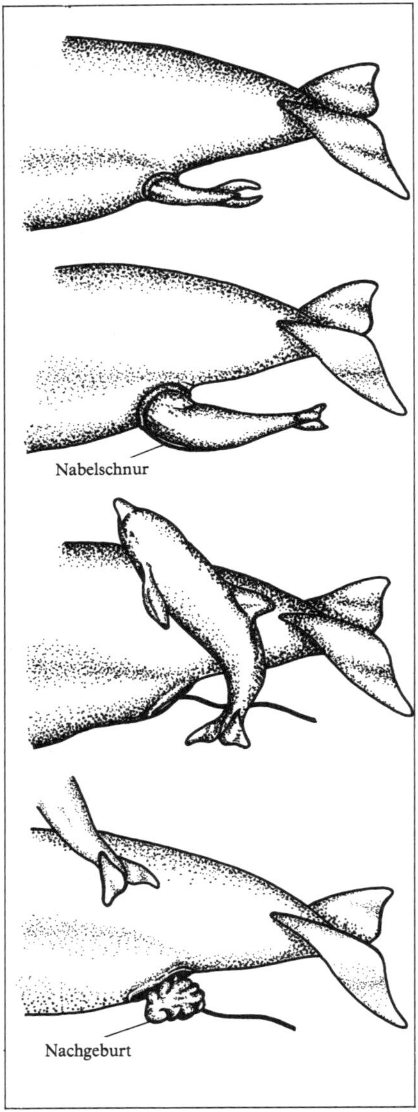

Ein Wal wird geboren. Er kommt in der Steißlage zur Welt. Mit dem Kopf unter Wasser würde er bei einer länger andauernden Geburt ertrinken.

Das Junge wächst nicht nur unter der Fürsorge der Mutter heran, sondern auch unter dem Schutz der anderen Tiere, die sich zu einer Schule zusammengeschlossen haben. Schon bei der Geburt halten »Tanten« eisern die Stellung, um das junge Leben vor eventuellen Gefahren abzuschirmen. Die zur Großfamilie gehörenden Weibchen bilden einen Kreis um die Mutter im »Kindbett« und achten darauf, daß weder Haie noch Schwertwale angreifen. Sie beschützen die werdende Mutter, wie sie einen verletzten Artgenossen nicht im Stich lassen, solange noch Leben in ihm ist. Wenn das Junge nicht gleich nach der Geburt seinen ersten Blas an der Wasseroberfläche macht, kommen die hilfsbereiten »Hebammen«, stoßen es an die Luft und geben ihm eine Art Klaps. Ein Junges, das seine Mutter verliert, muß vermutlich eingehen. Vielleicht kann es von einer Ersatzmutter adoptiert werden, falls ein anderes Weibchen gerade Milch hat. Reis hat einmal erlebt, daß ein Säugling seiner tot am Fangschiff hängenden Mutter bis in den Hafen folgte und dort verharrte, bis er starb.

Auf der Plattform ist mittlerweile der letzte Wal angekommen. Ein paar neugierige Touristen stehen dumm herum, und eine reichlich überfütterte Urlauberin, die sich angewidert die Nase zuhält, meint: »So dick sind die Wale ja gar nicht.« Recht hat sie. Die Wale, auch die Pottwale, sind schlank. Vielleicht liegt es an ihrer Größe, daß der Mensch in Darstellungen immer zu Übertreibungen neigte und sagenhafte Speckberge abbildete, ohne je die vollendete Form gesehen zu haben. Ich habe inzwischen gelernt zu verschweigen, daß ich Deutsche bin. Die Leute fragen mir sonst ein Loch in den Bauch. Statt dessen freue ich mich, daß die Walfänger sie um ein paar Mark erleichtern, indem sie Walzähne verhökern.

Meine gesammelten Beckenknochen liegen in einer Ecke, und der Schäferhund Achim beschnuppert neugierig die Stücke. Nicht, daß er Gefallen an den Knochen gefunden hätte. Vermutlich interessiert ihn nur herauszufinden, was mich daran so anzieht. Plötzlich kommt beim Öffnen des letzten Walmagens ein eigenartiges Gerüst zu Tage. Es ist das Innengerüst eines Helms, wie ihn Seeleute auf Tankern tragen. Und noch etwas, zwischen den Tintenfischen liegt eine alte Plastikflasche. Reis lacht. Früher hätten die Menschen sicherlich messerscharf geschlossen, daß wieder einmal Moby Dick zugeschlagen und einen Menschen mitsamt dem Helm verschluckt hat. »Einen Pullover haben wir auch schon gefunden.« Natürlich hat der Wal nicht einen Mann gefressen. Vielleicht hat er das Plastikgestell oder die Plastikflasche mit einem Tintenfisch verwechselt, vielleicht hat er das Zeug nur so zum Spaß geschluckt, vielleicht hatte zuvor ein Tintenfisch den Unrat verspeist. Es steht fest, daß ein Pottwal noch nie einen Menschen verschlungen hat, obwohl er der einzige ist, der einen so großen Schlund hat, daß ein ausgewachsener Mann in einem Stück hindurchpaßte. Aber der Mensch steht nun einmal nicht auf seinem Speisezettel.

Allenfalls Fische geraten hin und wieder in seinen Magen, jedenfalls wurden sowohl Haie als auch Gelbflossenthune und andere Fische schon im Pottwalmagen identifiziert. Sogar einen ausgewachsenen Aal hat man gefunden. Dieser Aal wird ab und zu als Beweis dafür angeführt, daß Aale in gewissen Tiefenströmungen, die beispielsweise unterhalb des Golfstroms in entgegengesetzte Richtung wie dieser führen, in ihr Heimatgewässer, die Sargassosee, zurücktreiben, um dort zu laichen. Auf freier Schwimmflosse hat man diese Fische nie beobachten können. Man vermutet, daß sie, nachdem sie ihre Geschlechtsreife erreicht haben und ihre Verdauungsapparate zugewachsen sind, Tiefenströmungen nutzen, um wieder in die Sargassosee zu gelangen. Auf der weiten Strecke, die sie zu Beginn ihres Lebens als sogenannte Leptocephalus-Larve – die aussieht wie ein durchsichtiges Lorbeerblatt – bewältigen, wurden nie ausgewachsene Aale auf dem Rückzug gesichtet. Und doch müssen diese Fische den Rückzug antreten, denn nur in der Sargassosee befindet sich ihr Laichgebiet. Zu der Frage, ob die Aale, die in unseren europäischen Gewässern heranwachsen, die lange Route überleben, kann die Wissenschaft noch nichts sagen.

Es bleibt fraglich, ob die Tiere, die wegen des zugewachsenen Verdauungstraktes nach dem Erreichen der Geschlechtsreife nicht mehr fressen können und von ihrem Fett zehren, eine so weite Strecke überdauern können. Die Larven benötigen immerhin vier Jahre, ehe sie in unsere Gewässer aufsteigen und über den »Glasaal« allmählich zum uns bekannten Aal werden. Anzunehmen ist, daß nur Aale, die nicht allzuweit von ihrer Heimat entfernt aufwuchsen, die Laichwanderung überleben.

So wie den Aal im Magen des Pottwals hat man bei Magenuntersuchungen auch noch andere »Delikatessen« gefunden. Es ist immer wieder ein »gefundenes Fressen« für die Wissenschaft, wenn ichthyologische Raritäten, seltene Fische, ans Tageslicht befördert werden, so beispielsweise Tiefseefische, die entweder zuvor von einem Tintenfisch erbeutet wurden oder die ein Pottwal verschluckt hat. Sicherlich sind solche Bissen aber eher Zufallsmahlzeiten. Das tägliche Brot des Pottwals besteht wohl aus Tintenfisch. Ein ausgewachsenes Pottwalmännchen, das in mindestens 1000 Meter Tiefe taucht, um sich den Magen vollzuschlagen, macht nicht einmal vor leibhaftigen Tiefseeungeheuern Halt, die den Romanen von Jules Verne alle Ehre machen würden. Es verschlingt gigantische Tiefseekrabben, die als Seeungeheuer Furore machen könnten.

Das größte Exemplar, das je gefunden wurde, hatte die stattliche Länge von 17 Metern. Es wurde an Bord eines russischen Walfangschiffes geborgen.

Auch vor den Azoren kam ein Riesenexemplar von über zehn Metern zutage, und Reis beobachtete einst, wie ein harpunierter Pottwal einen Architeuthis – so heißen die Kraken, die zu solchen Riesen heranwachsen – erbrach oder aber angesichts des Walfangs aus seinen klauenartigen Kiefern losließ. Weil Reis nicht nur einmal erlebte, daß ein harpunierter Pottwal seine Beute ausspuckte, hält er es für denkbar, daß der Pottwal sie zwar in der Tiefsee schnappt, sie aber erst in höheren Zonen verspeist. Diese Freßgewohnheit könnte dann von Vorteil sein, wenn der Krake einem plötzlichen Tiefenunterschied, und dem damit verbundenen Druck, nicht gewachsen wäre. Sie würde, von einer Art Höhenkoller übermannt, dem Pottwal schlaff wie ein nasser Sack im Maul hängen, ohne Saft und Kraft.

In Herman Melvilles Roman verfolgt Kapitän Ahab auf dem Walfänger »Pequod« voller Haß den weißen Pottwal Moby Dick, den er auf Biegen oder Brechen vernichten will: »Habe ich ihn nicht gezeichnet? Seine breiten Flossen sind durchlöchert und ausgezackt wie die Ohren eines verirrten Schafes.«

Finnwal
Grönlandwal
ASIEN
NORDAMERIKA
Pottwal
Moby Dick
AUSTRALIEN
Südwal
Blauwal
Finnwal
ANTARKTIS

Ob und in welchen Tiefen es zu einem zähen Ringen zwischen den Giganten kommt, steht in den Sternen. Jedoch scheinen sich die Kraken nicht eben kampflos in ihr Schicksal zu ergeben, sondern sich mit ihren schlangenartigen und saugnapfbewehrten acht bis zehn Armen von beachtlicher Länge und Stärke ihrer glitschigen Haut zu wehren. Für einen Unterwasserkampf sprechen nicht zuletzt die Abdrücke der Saugnäpfe, die bis tellergroß sein können. Allerdings klingt unglaubwürdig, daß sich die Tintenfische gezielt auf den Kopf ihres Feindes setzen und ihm die Nase zuhalten, wie in Abbildungen mitunter dargestellt. Es nützte der Krake wenig, wenn sie ihrem Gegner den Lufthahn unter Wasser abdrehen wollte, zumal der Pottwal beim Tauchen ohnehin keine Luft schnappen kann, sondern vorübergehend von seinen Reserven zehrt. Wie auch immer der Pottwal sein Mahl einnimmt, wir wissen es nicht. Und ist es ein Wunder, daß die Wissenschaft – wie so oft bei diesem Meister der Tiefsee – im dunkeln tappt? Schließlich bleibt uns nicht viel mehr, als ihn – wenn überhaupt – an der Oberfläche zu beobachten.

Als endlich der Abend dämmert und auf der Plattform die Wale verarbeitet sind, die Männer die Därme und die letzten blutigen Reste ins Meer gespült haben, steige ich erschöpft in mein Taxi, das mich zurück in meine Pension bringt. Ich werfe alle meine Klamotten auf den Balkon zum Auslüften, aber den Gestank nach Schlachthof, Gammel und Tran kann ich nicht abschütteln. Trotz gründlichen Duschens klebt der ekelerregende Geruch unter den Nägeln. Und wieder übermannt mich nur ein kurzer Schlaf, ehe ich mich für den Rest der Nacht, von Alpträumen geschüttelt, in meinem Bett wälze. Hoffentlich bringt der neue Tag eine Atempause. Er bringt sie nicht.

Wieder klingelt das Telefon, wieder fahre ich mit auf Walfang. Alles ist wie am ersten Tag. Wieder geht mir ein altes Walfängerlied nicht aus dem Sinn: »Noch mal zurück zur See…« Muß das denn sein? Muß ich mich hier freiwillig quälen? Ich muß. Immer mehr habe ich das Gefühl, daß ich diesen faszinierenden Tieren, auch wenn ich ihren grausamen Todeskampf durchlebe, meine volle Aufmerksamkeit und Arbeitskraft widmen muß.

Wieder sitze ich in dem Fangboot. Der Harpunier hat schon die Harpune gezückt. Er zielt auf einen sich aufbäumenden Pottwalrücken. Da plötzlich legt er das Eisen desinteressiert zur Seite. Der Wal ist mit seinen neun bis zehn Metern zu klein, um schon sterben zu müssen. Mit seinem sonnengegerbten und zerfurchten Gesicht lacht mich der Harpunier strahlend an. Ihm ist wohl inzwischen klar, daß ich lieber lebendige als tote Wale sehe, wenn er auch nicht den Grund dafür begreift. Er dreht seine mörderische Harpunenspitze um. Der Wal scheint überhaupt nicht auf die Idee zu kommen, daß er einen Feind vor seiner Nase hat. Im Tempo von zehn Stundenkilometern schwimmt er dahin. Er läßt sich treiben, als schwimme er nur spazieren. Auf einmal dreht das Tier um und paddelt gemächlich an uns heran. Keine Spur von Mißtrauen, kein Fünkchen Furcht ist in ihm. Kein Wunder, der Walfang hat noch nicht begonnen. Keines der Tiere wurde verletzt, keines hat Alarm geschlagen.

Plötzlich liegt der Wal mit uns Seite an Seite, fast streift er den Rumpf unseres Bootes. Er hat sich so nah an uns gedrängt, daß ich seinen feuchten Atem zu spüren bekomme. Wie eine Nebelwolke umhüllt mich der Blas. Schnell nehme ich eine Geruchsprobe seines Atems. Sie stinkt nicht, wie die Walfänger früher behaupteten. Dieser Wal jedenfalls hat keinen schlechten Atem. Im Nu ist die in Millionen kleiner Perlen glitzernde Wolke wieder verflogen. Die zu einem quergestellten S-förmigen Schlitz vorn an der Kopfspitze liegende Nasenöffnung öffnet sich. Das Tier nimmt einen tiefen Atemzug – sehr geräuschvoll, zischend und schnaufend.

Die Nase ist in der Ruhestellung, also beim Nichtatmen, fest durch einen »Pflock«, einen massigen Ringmuskel, verschlossen, ähnlich wie auch bei den Robben. Nur zum Atmen wird die Nasenöffnung durch Muskelzug geöffnet. Mit diesem Mechanismus bildet sie, wie auch der gänseschnabelartige, verlängerte Kehlkopf, ein weiteres Ventil im Atemapparat, der während der Tauchphase stets verschlossen bleibt. So kann kein Wasser versehentlich in die Lungen geraten. Warum die Nase im Vergleich zu landlebenden Säugetieren nach oben, gewisser-

Der Zeichner irrte: In Wirklichkeit sind die Geschlechtsorgane der Wale in Hautfalten verborgen. So wird die Stromlinienform beim Schwimmen unterstützt. Die Ohrmuscheln sind ganz verschwunden.

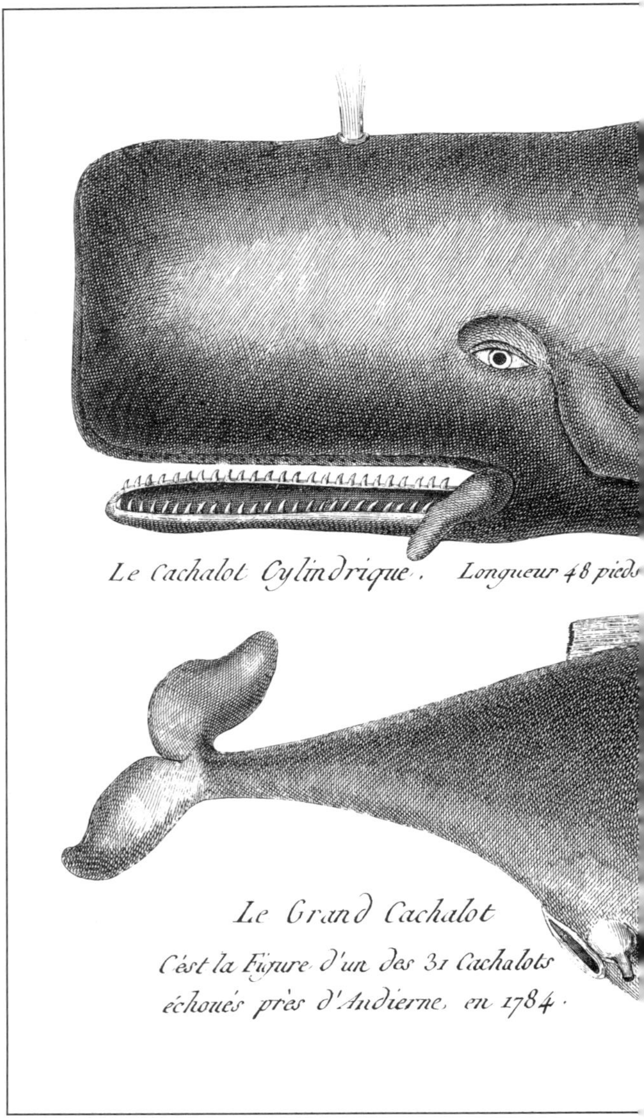

…re, Cachalots.

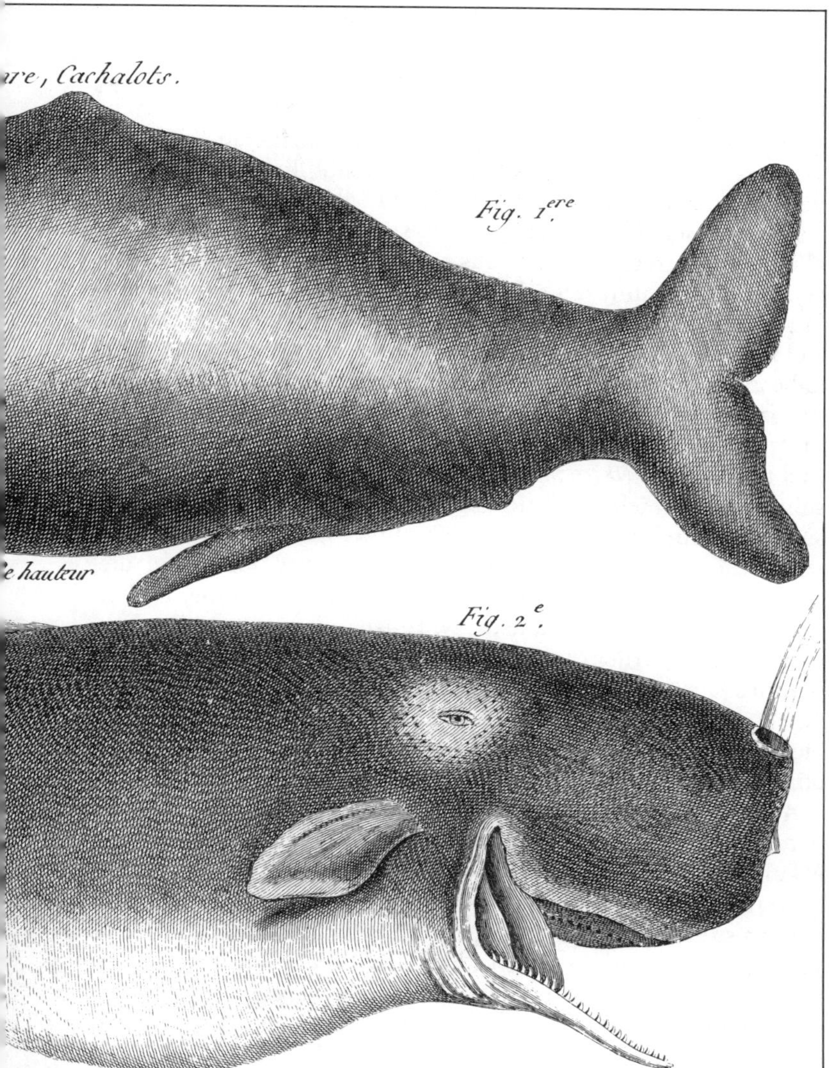

maßen auf den Scheitel, verlagert wurde, versteht sich von allein, wenn man einen Wal im Wasser sieht. Säße seine Nase an der üblichen Stelle, nämlich mitten im Gesicht, müßte der Wal jedesmal beim Atmen sozusagen einen Schwanzstand machen, sich aufrichten. Die Nasenstellung an der höchsten Stelle bei waagerechter Schwimmstellung aber erlaubt ihm, ohne Körperverrenkungen mühelos und auch beim Schlafen Luft zu holen.

Der Wal neben unserem Boot legt sich leicht auf die Seite. Ich glaube, uns streift ein Blick aus seinen verhältnismäßig winzigen Augen, die ihm sicherlich nur bei der Nahorientierung eine Hilfe sind. Als jetzt der Harpunier nach seiner Waffe greift, droht sich mir gerade einmal wieder der Magen umzudrehen. Aber ich habe mich getäuscht. Der Mann will nur sich und besonders sich mit mir einen Spaß erlauben. Er nimmt das hölzerne, stumpfe Ende der Harpune und krault damit den Wal. Dieser denkt gar nicht daran, das Weite zu suchen, im Gegenteil. Er hält still und scheint die Streicheleinheiten wohlig zu genießen. Er dreht sich sachte hin und her. Erst als der Harpunier mit den Zärtlichkeiten aufhört und mit dem hölzernen Teil laut hörbar auf die Bootsplanken klopft, wird dem Wal die Sache mulmig, und er verzieht sich. Dieses Geräusch, wie angeblich sogar das Klicken einer Kamera, drückt in seiner Sprache offenbar etwas Unangenehmes aus. Ein anderer Laut, der ohne Zweifel schlechte Nachrichten vermittelt, hört sich an wie das Knarren einer alten Holztür. Ich werde dieses Geräusch nie vergessen. Es klang wie ein böser Vorwurf aus einem sterbenden Wal.

Als sich das Fangboot an den nächsten Wal heranpirscht, soll der Ernst dieses Tages beginnen. Wir haben ein ausgewachsenes Männchen vor dem Bug, einen gestandenen Bullen von 14 bis 16 Metern Länge. Gerade hat der Harpunier die Harpune angehoben, da steht auf einmal die mächtige Schwanzflosse senkrecht vor uns, als würde sie gleich mit voller Wucht auf uns niederklatschen. Der Bruchteil einer Sekunde vergeht, dann verschwindet die Fluke geräuschlos im Wasser. Der Wal taucht senkrecht in die Meerestiefe.

Das kann länger als eine Stunde dauern, meinen die Männer, der kommt so schnell nicht wieder hoch. Mit einer mir unbeschreiblichen Selbstverständlichkeit ignorieren sie ihre eigentliche Aufgabe und beginnen zu frühstücken. Einer nimmt eine Angelschnur aus seinem Picknick-Korb, ein Stück Plastikschnur mit einem Haken. Er fummelt irgend etwas Köderartiges an den Haken und läßt die Schnur wie achtlos in das Wasser gleiten. Mal wieder ist eine heiße Debatte entbrannt. Die anderen wollen Lapas sammeln, Napfschnecken, die überall zwischen den Felsen sitzen und vorzüglich schmecken. Man braucht sie nur abzusammeln, aber der Angler ist offenbar zu faul, in dem schroffen Gestein herumzuklettern. Obwohl er sich um seine Angelschnur überhaupt nicht zu kümmern scheint, spürt er wohl doch ein leises Zucken. Ein Fisch hat angebissen. Er hievt den Winzling über Bord. Kein lohnender Fang. Er nimmt den Fisch vom Haken und schneidet mit seinem scharfen Messer ein Stück Filet aus dem zappelnden Wesen. Ohne ihm

Ein Risso's Delphin springt aus Neugierde aus dem Wasser.
Typisch: Die kurze Schnauze.

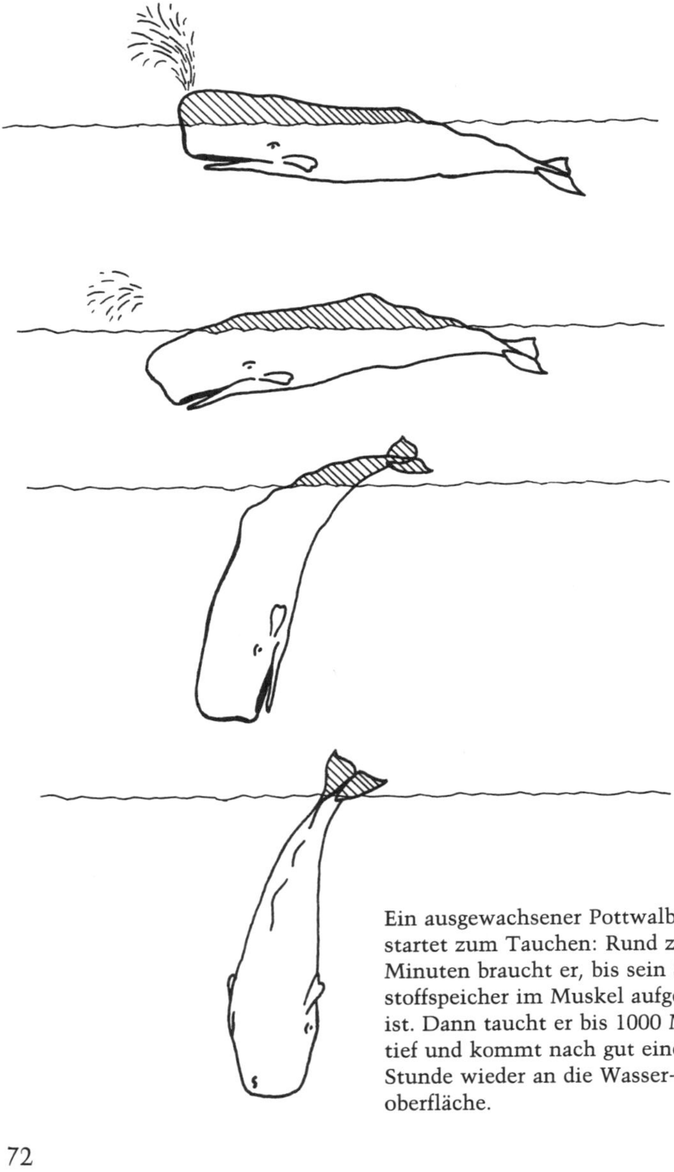

Ein ausgewachsener Pottwalbulle startet zum Tauchen: Rund zehn Minuten braucht er, bis sein Sauerstoffspeicher im Muskel aufgetankt ist. Dann taucht er bis 1000 Meter tief und kommt nach gut einer Stunde wieder an die Wasseroberfläche.

den Gnadenstoß zu geben. Das ist mir zuviel an Brutalität. Ich greife nach der armen Kreatur und gebe ihr mit meinem Messer einen Genickstoß, damit sie wenigstens gleich tot ist und nicht noch eine Weile bei lebendigem Leibe halbiert im Wasser dahinkrepieren muß. Erst schaut mich der Mann irritiert an, während er das Stück Filet als besseren Köder auf den Haken spießt, dann macht er mir begeistert ein Zeichen, daß er verstanden hat. Er verspricht, von nun an gleich zu töten.

Wir steuern mittlerweile auf die felsigen Klippen zu, um doch Lapas zu ernten. Geschickt springen drei Männer auf die schroffen Vulkangesteinsbrocken, die steil aus dem Wasser ragen. Der Angler hält die Wache und leistet mir Gesellschaft. Es dauert nicht lange, und der Eimer ist voll mit Napfschnecken, die bald auf breiter Fußsohle auf den Decksplanken kleben. Stück für Stück werden die Weichtiere mit der harten Schale vom Boot wieder abgepflückt und genüßlich, laut schmatzend, verspeist. Ob ich will oder nicht, ich muß gestehen, daß sie vorzüglich schmecken, sofern ich ignorieren kann, daß sie noch leben. Inzwischen sind übrigens auf Madeira diese Leckerbissen wegen der Dynamitfischerei ausgestorben.

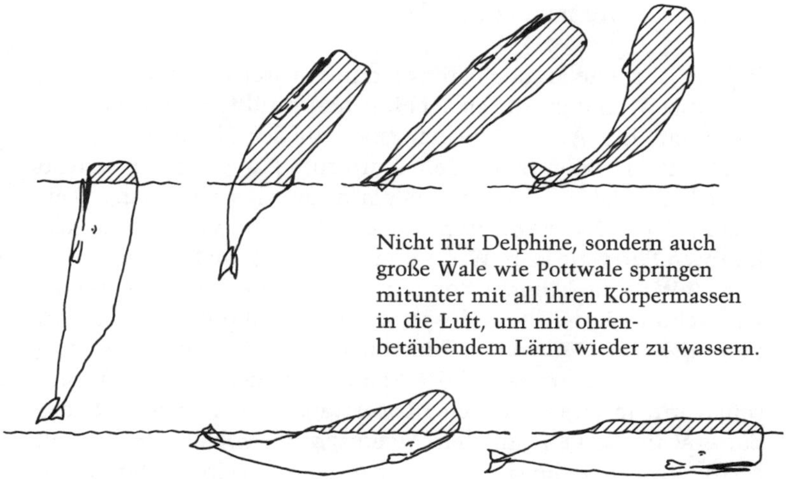

Nicht nur Delphine, sondern auch große Wale wie Pottwale springen mitunter mit all ihren Körpermassen in die Luft, um mit ohrenbetäubendem Lärm wieder zu wassern.

Pünktlich eine Stunde später steuert das Fangboot wieder in die Region, in der der Wal zuvor getaucht war. Irgendwo hier wird er wieder auftauchen. Wird wieder blasen, um neuen Sauerstoff zu tanken. Warum nur nutzt er die Zeit nicht, um unter Wasser weiter fortzuschwimmen, um seine Haut zu retten? Vielleicht hat er es ja versucht, vielleicht foppt er seine Verfolger? Nein, er kommt wieder. Keine 400 Meter vor uns taucht jetzt seine gewaltige Nase aus dem Wasser. Steil steigt der Blas nach oben. Wir setzen uns auf seine Spur. Und wieder das alte Lied. Es ist nur die Frage, wie lange die Verfolgung dauert, wir kriegen den Wal, der früher oder später nicht genügend Zeit gewinnt, um sich mit Sauerstoff vollzutanken und wieder tauchen zu können. Und doch sollten wir diesen nicht kriegen. Er verschwindet auf Nimmerwiedersehen. Als am nächsten Tag wieder Walalarm geschlagen wird, wir wieder ausfahren, bekommen wir diesen Moby Dick nur einmal kurz zu Gesicht, und schon ist er weg. Vielleicht, so meint Reis, ist es der, den wir vor ein paar Tagen zwar harpuniert haben, der aber die Harpune verlieren konnte. Vielleicht erkennt er in uns jetzt die Gefahr, vielleicht weiß er, daß er sich besser aus dem Staub macht. Viele Tage hat er uns gelockt. Wir haben ihn nie bekommen. Zu meiner Freude.

Eine ähnliche Freude bereiteten mir später Delphine, die die ganze Walfangflotte an der Nase herumführten, und das kam so: Nicht der Ausguckposten, sondern der Flughafen schlug Alarm. Reis fuhr eilig mit dem Auto zum Flugplatz, um sich zu versichern, daß er keinem Fehlalarm auf den Leim ging. Tatsächlich, das Meer war unruhig, es schäumte und kochte, das könnten Pottwale sein. Wir fuhren aus. Kaum an Bord, sagte ich noch: »Wäre das schön, wenn wir einen Finnwal sehen würden – wie schon einmal – und spazierenfahren könnten, ohne zu harpunieren.« Denn einen Finnwal, der zu den schnell schwimmenden Furchenwalen gehört, kann die madeirensische Mannschaft mit ihren primitiven Ausrüstungen nicht fangen. Diese Bartenwale sinken auf den Meeresgrund, sobald sie tödlich getroffen sind, wenn sie nicht, wie mit der modernen Harpunenkanone, mit Sprengsatz und Preßluft aufgeblasen werden. Reis hat seine Harpunen, die ein Aufblasen ermöglichen, längst verschrottet. Der Fang auf Finnwale lohnt nicht mehr. Sie sind fast ausgerottet.

Als wir an diesem Tag aufgrund der Flughafenmeldung ausliefen, erwartete uns ein sehr stürmisches Spektakel. Kurz vor den Desertas tummelten sich große Schwärme von Seevögeln über dem Meeresspiegel, die sich immer wieder Hals über Kopf in die Fluten stürzten. Sie jagten Fische. Mit dem gleichen Elan wie Delphine, die von unten an dem großen Fressen teilnahmen. Die See kochte bei diesem Eifer des Gefechts, so daß man aus der Ferne meinen konnte, hier die großen Pottwale zu sehen. Uns blieb nur übrig, gleich wieder den Rückzug anzutreten, obwohl die Walfänger hin und wieder unvorsichtige Delphine harpunieren, um ihr Fleisch zu essen. Diese aber waren zu sehr mit Jagen beschäftigt, zu schnell, zu flink, um sich erwischen zu lassen.

Auf dem Rückweg gerieten wir noch einmal in brodelndes Wasser. Thune. Die großen Fische schnappten nach kleinen. Das Meer sah aus, als hätte es ein riesiger Tauchsieder angeheizt. Wenn diese Schwarmfische auf Freßwanderung sind, schnappen sie nach allem, das ins Wasser fällt, auch nach nackten Angelhaken. Thunfischer ziehen an solchen Glückstagen einen ganzen Schwarm aus dem Meer.

Nur wenn sie auf der Laichwanderung durch die Meere ziehen, rühren sie keinen Bissen an; kein einziger Fisch aus dieser Gemeinschaft beißt. Eigentlich hat die Natur mit diesem Verhalten einen idealen Regulator eingeschaltet, um die laichreifen Tiere vor Überfischung zu bewahren. Aber der Mensch griff zu einer Tücke. Statt Thune, die für Nachwuchs sorgen könnten, ziehen zu lassen, stellen ihnen beispielsweise japanische Fischer eine Falle mit Ringwaden. Bei dieser Technik umzingeln sie mit ihren Netzen den ganzen Schwarm und vermarkten ihn mitsamt der ungeborenen Brut. Als Reis die Thune sah, alarmierte er über Funk die Fischer. Seit Wochen schon hatten sie Pech mit ihrer »Hungerschnur«, der Angel. Die Thune wollten nicht beißen. An diesem Tag hatten sie Glück. Abends gab es fangfrischen Thunfisch, auch für uns.

TAUCHEN MACHT DEN MEISTER

Mit einem letzten Wink der gewaltigen Schwanzflosse verabschiedet sich Leviathan. Er geht auf Tauchstation. Länger als eine Stunde kann ein Pottwalbulle unter Wasser bleiben. Er hält den Weltrekord im Tieftauchen, vorausgesetzt, er findet Zeit und Ruhe, seinen wundersamen Sauerstoffspeicher vor dem Tauchgang vollzutanken.

Meine Gedanken sind bei dem Wal, der in die Tiefe vordringt, auf 1000 Meter oder mehr, umzingelt von ewiger Finsternis und beißender Kälte. Mit jeden zehn Metern, die er an Tiefe gewinnt, lastet eine Atmosphäre Überdruck auf seinem Körper. Daraus ergeben sich nach 100 Metern schon elf Atmosphären. Und da er vermutlich senkrecht hinabgleitet, muß er sogar innerhalb seines Körpers, zwischen Kopf und Schwanzflosse, unterschiedliche Drucke verkraften, zumal er weitaus mehr als zehn Meter mißt.

Obwohl natürlich nie ein Mensch Moby Dick beim Tauchen begleitete, geschweige denn den Tieftaucher beobachten konnte, wissen wir, daß dieser Meister zumindest unter den Säugetieren alle Rekorde hält. Zwar können auch andere Wale, wie Entenwale, und unter den Robben die in der Antarktis lebende Weddellrobbe, in extreme Tiefen abtauchen, aber keiner schlägt den Pottwal. Eine Weddellrobbe, die der britische Forscher Kooyman zu Versuchen mit einem Manometer versah, erbrachte den Beweis, daß sie 600 Meter Tiefe schaffte. Ihre Tauchgeschwindigkeit betrug dabei nach Angaben von Tomilin 104 Meter in der Minute.

Demgegenüber schaffen beispielsweise Perltaucher in Australien oder Japan gerade eine Tiefe von 40 bis 50 Metern. Solche Leistungen kann ein Mensch freilich nur in seltenen Fällen – und nach einem regelmäßigen Training – bringen. Es kommt noch hinzu, daß gerade Perl-, Schwamm- oder Korallentaucher gesundheitlich unter diesen Strapazen leiden.

Nur mit Hilfe von speziellen Tauchgeräten wie Tauchkugeln oder Unterwasserlaboratorien können sich Menschen tiefer und für längere Zeit auf den Meeresboden wagen. In einer Gondel aus Metall erreichten die Schweizer Experten Piccard und Walsh im Jahre 1963 im Marianengraben des Pazifik eine Tiefe von 10910 Metern, in der sie etwa fünf Stunden verweilten. Dabei mußte ihre Tiefseekapsel den gewaltigen Druck von 200000 Tonnen überstehen.

Auch wenn der Mensch heute größere Tiefen mit Hilfe von Geräten – ohne Kapsel – bezwingen kann, muß er doch mit erheblichen Komplikationen rechnen. Anders als die Meeressäugetiere muß er unter Wasser mit einer künstlichen Aqualunge atmen, die ein Gemisch aus Sauerstoff und Helium enthält. Mit einer solchen Atemmischung erreicht der Mensch heute eine Tauchtiefe von 330 Metern. Wenn ein »Froschmann« taucht, muß ihm mit zunehmender Tiefe, die ja mit zunehmendem Druck verbunden ist, mehr Luft zugeführt werden. Je mehr sich der Druck erhöht, desto größer wird die Löslichkeit der Luft und ihrer Gase im Blut, so daß nach und nach alle Gewebe, nicht nur das Blut, mit Gasen angereichert werden.

Steigt der Taucher nun plötzlich aus einer größeren Tiefe auf, würden unter dem abnehmenden Druck Stickstoffbläschen aus den Geweben wieder an das Blut abgegeben werden, die die Blutgefäße verstopfen könnten. Hierdurch entsteht die sogenannte Caissonkrankheit, eine Art Embolie, die schnell zum Tode führen kann. Um die Caissonkrankheit auszuschließen, muß der Mensch langsam emporsteigen und sich in Dekompressionskammern allmählich wieder auf den normalen Druck umstellen.

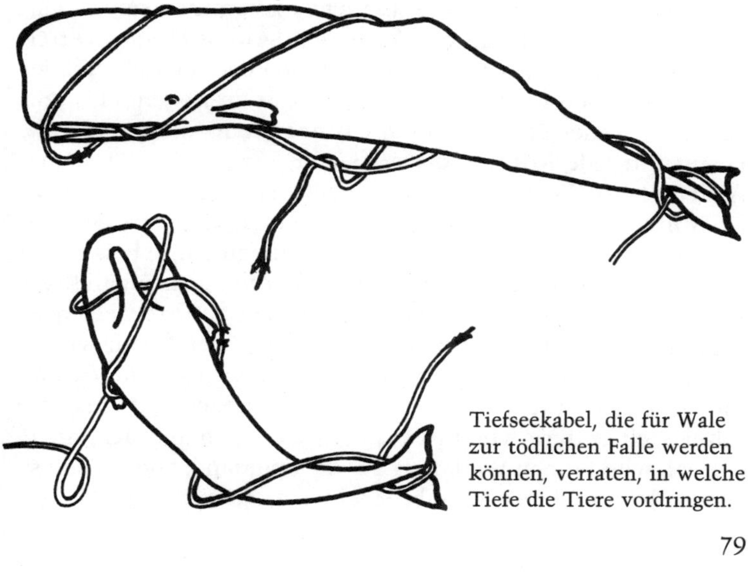

Tiefseekabel, die für Wale zur tödlichen Falle werden können, verraten, in welche Tiefe die Tiere vordringen.

Hiermit haben die tauchenden Meeressäuger keine Last. Sie atmen zum einen nicht unter Wasser, sondern halten die Luft an, solange sie tauchen, so daß sie von vornherein nur eine geringe Dosis an löslichen Gasen mit hinunternehmen, höchstens einen Atemzug, der nicht zu einer Stickstoffübersättigung führen kann. Zum anderen verfügen sie wohl über Mechanismen, die frei werdenden Gase zu binden, ohne daß sie zu tödlichen Gefäßverstopfungen führen können. Der Niederländer Schenkkan vermutet, daß Stickstoff beispielsweise in Fettdepots gespeichert werden kann.

Natürlich kann es auch diesem Supertaucher nicht genügen, vor seinem Start in die Tiefe nur eine »Mütze« voll Luft zu nehmen. Er muß sich rüsten für seinen Ausflug, der ihm einen reichen Tisch beschert, denn er hätte sich wohl kaum an diesen extremen Lebensraum angepaßt, wenn er sich dort unten mit ernst zu nehmenden Konkurrenten um sein Mahl schlagen müßte. Stets erscheint, bevor sich der Pottwal mit einem Schwanzflossenschlag im Senkrechtstart von der Oberfläche verabschiedet, eine Serie von vorbereitenden Atemzügen. Der Wal tankt sich voll mit Sauerstoff, dem Stoff zum Überleben, ohne den auch dieses Tiefseetier nicht auskommen kann. Während einer etwa zehnminütigen Atemphase ohne Hast und Streß füllt er seinen Sauerstoffspeicher auf, von dem er während der Tauchphase zehren wird. Um sich hierfür zu rüsten, bläst ein ausgewachsener Bulle etwa 60mal; über den Daumen gepeilt, kostet ihn jede Minute, die er taucht, etwa einen Atemzug. Anders als die Weibchen und die jungen Männchen, die nur etwa 20 Minuten lang tauchen und unregelmäßig Luft schöpfen, zumal sie nicht solche Tiefen bezwingen können, scheinen die Bullen ganz konsequent zehn Minuten zu atmen, um dann tiefer als 1000 Meter zu gehen. Dort bleiben sie offenbar mehr oder weniger an derselben Stelle, ehe sie nach gut einer Stunde wieder an der Oberfläche auftauchen. Die Vermutung liegt nahe, daß sie in der Tiefsee nicht weite Strecken zurücklegen, zumal sie selten weit entfernt von ihrer Tauchstelle hochkommen, nicht einmal, wenn ihnen Walfänger auf der Spur sind, wie ich selbst vor Madeira mehrere Male beobachten konnte.

Tafel 1

Tafel 2

Tafel 3

Tafel 4

Tafel 5

Tafel 1
Im Laufe seines Lebens siedeln auf dem Kopf eines Grauwals unzählige Parasiten, wie Seepocken aus der Familie der Ruderfußkrebse.

Tafel 2
Mit aufgeblasenem Bauch und Kehlfurchen treibt ein harpunierter Finnwal vor dem Mutterschiff (oben). MS »World Discover« liegt vor Anker vor einer verlassenen Walfangstation in der Antarktis. Sie verrottet nur langsam, da Antarktika alles lange konserviert (unten).

Tafel 3
Steil bäumt sich die Rückenfinne aus dem Wasser, während der Finnwal – scheu geworden durch die Verfolgungsjagd – vor dem Schiff flieht. Am Eisrand ein zweites Tier, vermutlich auf der Suche nach Krill, seiner Hauptnahrung in der Antarktis.

Tafel 4/5
Trotz ihres Gewichts von 30000 bis 40000 Kilo springen Buckelwale in die Luft.

Tafel 6/7
Wohl um sich vom Schwimmenlernen auszuruhen, macht es sich ein Grauwalbaby auf dem Rücken seiner Mutter bequem (oben). Mitunter schaut ein Grauer über Wasser (Mitte). Zwei Tiere blasen (unten).

Tafel 8
Rettungsversuche von im Winter 1988 im Eis von Alaska eingeschlossenen Grauwalen.

Tafel 6

Tafel 7

Tafel 8

Obwohl manche Wissenschaftler, wie Bennett, berichten, daß Pottwale 90 Minuten lang getaucht haben, betrug die maximale Zeit, die ich messen konnte, eine Stunde und zehn Minuten. Immerhin, wer hält schon so lange die Luft an.

Es ist kein Wunder, daß Wissenschaftler buchstäblich im dunkeln tappen, geht es um die Frage, wie tief der Pottwal taucht. Bis heute weiß niemand, wo seine tatsächliche Tiefengrenze liegt. Nur zufällige Anhaltspunkte lassen Schlüsse zu, wie beispielsweise die folgende Entdeckung. So untersuchte der amerikanische Geologe Heezen Tiefseekabel, die Pottwalen zum Verhängnis wurden, weil sich die Tiere mit dem Maul oder mit der Schwanzflosse in diesen unabsichtlich gestellten Todesfallen verheddert hatten und daraufhin ertranken.

In 14 Fällen, so Heezen, wurden beschädigte telegrafische Tiefseekabel hochgezogen, in denen Pottwale verstrickt waren. Von diesen sollen fünf in einer Tiefe zwischen 910 und 1128 Metern, sieben zwischen 120 und 855 Metern und einer in einer nicht festgestellten Tiefe umgekommen sein.

Um den Tauchtiefen genauer auf den Grund zu gehen, wandten amerikanische Forscher im Jahre 1970 die sogenannte Triangulationsmethode an, bei der die Ortungsgeräusche, die Pottwale senden, an drei verschiedenen Punkten der Oberfläche aufgezeichnet werden. Diese Aufzeichnungen lassen Schlüsse zu, daß die maximale Tauchtiefe dieser Giganten sogar bei 2500 Metern liegt. Für solche Rekorde spricht auch ein weiteres Kabel, das nach Berzin zwischen Malaga und Lissabon in einer Tiefe von 2200 Metern beschädigt geborgen wurde.

Obwohl alle Wale ausgezeichnete Taucher sind, scheinen sich mit den Pottwalen nur die kleineren Schnabelwale annähernd messen zu können. Auch diese Zahnwale ernähren sich von Tintenfischen. Bartenwale, die ihre Weidegründe mit Kleinlebewesen in geringeren Tiefen finden, tauchen selten tiefer als etwa 100 Meter. Nur wenn sie von einer Harpune getroffen wurden, sollen sie nach Tomilin in 350 bis 500 Metern Deckung suchen. Während der Wal atmet, tauscht er etwa 80 bis 90 Prozent seines Lungenvolumens aus und nicht wie der

Mensch nur 10 bis 15 Prozent. Er atmet also wesentlich effektvoller als ein Landsäuger, wenn auch dafür um so seltener, zumal er wohl mehr Zeit seines Lebens unter Wasser verweilt. Dabei sind die Lungen im Vergleich zu anderen Tieren und im Verhältnis zu der Körpergröße keineswegs vergrößert, sondern relativ klein. Diese Eigenschaft wird leicht verständlich, bedenkt man, daß sich beim Tauchen der entstehende Druck weniger auf feste Bestandteile auswirkt als vielmehr auf Hohlräume, die mit Luft oder Gasen gefüllt sind. Dem Walkörper scheint der Druck nicht viel auszumachen, zumal er zu etwa zwei Dritteln aus praktisch nichtkomprimierbarem Wasser besteht. Demnach wird der Wal auch in der Tiefe zumindest äußerlich »in Form« bleiben.

Um ein besonders effektives Atmen zu bewerkstelligen, um das Lungenvolumen rasch und gründlich zu leeren und zu

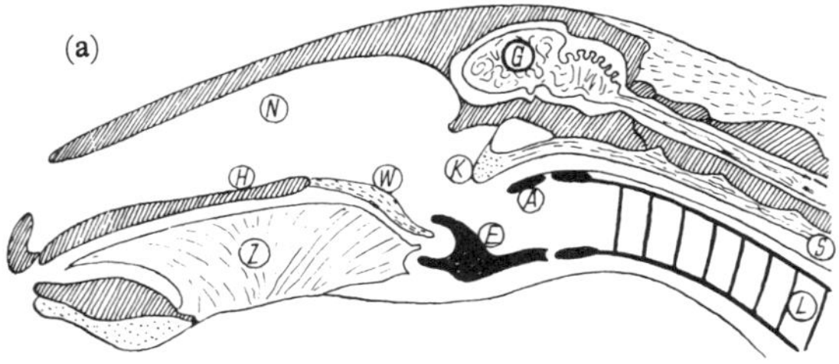

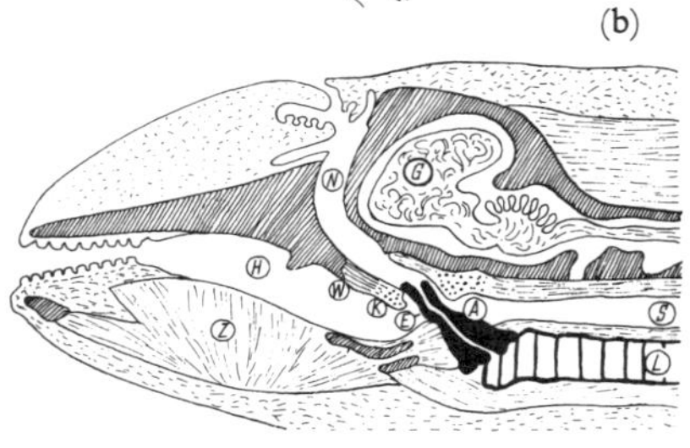

Längsschnitt durch den Kopf eines Pferdes (a) und eines Delphins (b), um Nasengang, Rachen und Kehlkopf zu vergleichen.
N = Nasengang,
H = harter Gaumen,
W = weicher Gaumen,
K = Kreismuskel um den Schabel des Kehlkopfes,
Z = Zunge,
E = Kehldeckel,
A = Aryknorpel,
L = Luftröhre,
S = Speiseröhre.

füllen, sind in dem gesamten Atemapparat, vom gänseschnabelartigen Kehlkopf bis hin in die Verästelungen der Lunge, Versteifungen eingebaut, die ähnlich wie der Schlauch beim Staubsauger verhindern, daß die Gewebe beim raschen Einsaugen der Luft zusammenfallen. Solche Knorpelringe bekleiden bei Landsäugern die Luftröhre und die großen Bronchien. Bei Walen reichen sie hinein bis in die kleinsten Verästelungen des Bronchialbaums. Dadurch wurden die meisten Teile der Luftwege versteift, sie können also nicht zusammengedrückt werden. Nicht nur in der Wand der Bronchien, sondern auch im übrigen Lungengewebe und in der Außenbekleidung der Lungen, der Pleura, finden sich nach Slijper elastische Fasern, weshalb die Lungen der großen Wale gelb und runzelig aussehen.

Diese Versteifungen spielen nicht nur beim intensiven Atmen, sondern auch beim Druckausgleich während des Tauchens eine wichtige Rolle. Als eine solche Anpassung bezeichnet Slijper auch »ein merkwürdiges Klappensystem«, das beispielsweise bei Delphinen in den kleinen Bronchien auftritt. Slijper: »Es handelt sich um ein System von 24 bis 40 hintereinanderliegenden, in das Lumen der Bronchien hineinragenden Schleimhautfalten, in denen sich kreisförmig angeordnete Muskelfasern befinden, die bei ihrer Kontraktion das Lumen vollkommen verschließen können.« Dadurch entsteht eine Art Absperrsystem, das wie ein Ventil funktioniert. Beim Tauchen soll es verhindern, daß Luft aus den weichen Lungenalveolen in das starre Bronchiensystem gepreßt wird. Wenn die Muskeln nicht kontrahiert, sondern erschlafft sind, wird das Lumen von elastischen Fasern, die sich von ihm zur Knorpelbekleidung ziehen, offen gehalten. Slijper stellt zum besseren Verständnis folgenden Vergleich an: »Jeder Techniker, der mit großen Druckunterschieden arbeitet, kann bestätigen, daß man in solchen Fällen niemals einen einzigen Hahn verwendet, sondern eine Reihe hintereinander geschalteter Klappen, damit die Druckdifferenzen geschmeidig ausgeglichen werden können.«

Ein solches Klappensystem soll bei den tieftauchenden Walen, wie dem Pottwal und dem Entenwal sowie bei den Bartenwalen, nicht eingebaut sein; bei diesen Tieren kann nicht nur jeder Alveolengang verschlossen, sondern sogar jedes einzelne Lungenbläschen mit Hilfe eines Kreismuskels abgedichtet werden. Klappen und Ventile, Aussteifungen und Kreismuskeln von der Nasenspitze bis in die letzten Lungenwinkel erklären, warum den Walen beim Tauchen nicht sämtliche Rippen brechen, zumal der entstehende Druck insbesondere auf dem Thorax lasten würde.

Allein bei einer Tauchtiefe von 100 Metern werden Gase, also auch die Atemluft, bereits auf das Zehnfache zusammengedrückt, so daß eine Art Vakuum entstehen würde, das den Brustkorb früher oder später zusammenbrechen ließe. Es ist durchaus denkbar, daß bei dem schrumpfenden Volumen mit zunehmender Tiefe auch Luft, die zuvor in den Nasengängen und deren Nebenhöhlen gespeichert wurde, in die Lungenbläschen dringt und hier durch die Kreismuskeln festgehalten wird.

Manche Wissenschaftler sind der Meinung, daß die Lungen ab einer gewissen Tiefe kollabieren, also unter dem Druck fast gänzlich leergequetscht werden. In diesem Fall entsteht aber kein Hohlraum, sondern die »Löcher« werden mit Hilfe von prallgefüllten Blutgefäßen »gestopft«. Anhaltspunkte für einen solchen Ausgleich geben anatomische Schnittserien, die für die Möglichkeit einer starken und, dank komplizierter Ventilsysteme, wohldosierbaren Durchblutung sprechen. Auch mir ist beim Zerlegen von Pottwalen aufgefallen, daß große Mengen Blut aus den Lungengeweben strömten.

Bei den Bartenwalen – sie haben übrigens keinen schnabelartig in den Rachen gezogenen Kehlkopf und am Blasloch keine Aussackungen, sondern an der Unterseite des Kehlkopfes eine in ihrer Funktion ungeklärte Ausstülpung – wird der Druckausgleich möglicherweise dadurch erleichtert, daß ihre Rippen beweglich sind und sich der Thorax etwas zusammendrücken läßt. Steigt ein Pottwal aus der Tiefe auf, dehnen sich die Gase wieder aus. An der Oberfläche angekommen, macht er seinen ersten Blas, der besonders explosionsartig wirken und laut hörbar sein soll. Mitunter aber, so Reis, atmet er noch knapp unter der Oberfläche aus, kurz bevor er wieder einatmen kann.

Auf den ersten, kräftigen Blas folgen weitere, ruhigere. Während dieser Atemphase wird – wie bei jedem Tier – der Sauerstoff an das Hämoglobin im Blut gebunden. Eine besondere physiologische Anpassung der Wale ist, daß sie nicht auf eine Anhäufung von Kohlendioxid im Blut reagieren und Atemnot verspüren wie beispielsweise der Mensch. Ihr Atmungszentrum signalisiert erst das Eintreten von Sauerstoffmangel. Auf diese Weise können sie eine viel größere Menge ausnutzen als Landsäuger, die noch beträchtliche Reserven haben, wenn sie schon wieder einatmen müssen.

Zwar hat das Hämoglobin der Wale kein wesentlich größeres Sauerstoffbindevermögen als das anderer Tiere, aber es kann mehr und schneller aufnehmen. So ist die Sättigung bei 39 bis 45 Prozent erreicht, während sie bei Landbewohnern bei 30 bis 34 Prozent liegt. Außerdem ist der Gehalt an Hämoglobin im Blut größer. Er beträgt beispielsweise beim Pottwal 15,8 Gramm in 100 Kubikzentimetern, beim Seiwal 15,6 Gramm und bei einer Kuh nur 12,4 Gramm. Die Blutmenge ist relativ gering, bei einem Pottwal nur 3,9 Prozent, bei Robben und Landtieren dagegen 10 bis 13 Prozent des gesamten Körpergewichts.

Da das Blut nicht nur als Sauerstoffspeicher, sondern auch als Transportsystem dient, wird verständlich, daß es beim Wal kein ungewöhnlich starkes Bindevermögen besitzt. Es bringt den Sauerstoff zu einem besonders gut aufgebauten Reservoir, das hauptsächlich in den Muskeln liegt. An dieses dem Hämoglobin ähnlichen Myoglobin, das ein höheres Bindevermögen hat, wird der Sauerstoff abgegeben und gespeichert. Bei einem »vollgetankten« Wal enthält das Myoglobin acht- bis neunmal soviel Sauerstoff wie bei einem Landsäuger. Nach Slijper speichert ein Wal im Myoglobin 41 Prozent, genausoviel im Blut, acht Prozent in anderen Organen und nur neun Prozent in der Lunge. Beim Menschen dagegen sind es in der Lunge 34 Prozent und im Myoglobin nur 13 Prozent. Alles in allem taucht der Wal mit einer um etwa 40 Prozent erhöhten Sauerstoffmenge, die er unter Wasser je nach Bedarf der einzelnen Organe wieder mobilisiert, indem sie über die Blutbahn an bedürftige Körperstellen transportiert wird.

Wenn der Wal taucht, ist er ganz und gar auf Energiesparen eingerichtet. Sein Herz, das eine ganz normale Größe aufweist, setzt die Frequenz herab, es schlägt nur noch halb so schnell wie an der Oberfläche. Außerdem verringert sich die Durchlässigkeit der Muskelgefäße. Der Blutstrom beginnt langsamer zu fließen und wird durch ein System aus vielen Venenschließmuskeln wie mit einem Netz aus Einbahnstraßen umverteilt und reguliert. Auf diese Weise werden die Organe langsamer als gewöhnlich versorgt, zusätzlich verzögert sich der Transport durch eine »Blockade« kreisförmiger Schließmuskeln, die das Blut in der großen Vene halten.

Tomilin bezeichnet diese Schließmuskeln als »Ökonomen« des Wals »in bezug auf seinen Energiehaushalt. Sie blockieren einen Teil der Venen, die das Blut aus den verschiedenen Körperabschnitten abtransportieren. Sie setzen somit viele Organe und Muskeln des tauchenden Wals, denen bereits der Sauerstoff genügt, der rechtzeitig im Myoglobin gespeichert wurde, auf eine Hungerration«.

So sind beispielsweise Muskeln vorübergehend darauf angewiesen, ohne Sauerstoff weiterzuarbeiten. Dabei entsteht Milchsäure, die beim Menschen zu »Muskelkater« führt. Weil aber die Schließmuskeln vorübergehend für Einbahnstraßen sorgen, wird verhindert, daß die Milchsäure aus den Muskeln heraus und in die Blutbahn gerät. Erst wenn der Wal wieder auftaucht, ändert er dieses »Verkehrsnetz«, die Milchsäure gelangt in das Blut und wird mit Hilfe der eintretenden Sauerstoffzufuhr wieder abgebaut.

Während der Tauchphase werden nur wichtige Organe wie das Gehirn, das Herz und das Rückenmark mit Sauerstoff versorgt, die auf eine kontinuierliche Zufuhr angewiesen sind. Sowohl bei der Sauerstoffversorgung als auch beim Druckausgleich scheint ein wundersames Organ, das sogenannte Wundernetz oder rete mirabile, gleichermaßen eine bedeutende Rolle zu spielen. Seine Funktion ist bislang nicht genau bekannt; sein Aufbau, seine Lage und seine Strukturierung lassen den Rückschluß zu, daß es mit der hochspezialisierten Tauchtechnik zusammenhängt, zumal es beim Pottwal am besten ausgeprägt ist, während es bei den Seekühen fehlt, die im Vergleich zu anderen Meeressäugern schlechte Taucher sind.

Dieses Netz, das besonders durch seinen großen Blutreichtum auffällt, während die Blutmenge der Wale im Verhältnis zum Körper eher gering ist, erstreckt sich besonders an den Wänden der Brusthöhle, zwischen manchen Rippen, in der Halsregion, entlang der Wirbelsäule und im Bereich des Gehirns. Auf den ersten Blick sieht es aus wie eine dicke schwammige Masse, vollgesogen wie ein Schwamm mit Blut. Nach Slijper ist dieses Wundernetz schon Anatomen aus dem 17. und 18. Jahrhundert aufgefallen.

Das Wundernetz besteht aus einem unüberschaubaren kurvenreichen Wirrwarr von sich umeinander schlängelnden und miteinander verbundenen Schlagadern. Diese Arterien verästeln sich durch Kapillaren in ein noch feineres Netz von

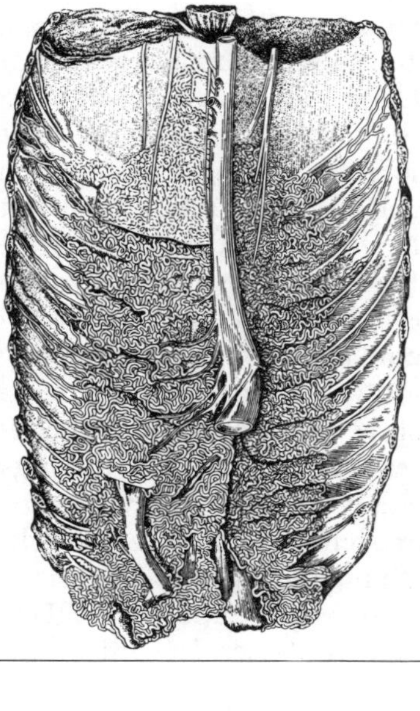

Das Wundernetz, hier von einem Schweinswal, ist ein Teil des Blutgefäßsystems, das dank seiner unzähligen Schlagadern und Verästelungen sein Volumen vermutlich stark verändern kann. Es dient der Anpassung an das Tauchen, sowohl um Drucke auszugleichen als auch um die Sauerstoffzufuhr zu regulieren.

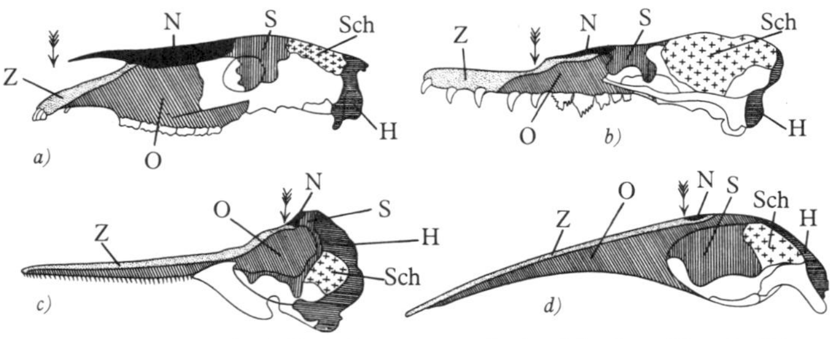

Vergleich der Schädelknochen eines Pferdes (a), eines Urwals (b), eines Delphins (c) und eines Finnwals (d), um die Verlagerung der Nasenöffnung und die Verschiebung der Knochen zu zeigen: N = Nasenbein, Z = Zwischenkieferbein, S = Stirnbein, O = Oberkieferbein, Sch = Scheitelbein, H = Hinterhauptsbein.

kleinen Adern. Die Wände der Schlagadern in dem Netz bestehen aus muskulösem Gewebe, während die Arterien, die zu dem Wundernetz führen, elastisch sind. Es wird daher angenommen, daß dieser »Schwamm«, der in Bindegewebe mit Lymphgefäßen und vielen Fettzellen eingebettet ist, sehr stark und sehr schnell sein Volumen ändern kann. Dank dieser Eigenschaft soll das Wundernetz, das als Teil des Blutgefäßsystems angesehen wird, in der Lage sein, große Blutdruckschwankungen auszugleichen. Die Adern, die Lymphgefäße und besonders die Fettzellen können dabei nach Slijper die Rolle von »Stoßdämpfern« erfüllen.

Nach Tomilin erfüllt das Wundernetz (wahrscheinlich auch) eine Funktion als kontinuierlicher Sauerstoffversorger beispielsweise für das Gehirn, zumal das »dünne Geflecht von arterio-venösen Kapillaren als Blutreservoir dient und reich an Sauerstoff ist«. Es könnte also gewissermaßen die allerletzte Reserve an Sauerstoff darstellen, die nur von den wichtigsten Organen »angetastet« werden darf. »Die Kapazität dieses Depots«, so Tomilin, »vergrößert sich möglicherweise auch auf Kosten der Fettmasse, die das Wundernetz umgibt: Denn Sauerstoff löst sich zum Beispiel im Pottwalfett und Walrat (Fett im Kopfbereich) siebenmal besser als in Wasser. Es wird angenommen, daß noch nicht erforschte Mechanismen existieren, durch die der Sauerstoff aus dem Blut rasch in die Fettmasse, die das Wundernetz umgibt, übertragen wird.«

Demnach scheint dieses wundersame Netz, dessen Funktion noch nicht gänzlich erforscht ist, mehrere Aufgaben zu haben: als Sauerstoffspeicher, als Ausgleich für Blutdruckschwankungen und vielleicht als eine Art Füllmasse, die aushilft, wenn Hohlräume unter Druck entstehen. Um seine Funktion als Blutdruckregulator unter die Lupe zu nehmen, machte der amerikanische Forscher Nagel folgenden Versuch: Er betäubte einen Delphin und untersuchte ihn mit Hilfe von Röntgenstrahlen. Dabei stellte sich heraus, daß das Wundernetz, welches das Gehirn versorgt, sehr schnell große Blutmengen über den venösen Teil aufnimmt und unregelmäßige Blutwellen durch den Herzschlag ausgleicht, so daß die Versorgung an das Gehirn sowohl unter gleichmäßigem Strom als auch unter konstantem Druck erfolgt.

Wenn von der Sauerstoffversorgung die Rede ist, darf die Nase nicht fehlen. Nun könnte man meinen, der Schlitz oben auf dem Kopf habe nur eine Aufgabe, als eine Art Schnorchel die Luft in die Lunge zu transportieren. Dazu aber ist die Nase – oder besser sind die Nasen, denn sie unterscheiden sich bei den Walen erheblich – viel zu kompliziert gebaut. Fast könnte man sagen, jeder Wal hat eine eigene Nase, denn schon die Nasenlöcher sind unterschiedlich. Während die Bartenwale zwei Öffnungen haben, besitzen die Zahnwale nur eine. Daher ist auch der Blas entweder zweigeteilt oder bildet nur eine einzige Wolke.

Wie bereits erwähnt, befindet sich die Nasenöffnung nicht rostral, »mitten im Gesicht«, sondern auf der Oberseite des Kopfes, sozusagen auf dem Scheitel. Sie hat sich demnach im Vergleich zu Landsäugern nach oben und weiter hinten verlagert. Diesen Entwicklungsprozeß, der zweifellos seinen Sinn darin hat, daß der Wal in seiner waagerechten Schwimmlage die Nase somit an der höchsten Körpererhebung trägt, kann man bis in die Embryonalentwicklung verfolgen.

Bei sehr kleinen Föten liegen die – übrigens paarigen – Nasenanlagen an der gleichen Stelle wie auch bei allen anderen Säugern. Erst im weiteren Verlauf der Embryogenese tritt die Umwandlung zur Walnase ein. Beim Pottwal geschieht dieser Prozeß – nach eigenen Untersuchungen – bereits in einem sehr frühen Stadium, bei dem auch sehr früh der rechte Nasengang verschlossen wird. Nur der linke bleibt als Öffnung erhalten, aus dem später das Blasloch wird. Dementsprechend entwickelt sich der linke Nasengang zur Luftröhre hin, der als schlichtes Rohr beim »fertigen« Wal schräg von der Nasenspitze durch den Kopf läuft, um mit dem gänseschnabelartigen Kehlkopf in die knöcherne Nasenöffnung zu münden. Auch der rechte Nasengang bleibt erhalten, mündet aber nicht in ein Nasenloch, sondern endet an einer Art Ventil, dem »Museau de singe« (Affenmaul), dem sich eine Aussackung anschließt, die mit dem Blasloch in Verbindung steht. Das Blasloch liegt beim Pottwal anders als bei allen anderen Walen: vorn links, und es bildet nicht eine quergestellte, bogenförmige Öffnung, sondern es ist S-förmig und in der Längsrichtung orientiert.

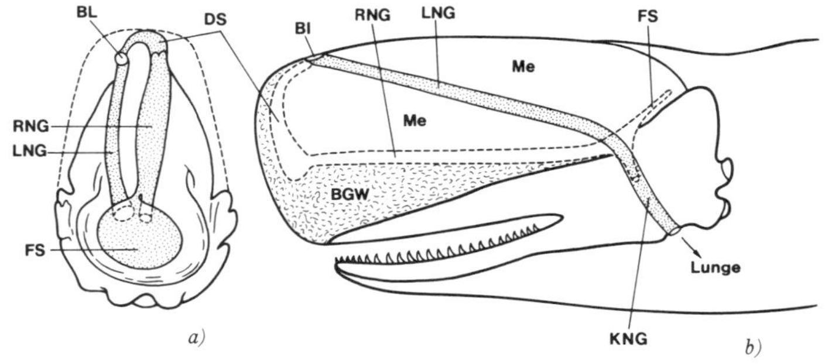

Pottwalkopf, Schema linke Seite (a), Aufsicht (b), um die Lage von Nasengängen und Melone (Spermacetikissen) im Schädel zu zeigen. RNG = rechter Nasengang, FS und DS = Nasensäcke, Me = Melone, BL = Blasloch, BWG = Bindegewebspolster, KNG = knöcherner Nasengang, LNG = Linker Nasengang, zur Lunge führend.

Während der linke Nasengang sozusagen als Blasrohr vom unpaaren Nasenloch an der Oberseite des Kopfes zum knöchernen Nasenbein läuft, liegt der rechte Nasengang weiter unterhalb, zumal sich die Aussackung – als »distal sac« bezeichnet – nicht nur quer, sondern auch längs am Vorderkopf erstreckt. Den Raum zwischen Nasenöffnung und Oberkiefer, der die kastenförmige Gestalt des Kopfes ausmacht und mit Fett ausgefüllt ist, könnte man mit einer sehr hochgezogenen Oberlippe vergleichen. Aber sicherlich stellt die Nase nicht nur eine solche »Lappalie« dar, sondern dahinter verbirgt sich offenbar ein hochkompliziertes Organ.

Am hinteren Ende der Nasengänge, im Anschluß an den epicranialen Teil, der vor den Schädelknochen endet, münden sowohl der linke als auch der rechte Nasengang wiederum in eine Aussackung oder Höhle, in den »frontal sac«, wo dann auch der linke Nasengang als Atemrohr die Lunge versorgt.

Entsprechend der Verlagerung der häutigen Nasengänge haben sich auch die Schädelknochen verändert. Diese Verschiebung wird aber bei anderen Walen verständlicher als beim Pottwal, zumal bei ihnen das Blasloch weiter hinten liegt. Beim Pottwal ist das Blasloch vermutlich mit der Ausbildung des riesigen Spermacetikissens, auf das noch eingegangen wird, nachträglich, also sekundär, wieder weiter nach vorn verlagert worden. So gehen bei den meisten Walen die Nasengänge, vom Blasloch aus betrachtet, senkrecht durch den weichen Bereich des Kopfes zum Schädelknochen, wo sie in das Nasenbein münden. Das Nasenbein ist im Verhältnis zu Landsäugern nach hinten verschoben, während die Oberkiefer- und Zwischenkieferbeine nach hinten ausgewachsen sind. Sie sind über – oder bei den Bartenwalen unter – das Stirnbein verschoben, und das Scheitelbein ist zur Seite gedrängt. Zu diesen Veränderungen hat sicherlich nicht nur die Verlängerung der Nase, sondern auch die Verlagerung der Kiefer geführt, um das Maul bei den Bartenwalen zu dem großen Filterapparat und bei den Zahnwalen zu einer Fangzange auszubilden.

Ähnlich wie beim Pottwal gehen auch bei den anderen Zahnwalen die Nasengänge nicht etwa als schlichte Schläuche in den

Schädelknochen, sondern auch sie bilden Aussackungen, die aber mit den beiden »sacs« des Pottwals kaum oder nur auf »Umwegen« zu vergleichen sind. Diese Ausstülpungen sind zudem auch bei den einzelnen Zahnwalen so unterschiedlich, daß sich schon viele Anatomen den Kopf zerbrochen haben, um hier, wenn auch mit Abwandlungen, ein einheitliches Schema aufzustellen. Ganz zu schweigen von dem Durcheinander, das herrscht, weil die meisten Autoren immer wieder neue Namen für die Höhlen oder Aussackungen erfanden.

Es stellt sich natürlich die Frage, zu welchen Zwecken dieses komplizierte System entwickelt wurde. Als sicher gilt, daß die Nase wohl kaum mehr die Funktion eines Geruchsorgans erfüllt, zumal eine Säugernase auf das Analysieren von gasförmigen Stoffen eingerichtet ist, nicht aber auf das von im Wasser schwebenden. Auch beweisen anatomische Serienuntersuchungen, daß die Riechschleimhäute rückgebildet werden und nur noch im Embryonalstadium in Erscheinung treten. Noch ehe ein Wal geboren wird, weicht die Konstruktion der Nase vom ehemaligen Typus ab und nimmt statt dessen den komplizierten Bau an, der nur noch schwer eine Homologisierung zuläßt, eine Deutung der einzelnen Elemente, die sich zu Klappen oder Aussackungen umwandelten. So liegt nahe, daß der Nase oder dem Nasenkomplex neben der Atmung noch eine weitere oder gar mehrere weitere Aufgaben zufallen.

Auch hier, wie so oft bei den Walen, gelang es den Wissenschaftlern bislang nur, Hypothesen aufzustellen, die bis hin zu der Annahme führen, daß die Wale mit Hilfe ihres Nasenapparates Laute erzeugen oder daß der Komplex zumindest Teil eines speziellen Radarsystems, eines Sonars (sound navigation and ranging), ähnlich dem Echolotsystem der Schiffahrt, darstellt. Ohne Zweifel dienen die Klappen und Ventile als Dichtungen, die gegen einströmendes Wasser vorgeschoben beziehungsweise verschlossen werden. Wahrscheinlich leisten sie aber viel mehr. Da der Kehlkopf der Zahnwale keine Stimmbänder aufweist, könnten sie zur Lauterzeugung einen anderen Mechanismus entwickelt haben.

Zahnwale verfügen über ein großes Spektrum an Schallwellen, das sowohl der Kommunikation, also Sprache, als auch der Orientierung dient. Diese Echoorientierungssignale im Ultraschallbereich gehen bis 280 Kilohertz, wie man anhand von Aufzeichnungen weiß. Hörbar für uns Menschen sind nur die tieferen Frequenzen, die bis 18 Kilohertz reichen. Grob betrachtet lassen sich die Laute der Zahnwale in zwei Typen unterteilen: in »clicks« oder Klicklaute und in Pfeiftöne. Dabei scheinen die Pfeiftöne, die sich sehr kompliziert und zu ganzen Liedern zusammensetzen, die Sprache zu bilden, mit der sich die Tiere offenbar nicht nur warnen oder anlocken, sondern sogar regelrecht unterhalten können, wie etliche Versuche beispielsweise mit Delphinen vermuten lassen. Die »clicks« wiederum scheinen sowohl als Orientierungshilfe in völliger Dunkelheit als auch als Ortungsapparat beispielsweise für Futtertiere zu dienen.

Hierbei handelt es sich nach Oelschläger, der etliche Arbeiten zusammenfaßte, »bei den Ultraschallsignalen um Schwingun-

Schema der linken Seite eines Delphinschädels: zwei Hypothesen für die Ultraschallableitung bei den Zahnwalen.

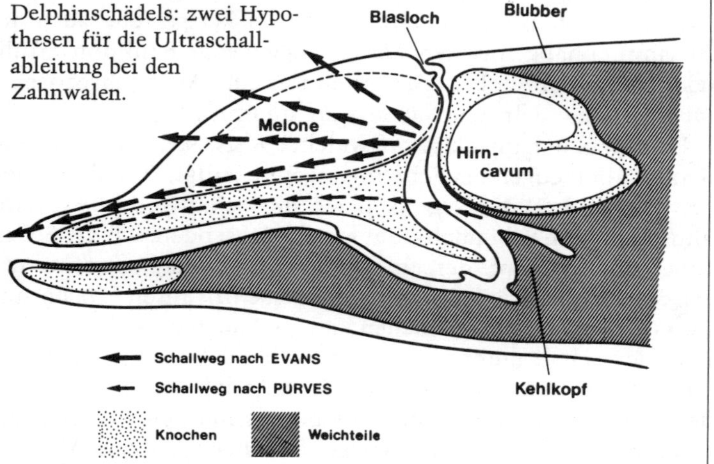

gen in den Weichteilen des Kopfes«. Zu diesen Weichteilen dürften neben dem Nasenkomplex auch die Fettmassen, die »Melone« oder »Fettlinse«, gehören, die als Wulst mehr oder weniger stark ausgebildet auf der Stirn und der Schnauze der Wale liegen. Stellt man sich vor, wie weit die Nase nach oben gezogen ist, befindet sich diese Melone in dem Bereich, den eine entsprechend hochgezogene Oberlippe bedecken würde. Beim Pottwal ist diese Fettlinse am größten. Sie wird als Spermacetikissen bezeichnet und enthält das als Walrat begehrte Fett. Der Name Spermacetikissen für dieses hochkomplizierte »Gerät« ist darauf zurückzuführen, daß seine Substanz an Spermien erinnert. Die Ansicht freilich, daß der Pottwal seine Spermien im Kopf trägt, ist bald wieder verworfen worden. Geblieben ist der Name. Das Spermacetikissen erstreckt sich von der Schnauzenspitze bis zu den schaufelförmigen Schädelknochen, wo es vorn und hinten durch die Nebenhöhlen der Nasengänge, die »distal« und »frontal sacs«, begrenzt wird. Es verleiht dem markanten, kastenförmigen Kopf des Pottwals das typische Aussehen. Unterhalb dieser Fettlinse schließt sich weiteres Gewebe an, das stark fetthaltig ist. Es liegt gleich auf dem Knochen, der die langgezogene Schnauzenspitze ausmacht. Bislang ist noch nicht geklärt, ob dieses Fettgewebe auch im Zusammenhang mit den Nasengängen eine Funktion erfüllt oder ob es sich hierbei tatsächlich um eine Art hochgezogener Oberlippe handelt, wie Schenkkan annimmt.

Es ist gänzlich ungeklärt, in welcher Weise sich die Melone an den schallerzeugenden Schwingungen beteiligt. Wie aber schon der Name Fettlinse sagt, soll sie die Schallwellen wie eine akustische Linse bündeln und gezielt aussenden. Ob der Schall dabei im Kehlkopf, der eine Art Ventil bildet, entsteht, wie Purves vermutet, oder aber ob die Nase mit ihren Lippen und Luftsäcken Geräusche machen kann, ist noch umstritten. Während der Schall durch die Melone gebündelt und ausgestrahlt wird, sollen die Schädelknochen, die ja nach hinten und ineinander verschoben (»telescoping«) sind, als Reflektor dienen, der gleichzeitig wie ein Parabolspiegel verhindert, daß ein Abstrahlen nach hinten, also zum eigenen Ohr hin, erfolgt.

Durchaus denkbar ist, daß sowohl der Kehlkopf als auch die Nase zur Lauterzeugung dienen, daß, wie Evans und Prescott annehmen, die Pfeiftöne, also die althergebrachte Sprache, im Kehlkopf entstehen und daß die Klicklaute im Nasenbereich – über die Klappen als Stimmlippen – erzeugt werden. Sie bilden demnach den Sendemechanismus des Echolokationsapparates, der über die Melone ausgestrahlt und gerichtet wird. Daß ein Kehlkopf nicht unbedingt Stimmbänder braucht, um Sprache zu erzeugen, beweisen nicht zuletzt die Papageien. Diese pfiffigen Vögel können bekanntlich sehr wohl ohne Stimmbänder sprechen.

Sicherlich ist es sehr schwierig, sich vorzustellen, wie beispielsweise eine akustische Linse funktioniert. Vielleicht sollte man sie mit der Linse des Auges vergleichen. Nur wird hier nicht ein optischer Reiz wahrgenommen, sondern ein akustischer, und zwar mit mindestens derselben Präzision. So haben Forscher beispielsweise herausgefunden, daß ein Delphin bei Versuchen in der Lage war, zwei Kugeln zu unterscheiden, die ein Mensch aufgrund ihres geringen Durchmessers mit bloßem Auge nicht unterscheiden konnte. Die Delphine lösten die Aufgabe mit verbundenen Augen, aber offensichtlich mit der Präzision ihrer Klicklaute.

Dazu gehört nicht nur, daß die Tiere ihre Sendemechanismen ganz exakt abgeben können, sondern daß sie auch imstande sind, mit genauso sensiblem Feingespür zurückkommende Schallwellen aufzunehmen und zu analysieren. Offenbar sind sie mit Hilfe dieses Sinnesorgans in der Lage, ihre Umgebung abzutasten, so daß sich in ihrem Gehirn ein Bild formt, das mindestens so deutlich ist wie das, was wir Menschen sehen.

Angenommen, das Klicken liefert den Schlüssel zur Orientierung der Zahnwale, dann stellt sich die Frage, wie es dazu kommt. Ich möchte mich bei der Beantwortung auf die Hypothese von Norris beschränken, die er für die Echolokation bei Delphinen entwickelte.

In dem Moment, da der Delphin Luft holt, öffnet sich das Blasloch, und der »Pflock«, der Muskelpfropfen des Nasenkanals, wird eingezogen. Dabei werden die beiden oberen der drei Paar Luftsäckchen luftleer, zumal sie den Pflock aufnehmen. Sobald das Einatmen vollzogen ist, schließt sich der Pflock, und auch die oberen Säckchen füllen sich mit Luft aus dem gesamten Atemtrakt, während der Nasenkanal blockiert wird. Wenn nun eine Serie von Klicks entsteht, wird Luft von den oberen Säckchen in die mittleren und von dort in die unteren gepreßt. Sobald die oberen Säckchen leer sind, beginnt der Austausch wieder von vorn, wobei der Delphin aber nicht unbedingt einen neuen Atemzug tun muß, um die oberen Säckchen zu füllen, sondern es kann auch Luft aus der Lunge oder den miteinander kommunizierenden Säckchen zurückverfrachtet werden. Anscheinend ist ein ununterbrochener Luftstrom möglich, ohne daß Luft dem Blasloch entweicht. Anders wäre auch nicht denkbar, daß die Tiere über längere Zeit funken oder »reden« können.

Allerdings ist nicht zu begreifen, wie sie Laute erzeugen, während sie das Blasloch geöffnet haben. Vielleicht, indem sie die feine Trennwand zwischen den Nasengängen in Vibration versetzen, oder aber, indem sie den Kehlkopf mit seinen kleinen Falten zum Stimmen bringen.

Eine ähnliche Theorie, daß die Wand des Nasenganges in Vibration versetzt wird, gibt es auch für den Pottwal, der ja nur über zwei Paar Luftsäckchen verfügt. Hierzu Berzin: Das Spermacetiorgan läßt sich aufgrund struktureller Unterschiede in hintereinander gereihte Scheiben einteilen, die jeweils durch den Zug von dazugehörigen Muskeln ihre Form verändern können. Wird eine solche Scheibe zusammengezogen, erweitert sich der angrenzende Bereich im rechten Nasengang, der mit dem Spermacetiorgan in Verbindung steht, und Luft strömt an die Stelle.

Tritt dieser Vorgang an verschiedenen Stellen auf, dann setzt er die Wand des rechten Nasenganges in Vibration. Dabei können die beiden Luftsäcke als Speicher für die Luft dienen. Oder aber der vordere könnte, sofern er mit Luft gefüllt ist, wie eine isolierende Barriere wirken, die die Frequenzen und Impulse dosiert.

Manche Forscher meinen sogar, daß der Pottwal mit diesem System nicht nur echoloten, sondern auch Schallwellen aussenden kann, die ihre Beutetiere ausmachen und betäuben oder tödlich treffen können. Die Kampfesspuren von Saugnäpfen an den Köpfen von Pottwalen sprechen allerdings dagegen. Daß die Pottwale aber ihre Beute schon vor dem Tauchen orten können, klingt glaubwürdig, zumal sie doch einen recht langen, energetisch aufwendigen Tauchgang unternehmen müssen, um sich den Magen endlich vollschlagen zu können.

In diesem Zusammenhang – Sparen von Energie beim Tauchen – hat das Spermacetiorgan vermutlich eine weitere Funktion. Nach Malcom R. Clarke scheint das riesige Kissen, das bis zu vier Tonnen Walrat enthält, als eine Art hydrostatisches Organ den Auftrieb regulieren zu können. Je nachdem, ob der Pottwal diese Fettmasse gerade abkühlt oder aufheizt, soll es ihn entweder zu Boden sinken oder aufsteigen lassen.

Clarke geht davon aus, daß der Pottwal mit einer Geschwindigkeit von 120 Metern pro Minute in seine Jagdgründe abtaucht und etwa 15 Minuten braucht, bis er bei 1000 Metern angekommen ist. Dort würde er sich nicht einmal die Mühe geben, auf Beutefang zu gehen, sondern, zumal er fast immer in etwa derselben Region wieder auftaucht, lediglich auf der Lauer nach Tintenfisch liegen. Sobald eine Tintenfischmahlzeit vorbeizieht, reißt er sein Maul auf und läßt einschwimmen. Da die Tiefseebewohner zumeist Leuchtorgane tragen, hat er keine Probleme, sie zu sehen. Vielleicht paßt hier aber auch eine andere Theorie, die Reis einmal zusammen mit australischen Wissenschaftlern ergründen wollte. Sie besagt, daß das zu einer Falle aufgerissene Maul des Pottwals leuchtet und die Beute anlockt. Voraussetzung für dieses »Meeresleuchten« sollen phosphoreszierende Partikel an der Lippe des Pottwals sein, die aber – vielleicht, weil die untersuchten Tiere stets schon zu lange tot waren – nicht gefunden wurden.

Um sich wie ein Stein, ohne Anstrengung, sacken zu lassen, soll der Pottwal nach Clarke sein Spermacetikissen kühlen, indem er über den rechten Nasengang, der sehr breit gezogen

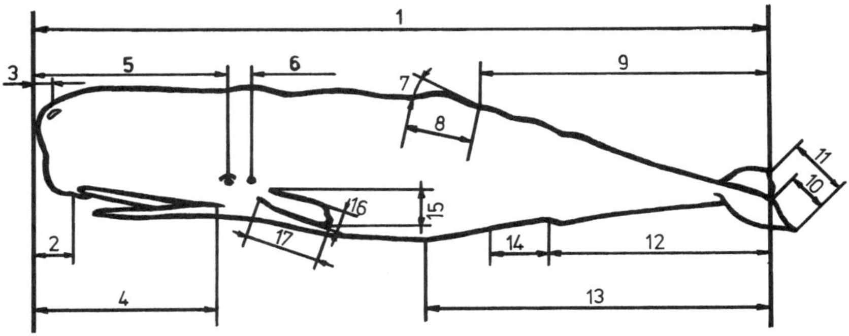

Die numerierten Pfeile geben an, in welchen Abständen Wale, hier zum Beispiel ein Pottwal, vermessen werden.
So wird die Gesamtkörperlänge (1) in gerader und nicht in gebogener Linie vermessen.

ist, »Kühlwasser« zuführt. Bei dieser Unterkühlung nimmt die Dichte des Walrats zu, wodurch das Volumen kleiner wird und das Tier einen verminderten Auftrieb gewinnt. Es wird also im Vergleich zur Dichte des Wassers an der Oberfläche schwerer – und sinkt. Eine Beobachtung, die wir bei den Walfängern von Madeira machten, könnte diese Annahme in gewisser Weise stützen. Wird ein Pottwal gleich nach seinem Auftauchen getötet, sackt der Leichnam auf den Meeresgrund – und ist für die Männer verloren.

Dennoch paßt diese Beobachtung nicht ganz mit Clarkes Meinung zusammen. Denn Clarke nimmt weiterhin an, daß der Pottwal seinen »Wasserkühler« zum Auftauchen wieder abstellt beziehungsweise das Verfahren ändert, um fast wie ein Ballon aufzusteigen.

Demnach wird das Spermacetiorgan zum Auftauchen mit Hilfe von Blutgefäßen, die jetzt Wärme an den Apparat führen, wieder aufgewärmt, es ändert somit wieder seine Dichte und dient nunmehr als Schwebehilfe. Unverständlich bleibt, warum gleich nach dem Auftauchen getötete Tiere noch so schwer sind, daß sie in die Tiefe fallen.

Dennoch müßte das Walrat einen Sinn haben, der mit dem Tieftauchen in Einklang steht. Es ist eine sehr eigenartige Substanz, ein Fett, das schon bei Zimmertemperatur fest wird, bei etwas erhöhter Temperatur ist es flüssig. Dieses Phänomen läßt sich auch beim Abspecken beobachten. Mitunter fließt das Spermöl aus, sobald der Kopf zerlegt wird; fließt es auf den Boden, wird es fest, ähnelt einer Hautcreme, für die es auch stets Verwendung in der Kosmetikindustrie fand. Mitunter ist es aber auch bereits Kristallin, solange es noch in seinem Kissen liegt. Diese Ausfällung soll unter 31 Grad Celsius beginnen.

Es sei in diesem Zusammenhang erwähnt, daß die Industrie an dieser Substanz interessiert ist, weil sie sowohl sehr hitze- als auch – den physikalischen Gesetzen gemäß – sehr druckbeständig ist. Daher ist sie beispielsweise für hochtourig laufende Getriebe begehrt.

Auch ich habe den Eindruck, daß sich der Pottwal dem spezifischen Gewicht des Wassers anpassen kann, das sich für ihn nicht nur zwischen Hoch und Tief ändert, sondern auch zwischen Nord und Süd, zumal er als Kosmopolit auch mal in salzigere und mal in salzärmere Regionen wandert. So habe ich nicht nur einmal beobachten können, daß ein harpuniertes Tier, das sich in eine Tiefe von einigen zehn Metern zum Schutz »verkrochen« hatte, nicht im geringsten bewegte. Es lag vollkommen still unter dem Meeresspiegel. Kein Mucks kam. Nur ab und zu stiegen ein paar kleine Luftblasen empor, wie zum Vorwurf.

Clarkes Modell kann auch erklären, warum nur große, ausgewachsene Bullen in extreme Tiefen abtauchen. Sie haben eine weitaus größere Menge an Walrat als jüngere Männchen und Weibchen. Um seiner Theorie auf den Grund zu gehen, schlägt er vor, während des Tauchens Dichte- und Temperaturmessungen im Walrat durchzuführen, ein Verfahren, das er zwar für kostspielig, aber nicht für unmöglich hält. Ob Moby Dick da mitmachen würde?

Da gutes Senden oder Funken, Echoloten oder eine deutliche Sprache allein noch keinen Meister der Kommunikation oder der Echolokation machen, mußten sich auch die Walohren einer

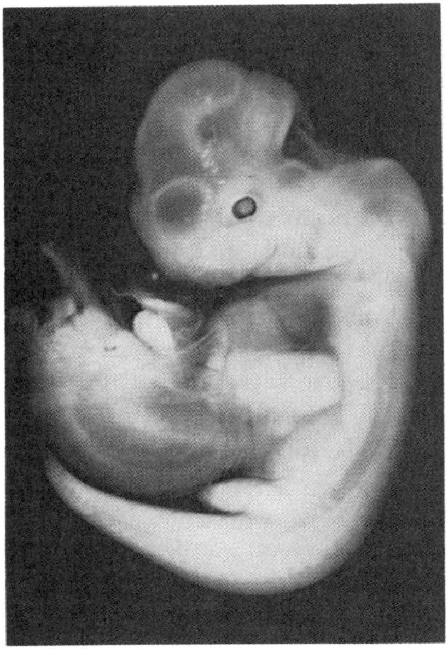

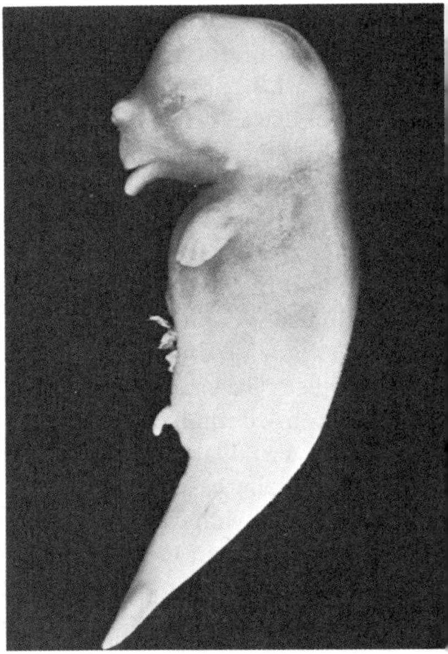

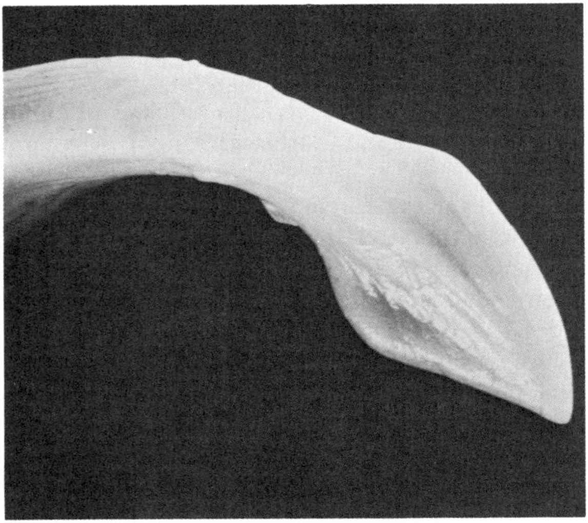

Bei 1,4 cm Länge unterscheidet sich ein Pottwal-Embryo (links oben) kaum von anderen Säugern. Nicht nur die Vorder-, sondern auch die Hinterextremität ist angelegt, aber schon bei einer Länge von 4,2 cm (oben) verschwunden. Bildung der Schwanzflosse (links).

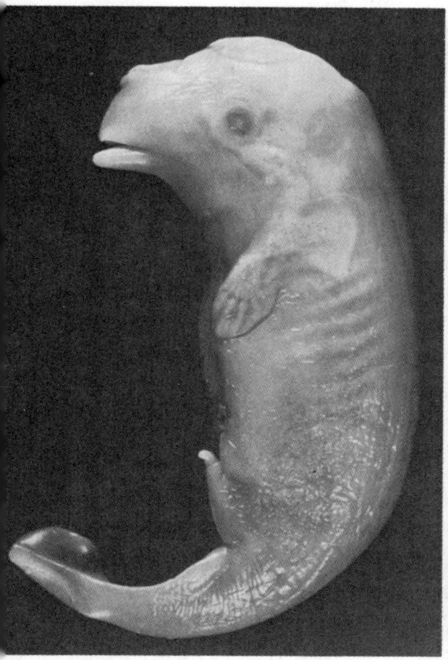

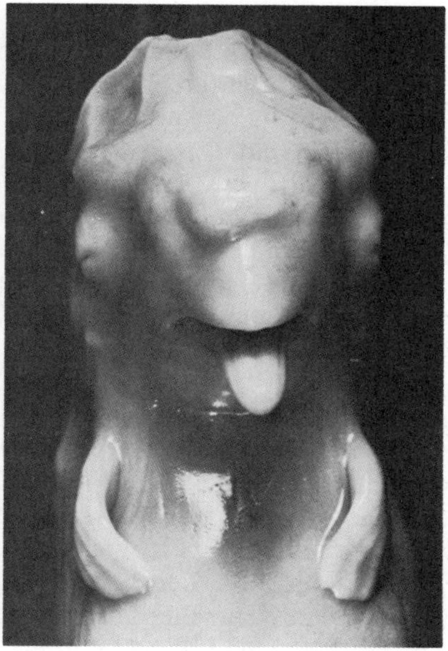

Verbreiterung der Fluke bei 6,6 cm (oben). Der Kopf nimmt die typische Pottwalform ein: »hochgezogene Oberlippe«; Nase weiter oben. Bei 4,7 cm Unterkiefer länger als Oberkiefer (oben rechts); Nase wie eine Knolle. Anlage der Vorderextremität (rechts).

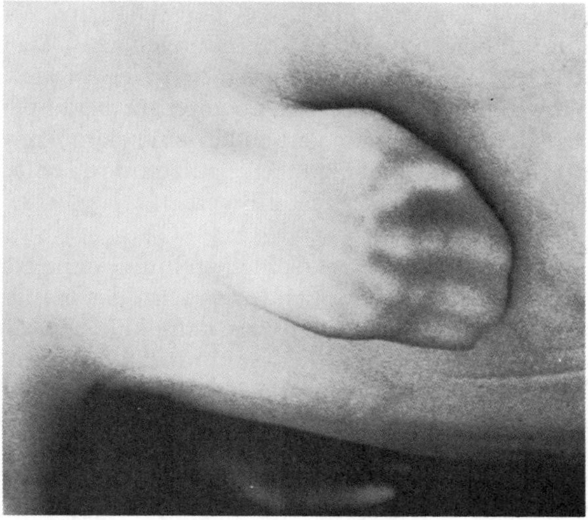

gehörigen Anpassung unterziehen. Das beginnt damit, daß die äußeren Ohrmuscheln – die bei manchen Landtieren riesige Löffel oder Trichter bilden, um den Schall aus bestimmten Richtungen aufzufangen – bei den Walen vollkommen verschwunden sind. Das ist aber nicht verwunderlich, wenn man sich vorstellt, was für enorme Hindernisse solche »Löffel« für die perfekte Stromlinienform bedeuten.

Für den Empfang, den das Walohr sauber aufnehmen muß, ohne mit dem eigenen Sender in Konflikt zu geraten, ist folgendes von grundlegender Bedeutung: Das Richtungshören oder der Stereoempfang müssen nicht nur von der eigenen Geräuschquelle isoliert, sondern auch von ihr abgetrennt sein. Denn obwohl das Hören unter Wasser theoretisch gut funktioniert, weil Schall beispielsweise sehr viel weiter reicht als Licht, ergibt sich eine Schwierigkeit, die jeder Taucher bestätigen kann: Das Richtungshören unter Wasser ist schlecht. Man kann beispielsweise kaum ergründen, woher das Tuckern eines Motorbootes kommt, obwohl es deutlich wahrnehmbar ist. Ursache hierfür ist nach dem deutschen Anatomen Fleischer, der sich ausführlich mit der Hörfähigkeit und der Entwicklung der Walohren auseinandergesetzt hat, »daß der Schall im Wasser ziemlich ungehindert in den Schädel eindringen kann. Da unser Ohr mit dem Schädel verwachsen ist, wird es in unkontrollierbare Schwingungen versetzt. Da weiterhin beide Ohren über den Schädel miteinander verbunden sind, können wegen solcher gemeinsamer Schwingungen Laufzeitunterschiede nicht mehr oder kaum mehr festgestellt werden«.

Um bei Walen eine »Feineinstellung« ohne Nebengeräusche zu ermöglichen, wurde das Ohr, das bei uns Teil des Os temporale ist, bei ihnen aus dem knöchernen Verband der Schädelknochen gelöst. Es ist nur mit Bindegewebe am Schädel befestigt, so daß es von Schädelschwingungen isoliert ist. Erhalten blieb jedoch nach Fleischer ein luftgefülltes Mittelohr, während auch der Gehörgang praktisch verschwunden ist. Den Verlust des äußeren Gehörganges – wie den der Ohrmuschel – begründet er damit, daß dieser unter Wasser funktionslos ist,

»da Weichgewebe im Wasser akustisch transparent sind beziehungsweise den Schall genausogut leiten wie Wasser. Lufträume, die das Gehör von verschiedenen Seiten umgeben, dienen als wirksame Barrieren«.

Wie andere Säuger haben auch beispielsweise die Delphine, bei denen das Ohr am besten erforscht ist, ein typisches Innenohr und drei Gehörknöchelchen im Mittelohr. Allerdings fehlt bei manchen – und auch beim Pottwal – ein Trommelfell, das beim »normalen« Ohr den Schall empfängt und über die Gehörknöchelchen an das Innenohr weitergibt. Die Gehörknöchelchen, Hammer, Amboß und Steigbügel, sind in ihrer Form stark abgewandelt. Diese Umwandlung wie auch das Fehlen oder starke Verändern des Trommelfells hängen mit der Übertragung extrem hoher Frequenzen zusammen, wie sie die Zahnwale zur Echolokation benutzen. Fleischer: »Zunächst ist da natürlich das Trommelfell, das bei der Übertragung höherer Frequenzen schnell ineffektiv wird. Diese Schwierigkeit wird bei Delphinen dadurch überwunden, daß der Malleus-Incus-Komplex (Hammer, Amboß) aus der Ebene des Trommelfells zu einem äußerst kräftigen Band ausgezogen wurde.« Dieses feste Band wird noch durch die Verwachsung bestimmter Knochen gespannt gehalten.

Zu den drei Gehörknöchelchen kommt bei den Delphinen noch eine Spezialisierung hinzu: Ein Teil des Tympanicums (der Knochen, in dem das Trommelfell ausgespannt ist) besteht nur aus sehr dünnen, aber dichten Knochen. Diese Knochenplatte, die Fleischer als »Tympanic plate« bezeichnet, soll der Empfänger sein für hohe Frequenzen, nicht aber das Trommelfell. Das Trommelfell kommt nach seinen Untersuchungen, die auch Experimente stützen, nur als Überträger auf das Innenohr für den tieferen Frequenzbereich in Frage.

Damit haben Delphine zwei Aufnahmeflächen für Schallwellen, wobei die steife Knochenplatte, das »Tympanic plate«, die Schallwellen vermutlich über einen Fettkörper des Unterkiefers zugeleitet bekommt. Der Unterkiefer der Delphine wie auch der des Pottwals ist hohl und mit Fett ausgekleidet. Da die Knochenplatte die Grenzfläche zwischen dem Fettkörper und dem luftgefüllten Mittelohr darstellt und da sie eine hohe Plattensteifigkeit hat, die die Aufnahme hoher Frequenzen ermöglicht, dürfte ihre Funktion als »Ersatztrommelfell« für die Echolokation wohl geklärt sein. Aber auch die hohen Frequenzen werden über die Knochenplatte auf das ausgezogene Trommelfell und von dort auf die Gehörknöchelchen übertragen, die sie dann zur Analyse an das Innenohr weiterleiten.

Damit sind die Gehörknöchelchen, das Trommelfell und die Trommelfellplatte (Tympanic plate) bei den Delphinen auf den Empfang hoher und sehr hoher Frequenzen eingerichtet. Da sie aber auch auf den Bereich tiefer Frequenzen nicht verzichten können, zumal die tiefen Frequenzen weiter reichen als die hohen und der Kommunikation, also der Sprache, dienen, muß das Ohr auch in diesem Bereich als Empfänger konzipiert sein. Diese Aufgabe hat das Tympanicum, in dem das Trommelfell ausgespannt ist, insgesamt übernommen. Es kann in Schwingung versetzt werden und bildet bei den Delphinen einen speziellen Tiefenfrequenzempfänger.

Da Bartenwale keine Echolokation haben, sondern sich nur im tiefen Frequenzbereich »unterhalten«, dafür aber einen weiten Sendebereich erlangen, ist ihr Tympaticum auf sehr tiefe Frequenzen eingestellt. Diese reichen bis 50 Hertz oder noch darunter bis um 20 Hertz. Solche tiefen Frequenzen haben gegenüber hohen den Vorteil, daß sie in der Luft, aber besonders im Wasser sehr weit reichen. Vermutlich können sie über rund 100 Kilometer weit von Artgenossen wahrgenommen werden. Auch der Pottwal scheint, ähnlich wie die Bartenwale, eine sehr große Horchweite zu besitzen. Dafür sprechen die Beobachtungen beim Walfang. Sobald das Gemetzel unter einigen der Tiere begann, kamen andere entweder zu Hilfe oder aber sie ergriffen die Flucht. Reis berichtet von Beobachtungen, die der Ausguckposten auf dem Berg der Insel machte. Pottwalmännchen, die auf der anderen Seite der Insel schwammen, ergriffen die Flucht, sobald ein Artgenosse verletzt wurde. Demnach muß die SOS-Meldung, der Notruf, um die Insel herum angekommen sein. Auf die Möglichkeit sehr weitreichender Kommunikation führt Reis auch die Tatsache zurück, daß es sehr schwer ist, zwei alte

Bullen, die oft in Hörweite zueinander, aber kaum miteinander vor Madeira auftauchen, am selben Tag zu fangen. Sie scheinen zwar als Einzelgänger, aber doch in Rufweite zueinander durch die Nahrungsgründe zu ziehen. Da diese »Opas« offenbar keinen Platz mehr im Sozialgefüge haben, sondern als »Solitäre« ihre eigenen Wege verfolgen und allenfalls mit einem gleichgesinnten Greis ein paar Worte wechseln, scheinen solche 16- bis 17-Meter-Bullen auch keinen Sinn für Hilfeleistungen zu haben. Sie versuchen lieber, ihre eigene Haut zu retten.

Wieder nach Madeira heißt es für mich im Sommer 1990. Nun ist es fast zehn Jahre her, daß Reis seinen letzten Wal getötet hat. 5885 Pottwale in 40 Jahren Walfang lautet die erschreckende Bilanz. Doch damit ist Schluß. Statt dessen segeln wir auf den Spuren des Moby Dick und machen, was wir insgeheim so oft geträumt haben: friedliche Forschung oder »benigne research« mit Pott- und anderen Walen.

Die »Song of the Whale«, eine 14-Meter-Ketch, ist bereits seit drei Jahren für die Forschung, ohne zu töten, im Einsatz – mit ermunterndem Erfolg. So konnten in den vergangenen drei Jahren in den Gewässern um die Azoren schon 250 Pottwale identifiziert werden. Etwa 10 Prozent werden in jedem Jahr wieder entdeckt, das bedeutet, sie sind entweder stets in derselben Umgebung, oder aber sie kommen regelmäßig im Sommer dorthin.

Um solche wichtigen Untersuchungen durchführen zu können, werden beispielsweise von jedem einzelnen Wal Fotos der Schwanzflosse gemacht. Die Form und die Zeichnung können ähnlich wie Paßfotos gelesen werden und als Unterscheidungsmerkmale dienen. Natürlich wird zugleich jedes noch so kleine Verhaltensmerkmal zunächst auf dem Diktiergerät festgehalten, um dann im Computer gespeichert – und ausgewertet – zu werden. Zusätzlich nimmt das Team von IFAW Hautproben, die die Wale beim Schwimmen regelmäßig verlieren. Diese Proben, mit dem Netz eingesammelt, werden für sogenannte »DNA-fingerprintings« genutzt. Sie dienen als eine Art Vaterschaftsnachweis, können Hinweise geben über verwandtschaftliche und soziale Zusammenhänge innerhalb einer Walschule oder über Individuen.

Noch heute kennt die Wissenschaft kaum nähere Zusammenhänge über das Familienleben der Pottwale. Doch auch neuere Daten lassen vermuten, daß die Sozialstruktur ähnlich ist wie bei den Elefanten: das Matriarchat. Ökologisch würde eine solche Sozialstruktur schon deshalb sinnvoll sein, weil – bei Ausschluß von Männchen aus der familiären Einheit – keine Nahrungskonkurrenz für Mütter und Kinder entsteht.

Ein Projekt des »Internationalen Tierschutz-Fonds« (IFAW) und der »Gesellschaft zum Schutz der Meeressäugetiere« (GSM) in Zusammenarbeit mit der portugiesisch-autonomen Regierung hat dies alles möglich gemacht. Im Jahr 1986 hat die Regierung von Madeira nicht nur – wie schon das Mutterland Portugal – das Töten von Meeressäugetieren per Gesetz verboten, sondern sogar ein Gesetz erlassen, welches die Hoheitsgewässer um die Inselgruppe zu einem »Nationalpark Meeressäugetiere«, einem Schutzgebiet für Wale, Delphine und Robben, deklariert.

Das bedeutet: Schutz in einem über 200000 Quadratkilometer großen Gebiet für Arten wie Pott-, Finn-, Buckel- und Seiwale, etliche Delphinarten und die am meisten bedrohte Mönchsrobbe, von der eine kleine Kolonie vor Madeira überleben konnte.

Als Sitz für BIOS (Associacao para a Proteccao da Natureza), die auf Madeira gegründete Umweltschutzorganisation, wurde ein Walfangmuseum errichtet. In dessen Gemäuern werden Touristen und Wissenschaftler, Schüler und andere Interessierte eine wahre Fundgrube für historischen und angewandten Walfang, für die Biologie des Meeres und seiner Bewohner, insbesondere der Wale, finden. Schon jetzt ist ein Halbmodell eines 13 Meter langen Pottwals aus Fiberglas entstanden.

Nicht zuletzt, weil eine solche Umstellung – vom Nutz zum Schutz – freilich Geld kostet, war kurzentschlossen auch der »Internationale Tierschutz-Fonds« (IFAW) auf Anfrage der

GSM mit in das Projekt eingestiegen. IFAW-Chef Brian Davies kam, sah und spendierte 10 Millionen Escudos (etwa DM 200.000), z. B., um dem Museum eine Starthilfe zu geben, aber auch, um soziale Probleme lösen zu helfen sowie ein Funktionieren des »Nationalpark Meeressäugetiere« zu garantieren. So werden beispielsweise Walfänger nicht brotlos, sondern wie eh und je von Hand Harpunen schmieden – allerdings als Souvenirs und nicht als Mordwerkzeuge. Sie werden weiterhin Fangboote zimmern – aber im Format von handlichen Modellschiffen.

Wichtiger Bestandteil des gesamten Projektes ist ein besserer Schutz für die Desertas, eine Inselgruppe, vor deren Küste Fischer immer wieder zu verbotenem Dynamit gegriffen hatten, um ihre kargen Tageserträge aufzubessern. Daß sie mit den letzten Mönchsrobben auch sich selbst um ihre Existenz zu bringen drohten, wollten sie nie begreifen. Anläßlich eines Mönchsrobben-Experten-Treffens im September 1989 hat die Regierung jetzt ca. 50 Prozent der Inselgruppe unter totalen Schutz gestellt. Das Motto: Betreten verboten – für jedermann, ob Tourist, Fotograf oder Fischer. Damit das Gesetz auch hält, was es verspricht, wird die Region von drei jungen Männern ständig überwacht.

Den Anfang vom Ende des madeirensischen Walfangs machte ein Antrag der GSM – anläßlich der 3. Vertragsstaatenkonferenz zum Washingtoner Artenschutzübereinkommen (WA) von 1981 in Neu-Delhi –, alle Pott-, Finn- und Seiwale auf Anhang I WA zu listen. Der Antrag wurde nicht nur von der bundesdeutschen Regierung – damals unter Landwirtschaftsminister Ertl – akzeptiert, sondern auch international mit überwältigender Mehrheit angenommen.

Damit hatte sich zugleich die Bundesrepublik Deutschland, bislang als Industrie- und Verbraucherstaat weit und breit verhaßt, erstmalig pro Artenschutz »gemausert«.

Da Portugal Mitgliedsstaat des WA ist und – anders als Japan, die UdSSR und Norwegen – keinen Vorbehalt gegen den Entscheid einlegte, trat das Gesetz auch für Madeira im Juni 1981 in kraft: Pottwalprodukte wie Öl und Mehl oder gravierte

Zähne durften nicht länger exportiert werden. Obwohl Portugal zu der Zeit noch ein nationales Gesetz besaß, das den autonomen Inselgruppen von Madeira und den Azoren das Töten von Meeressäugern (außer der Mönchsrobbe) durch eine Ausnahmeregelung der Gesetzgebung für das Festland gestattete, »warf man auf Madeira doch das Handtuch«. Die Produkte waren stets für den Export bestimmt, und genießbar ist Pottwalfleisch für menschlichen Verzehr auch nicht. Allenfalls ein paar kleine Partien können gegessen werden, obwohl nicht einmal streunende Hunde das Zeug anrühren. Daß die Söhne Nippons immer wieder auf den Pottwal als Nahrungsmittel hinweisen, kann eigentlich nur ein mehr oder weniger dickfelliger Trick sein. Das Vorbild: »Aboriginal whaling«, unter dessen faulem Vorwand die Eingeborenen Alaskas weiterhin Grönlandwale und die Grönländer Buckelwale abknallen dürfen – ungeachtet der nackten Tatsache, daß es sich hierbei um extrem bedrohte Populationen handelt ...

Gemeinsam mit BIOS (der madeirensischen Naturschutzgesellschaft zur Erhaltung von Fauna und Flora) sowie dem »International Fund for Animal Welfare« (IFAW) versuchen wir nun, auch die Menschen auf den Azoren von unserer Nationalpark-Idee zu überzeugen.

Die Gesetze, sofern sie jemand beachtet, sind mit uns. Zwar wurden von der Insel Pico aus 1987 einmal wieder drei Pottwalmännchen getötet, doch kam es danach wieder zum »Waffenstillstand«. Mögen sich die Azoreaner doch endlich auch zu einem Nationalpark für Meeressäugetiere entscheiden. Und mit ihnen die Kanarischen Inseln. Damit wäre ein großes Gebiet im nördlichen Atlantik harpunensicher ...

ALS DIE WALE SCHWIMMEN LERNTEN

Obwohl die Wiege aller Lebewesen das Meer ist, haben sich die Wale an Land entwickelt. Ihre Vorfahren waren terrestrische Säugetiere mit typischen Merkmalen, wie sie noch heute bei Hund oder Katze, Maus oder Elefant zu finden sind: Zur Aufrechterhaltung der Körpertemperatur trugen sie ein wärmendes Fellkleid, und zur Fortbewegung hatten sie Vorder- und Hinterbeine. Erst im Laufe von Jahrmillionen »mauserten« sich die zukünftigen Könige der Meere zu Hochleistungsschwimmern in Fischgestalt, denen man ihre Herkunft kaum mehr ansieht. Und doch blieben alle Körpermerkmale erhalten; entweder sind sie verborgen im Körperinnern, wie beispielsweise die Reste von Oberschenkelknochen, oder als Überbleibsel, die nur noch während der Embryonalentwicklung in Erscheinung treten wie die Zahnanlagen bei den Bartenwalen.

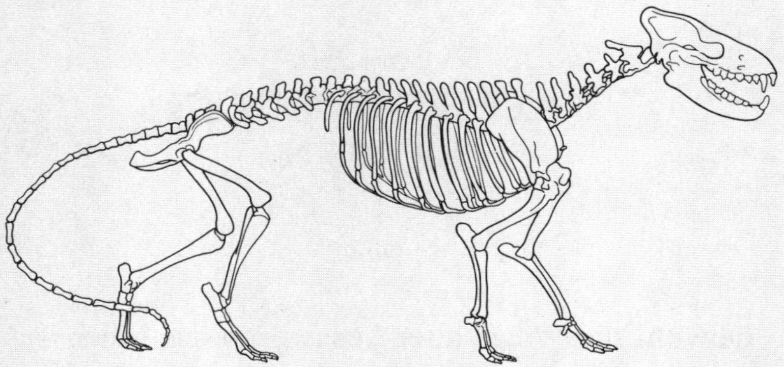

Wale sind nicht Fisch, sondern Fleisch. Sie sind Säugetiere, die vor rund 60 Millionen Jahren den »Sprung ins kalte Wasser machten« und sich im Laufe einer langen Entwicklungsgeschichte dem neuen Milieu anpaßten. Anders als Robben, die beispielsweise zur Geburt ihrer Jungen und zum Schlafen noch an Land gehen, können die Wale das feuchte Element nicht mehr verlassen. Manche haben sich zu ausgesprochenen Hochseebewohnern »gemausert«, die sowohl im Tieftauchen als auch im Langstreckenschwimmen Rekorde aufstellen. Sie sind wahre Anpassungskünstler, vergleichbar vielleicht den Fledermäusen, die sich als Säuger die Welt der Vögel erobert haben. Die Wale eroberten die Meere, alle Meere, und manche wurden auch im Süßwasser heimisch. Natürlich konnten sie sich nicht Hals über Kopf an solche für »Landratten« – die sie nun mal waren – extremen Lebensräume anpassen. Ihr Körper mußte gehörige Umwandlungen erfahren, bis er die Stromlinienform angenommen hatte, bis sich die Tiere wie Fische im Wasser bewegen konnten.

Ihre ersten Schwimmversuche unternahmen die zukünftigen Könige der Meere – die nach Angaben von Gaskin seinerzeit kaum seetüchtiger waren als Nilpferde, wenn auch von schlankerer Gestalt – vermutlich in der Region der westlichen Tethys, dem Vorläufer des Mittelmeeres, das sich damals im Paläozän, weitaus größer als heute, zwischen Südeuropa, Nordafrika, Kleinasien, Zentralasien und Hinterindien erstreckte.

Hier machten sich landbewohnende Urraubtiere peu à peu mit dem Wasser vertraut, um vermutlich zunächst im Süß- und Brackwasser auf Fischfang und Muschelsuche zu gehen. Wahrscheinlich lockte sie ein üppiges Nahrungsangebot, das sie aber nur nassen Fußes erbeuten konnten. Sie begannen, eine ökologische Nische zu erobern, die wohl gerade entstanden war, zumal zu dieser Zeit die Saurier ausgestorben waren. Einerseits wurde durch das Fehlen der wasserlebenden Saurier Nahrung frei und andererseits das Angebot an Land knapper, weil sich hier neue Säugetiergruppen ausbreiten konnten. Die Nahrungskonkurrenz stieg, und wer nicht wasserscheu war, tat gut daran, auf andere Futterquellen auszuweichen, sich allmählich auf die noch nicht entwickelte Schwanzflosse zu machen. Größere Chancen hatten freilich die Lebewesen, die schneller als andere zum Zuge kamen, sei es, weil sie schneller schwimmen konnten, sei es, weil sie geschickter im Fischen waren und zum Wal wurden, zum Säugetier in Fischgestalt, das auch weitere und tiefere Regionen im Meer erobern konnte. Nach wie vor tragen diese Tiere ein Skelett, das sich auf einen Nenner bringen läßt mit dem von Hund oder Katze, Mensch oder Maus, auch wenn bei einigen Elementen nur noch Rudimente einen Ursprung ahnen lassen. Die wohl auffälligste Veränderung haben die Extremitäten erfahren: Statt der säugerüblichen zwei Paare, Vorder- und Hinterextremitäten, sind die Hinterbeine fast verschwunden. Anders als die Robben, die ihre Hinterextremitäten als eine Art Schwanzflosse zum Schwimmen benutzen, haben die Wale auf ihre Vierbeinigkeit ganz und gar verzichtet. Offensichtlich wurde sie nutzlos, als die Wale schwimmen lernten, als ihnen die kräftige Schwanzflosse wuchs, die sie funktionstüchtiger durch die Meere treibt. Unter dem eisernen Gesetz des Energie-Sparprogramms, das in der Natur immer Gültigkeit hat, wurden die Beine rückgebildet. Die Natur erlaubt sich keinen

Luxus; Elemente, die nicht oder nicht mehr gebraucht werden, beginnen zu degenerieren und werden schließlich abgeschafft. Bei den Walen erinnert heute allenfalls noch ein im Gewebe verborgenes Knöchelchen an die ehemalige Existenz eines Oberschenkels. Dieser Femurrest kann – nach eigenen Untersuchungen – etwa die Größe einer Walnuß haben. Selten läßt sich tief aus einem Berg von Muskulatur ein zweites Knöchelchen ausgraben, das vielleicht den Rest eines Unterschenkels darstellt.

Eine Funktion kann diesen Rudimenten freilich nicht mehr zugesprochen werden. Anders sieht es mit den Beckenknochen

Lycaenops ornatos ist ein säugetierähnliches Reptil, das vor mehr als

aus. Auch sie wurden, zumal ihre Stützfunktion für die Hinterbeine weggefallen ist, reduziert und haben sich von der Wirbelsäule gelöst. Als zwei Knochenstäbe liegen sie rechts und links der Genitalöffnung frei im Muskelgewebe, als hätten sie dort nichts verloren. Daß Reste eines ehemaligen Beckengürtels aber doch vorhanden geblieben sind, hat seinen guten Grund: Noch heute inserieren Muskeln, die zu den Geschlechtsorganen gehören, am reduzierten Becken. Die Knochen haben demnach immer noch eine Funktion zu erfüllen, die eine vollständige Reduzierung nicht zuläßt.

200 Millionen Jahren, im späten Perm, in Südafrika vorgekommen ist.

Skelettrekonstruktion des ausgestorbenen Basilosaurus, des bekanntesten

Obwohl die Wiege aller Lebewesen im Meer gestanden hat, wurden die Säugetiere, also auch die Wale, erst an Land geboren. Ihre Vorfahren waren landlebende Reptilien aus der Perm- und Triaszeit, zwischen Erdaltertum und Erdmittelalter. Zu diesen säugetierähnlichen Reptilien (Therapsida), wie sie der Stammesgeschichtler Erich Thenius bezeichnet, gehören verschiedene Stämme der Säugetierzähner (Theriodontia), »die den Trend zum Ausbilden säugetierartiger Eigenschaften besonders deutlich erkennen lassen«. Sie beherrschten die Erde vor etwa 270 bis 180 Millionen Jahren, also lange bevor die riesigen Dinosaurier auftauchten. Besondere Merkmale: Nach Thenius ließen die Größe und Gestalt ihrer Nasenmuscheln, der Bau ihres Brustkorbs und anderer Skelettmerkmale den Schluß zu, daß diese Therapsiden mit dem Zwerchfell atmeten und warmblütig waren. »In dieser Hinsicht ließ sich also keine scharfe Trennungslinie mehr zwischen Reptil und Säuger ziehen.« Mit den heutigen Reptilien allerdings sollen die Ahnen der Säugetiere kaum noch etwas gemein haben.

Obwohl Paläontologen keine »Knochenarbeit« scheuen, um der Stammesgeschichte auf die Spur zu kommen, wurden die direkten Vorfahren der »Halb-Land-halb-Wasserwale« nie gefunden, doch läßt sich ihr Stammbaum heute recht genau zurückverfolgen. Neben fossilen Merkmalen sprechen auch serologische Untersuchungen dafür, daß die Wale von Urraubtieren (Creodonta) abstammen, die ihrerseits zusammen mit den Huftieren, besonders den Paarhufern, wie Rindern und Kamelen, auf insektenfressende Säugetiere zurückzuführen sind. »Unter den Creodonta«, so der Zoologe Helmut A. Oel-

Urwals. 12 bis 20 Meter lang soll die schlangenartige Gestalt gewesen sein.

schläger, »sind in jüngerer Zeit die Mesonychidae als diejenige Gruppe landlebender Säugetiere identifiziert worden, aus welcher am Ende der Kreidezeit die Urwale (Archaeoceti) hervorgingen.« Das war vor etwa 125 Millionen Jahren.

Die ältesten Wale, von denen fossile Reste entdeckt wurden, stammen aus dem Eozän vor etwa 45 Millionen Jahren. Sie wurden in Nordamerika, Ägypten, Neuseeland und Nigeria gefunden und waren schon echte Wasserbewohner. Man faßt diese Archaeoceti in vier Familien zusammen. Teilweise hatten sie eine schlangenförmige Gestalt, teilweise erinnern sie schon an den Körperbau der Delphine. Sie erreichten eine Länge zwischen zwei und 20 Metern, besaßen symmetrische Schädelknochen, meist 44 Zähne im Ober- und Unterkiefer, und ihre Nasenlöcher lagen etwa oberhalb der Schnauzenspitze. Als primitivste Urwale werden die Protocetidae angesehen; sie waren zwei bis drei Meter lang und hatten eine lange, reptilienartige Schnauze. »Zwei ihrer Gattungen, Protocetus aus dem mittleren Eozän Ägyptens und Pappocetus aus dem Miozän Nigerias«, so Oelschläger, »stehen im Bau des Schädels und in der Morphologie der Zähne zwischen den landlebenden Mesonychidae und den heute lebenden Walen.« Vermutlich hatte Protocetus noch ein relativ großes Becken und funktionstüchtige Hinterbeine. Ein typischer Urwal ist der ausgestorbene Dorudon (Dorudontidae) von etwa zwei Metern Länge, der bereits deutlich die typische Walform zeigt und stark reduzierte Hinterextremitäten hat. Am modernsten sind die mittelgroßen Patriocetidae, deren Nasenöffnungen bereits auf die Oberseite des Schädels verlagert sind.

Als bekanntester Urwal gilt Basilosaurus (Basilosauridae) mit seiner imponierenden 12 bis 21 Meter langen Schlangengestalt. 1832 wurden von diesem Tier 28 Knochen der Wirbelsäule in Louisiana, USA, gefunden. Allerdings hatte Basilosaurus nach Angaben des Wissenschaftlers Gregory nicht die Länge von 34 Metern, sondern er bekam Übergröße, weil versehentlich die Wirbel von zwei Tieren hintereinandergereiht wurden, so daß eine Art Monster entstand. Der amerikanische Geologe Harlan hielt die fossilen Knochen für Überbleibsel eines Dinosauriers, daher der Name Basilosaurus. Als Sir Richard Owen vom Royal College of Surgeons im Jahr 1839 einen Schädel entdeckte, stellte sich heraus, daß es sich nicht um Überreste von Sauriern, sondern eher wohl um Säugetiere handelte. Daraufhin wurde das Tier in Zeuglodon umgetauft. Zeuglodon war nach Angaben des britischen Zoologen Lyall Watson durchschnittlich 15 Meter lang und wog etwa 5000 Kilo. Sein Kopf war im Verhältnis zu den modernen Walen kurz, er erreichte nur etwa sieben Prozent der Körperlänge. Hierzu ein Vergleich: Der kastenförmige Kopf des Pottwals nimmt etwa ein Drittel der Körperlänge ein. Der

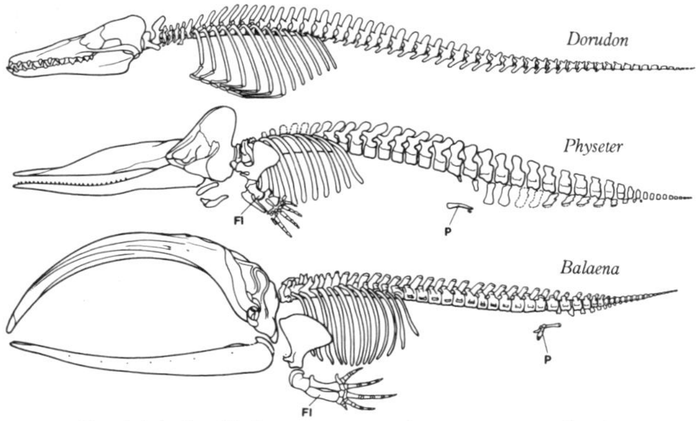

Vergleich der Skelette von typischen Vertretern der drei Walunterordnungen. Beckenknochen (P) und Flipper (Fl); beim Urwal, Dorudon, obwohl vorhanden, nicht mitgezeichnet. Für Zahnwale, Physeter; Bartenwale, Balaena.

Walstammbaum in drei erdgeschichtlichen Zeiten:
Urwale (Archaeoceti) starben aus, Zahnwale (Odontoceti) und
Bartenwale (Mystacoceti) entwickelten sich weiter.

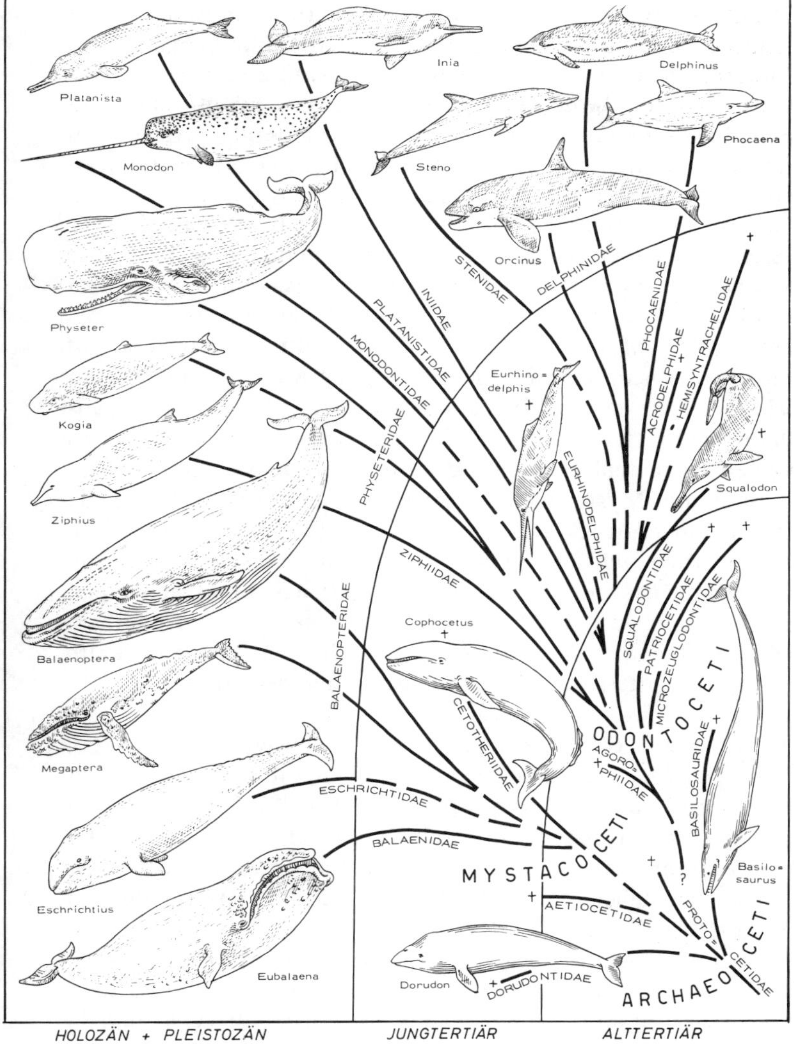

Hals war gedrungen, aber noch mit sieben deutlich abgesetzten Halswirbeln versehen. Zumindest in bezug auf die Halswirbelzahl unterscheiden sich die Wale nicht einmal von den Giraffen. Die Vorderflossen hatten bereits die Form von Rudern oder Paddeln, sie wurden aber, anders als bei modernen Walen, am Ellbogen bewegt. Am Beckenknochen saßen Knochen vom Oberschenkel, die teilweise noch von außen her zu erkennen, aber schon zu klein waren, um eine bedeutende Funktion zu erfüllen. Möglicherweise wurde schon bei Zeuglodon die horizontale Schwanzflosse ausgebildet.

Von der Hautbeschaffenheit der Urwale gibt es keine Vorstellungen. Vermutlich war die Haut nackt, ein für Säuger typisches Haarkleid war den Tieren bereits ausgegangen. Aller Wahrscheinlichkeit nach trugen die Urwale keine Rückenfinne, zumal sie wohl relativ langsame Schwimmer waren und auf diese Stabilisationshilfe noch verzichten konnten. Schon sehr früh – so der Rückschluß des Wissenschaftlers van Valen aus dem Vergleich der Merkmale von Urwalen und modernen Walen – haben sich die Oetacea in Zahnwale (Odontoceti) und Bartenwale (Mystacoceti) aufgespalten. Er führt beide auf die Protocetidae zurück. Diese frühe Aufspaltung würde auch erklären, warum sich Zahn- und Bartenwale doch in so vielerlei Beziehungen unterscheiden. Vermutlich haben sie sich unabhängig voneinander entwickelt, sie weisen aber vergleichbare Merkmale auf, die sich für Säugetiere, die den Sprung ins kalte Wasser machten, als beste Anpassung herausstellten.

Die ersten echten Zahnwale, von denen wir Kunde haben, sind die Squalodontidae mit Zähnen, die an das Gebiß der Haie erinnern. Sie lebten vor etwa 30 Millionen Jahren und haben sich vermutlich in zwei Linien aufgespalten. Aus der einen könnten die Schwertwale entstanden sein, aus der anderen die Schnabelwale. Ihre Ahnen dürften bereits im Pliozän ausgestorben sein.

Über die Abstammung der Bartenwale weiß man sehr wenig. Der älteste Befund, der auf die Familie der Oetotheridae zurückführt, stammt aus dem Beginn des Miozän, ist also erst rund 30

Millionen Jahre alt. Manche Wissenschaftler halten es für möglich, daß sich die Bartenwale aus Zahnwalvorfahren entwickelt haben, und berufen sich auf die Embryonalgenese. Ein Indiz: Im Embryonalstadium tragen die Bartenwale Zahnanlagen, die vor der Geburt wieder verschwinden. In seltenen Fällen hat man sogar Wale mit verkümmerten Beinchen gefunden. Solche Evolutions-»Rückblicke« nennt die Wissenschaft Atavismen. Bei Menschen können solche Atavismen beispielsweise auftreten, wenn durch Weiterentwicklung der embryonal angelegten Milchleisten überzählige Brustwarzen entstehen.

Der Antriebsmotor der Wale, die horizontal gelegene Schwanzflosse, die Fluke, hat auch auf den hinteren Bereich der Wirbelsäule Einfluß genommen. An den verlängerten Dornfortsätzen inserieren Sehnen und Muskeln, die mit einem großen Hebelarm arbeiten und für »Bärenkräfte« sorgen, wenn das Antriebsorgan in der Vertikalebene – auf und nieder – in Bewegung gesetzt wird. Zur knochenlosen Schwanzflosse hin läuft die mächtige Wirbelsäule bis zur Größe einer Billardkugel aus. Melville: »Ich habe mir sagen lassen, es seien noch kleinere vorhanden … die ein paar Kinder entwendeten, um damit zu klickern. So sehen wir, wie das Rückgrat selbst des ungeheuerlichsten aller Lebewesen letzten Endes auf ein bloßes Kinderspiel hinausläuft.«

Freilich hatte die Wissenschaft lange an diesen Problemen zu knacken, bis sich das Bild allmählich abzurunden begann. Es ist also kein Wunder, daß die frühen Naturkundler die Tiere als »Walfische« bezeichneten, zumal damals die Umweltanpassung als Grundlage für ihre systematische Einordnung galt. Aber daß sich diese Giganten von den »ordentlichen« Fischen durchaus unterschieden, war auch damals schon kein Geheimnis mehr. Aristoteles berichtet bereits, daß sie nicht mit Kiemen, sondern mit Lungen atmen und daß sie lebende Junge gebären – wobei die Lebendgeburt allein kein Kriterium ist, denn beispielsweise der Rotbarsch bringt auch lebende Junge zur Welt. Aber natürlich gibt es nicht einen einzigen Fisch, der seinen Nachwuchs säugt. Als erster ordnete im Jahr 1693 John Ray die Wale den Säugetieren zu.

Man hielt die gewaltigen Tiere für Sendboten des Himmels, die die sündige Menschheit zur Selbstbesinnung bringen sollten. Das hielt selbige Sünder aber nur selten davon ab, die drohende Strandung nach Kräften zu fördern. Die Knochen der gestrandeten Tiere wurden vielfach als Menetekel in Kirchen und Rathäusern aufbewahrt.

»Anno 1659 Sept. 1. ward zu Blanckenneß von den Fischern daselbst auff der Elbe ein sonderlicher Fisch erhaschet/mit Namen Butzhost welcher sondern Sterdt 28 Fuß lang gewesen/ und 3 Elen in der Runde dick. Er ward bey Hamburg unten am Strand gebracht/da ich ihn selber gesehen/man könte aber für großen Stanck nicht lange dabey dauren/dannenhero ihn viel geheißen den Stinck Fisch. Es sollen dergleichen zwey gewesen seyn/davon aber der eine weg gekommen, daß den bey Menschen Gedencken nicht geschehen. Er war so fett/daß unterschiedliche Tonnen Thran davon gebrannt worden.«

Am 7. Oktober 1742 wurde ein Butzkopf bei Großenbrode erbeutet, worüber M. Heinrich Scholtz, Pastor Primarus zu Heiligenhafen, 1743 folgendermaßen berichtet: »Da sich im letztgedachten Jahre (1742) verschiedene Nord-Stürme erhoben, haben sie zugleich durch die Fluhten der Nord-See, unter andern Thieren auch etliche von den See-Kundigern so genannte Butzköpfe in unsere Ost-See geworfen, davon die Heiligenhavener Fischer den 7. October einen solchen Fisch nicht weit von der Stadt und Großenbrode gefangen. Die Länge war bis 28. Fuß, die Dicke über 12. Fuß. Der Rüssel, darinnen er keine Zähne hatte, gieng unter dem hocherhabenen, steil hinauf gehendem Kopfe über 2. Fuß hervor. Die Augen, so nicht weit von der Mitte des Leibes lagen, waren breiter, als eine Hand, und über den Augen auf dem Rücken hatte er ein großes Loch, woraus er das Wasser, wie aus einem Spring-Brunnen heraussprützte. Die Zeichen des männlichen Geschlechts lagen ihm am gehörigen Ort tief im Fett vergraben, daß man sie äußerlich nicht sehen konnte.

Das Fett um den Hals war in die 10. Finger dicke, woraus man 4½ Tonnen Trahn gekocht. Als man ihm die Haut, so sehr glatt war, abgelöset, gab sein Fleisch, so fast schwärtzlich aussahe, einen großen Gestanck von sich. Der Schwantz, der nicht wie in den ordentlichen Fischen aufrecht stund lag 8. Fuß in die quer. Weil man in dieser Gegend einen dergleichen Fisch niemals gesehen, hat man den Schweif abgelöset und am Raht-Hause zumden Andenken, aufgehangen.« »Im Anfang des Dezembers 1723 hat bei einem Sturmwind eine unerhörte Sache sich begeben, daß nämlich unterschiedliche der größten Art Wallfische, eigentlich Cajelot-Fische genannt, sich zwischen der Elbe und Weser hat sehen lassen, in der Zahl 18, welche Ungeheuer die Einwohner des Strandes anfangs in Schrecken gesetzt, und sind gegen die Elbe zurück geschwommen, auch bis an die Insel, das neue Werk genannt, gekommen. Da aber die Flut weggegangen, sind 13 derselben seewärts wieder gekehrt, 5 aber haben von den Sandbänken nicht kommen können, welche ein entsetzlich Brüllen und Geheul gemacht und sich untereinander schrecklich geworfen und geschlagen. Wie die Flut gekommen, sind noch drei derselben halb tot in See getrieben, an die beiden übrigen haben sich die am Strand und auf dem Lande Herumwohnenden gewagt; der größte dieser beiden ist 95 Schuh lang gewesen, und soll dem Berichte nach der Speck davon 36400 Pfund gewogen haben. Von dem Gehirn oder sogenannten Walrat sind unterschiedliche Fässer vollgefüllt, und hat ein Kaufman zu Bremen allein für 4000 Taler davon bekommen.«

(Post's Chroniken von Bremen; siehe Ahlers, 1911)

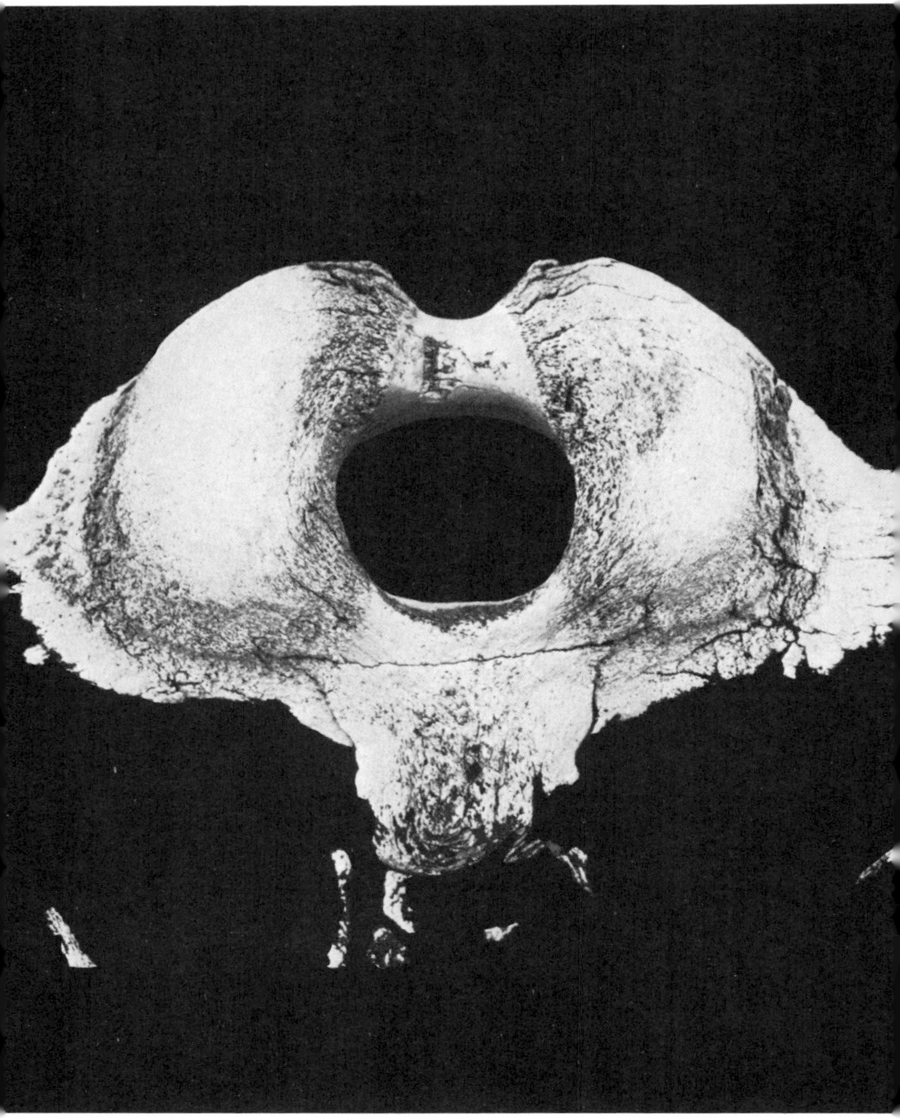

ALLE WEGE FÜHREN IN DIE ANTARKTIS

Gegen Ende des 18. Jahrhunderts begann der Mensch, Antarktika zu erobern. Er fiel über Robben, Pinguine und Wale her, bis manche Bestände nahezu ausgerottet waren. Inzwischen schuf er Gesetze, um den Kühlschrank der Erde als bedeutende Reserve zu erhalten. So weit, so gut. Die Frage ist nur, ob die Gesetze halten, was sie versprechen.

Die Uhr schlägt bald Mitternacht, doch es ist noch längst nicht dunkel – Sommerzeit in der Antarktis. Klotzige Eisberge treiben in der spiegelglatten See und ragen als bizarre Naturdenkmäler steil empor. Mit stampfenden Motoren hält das Touristenexpeditionsschiff »MS World Discoverer« Kurs in Richtung Süd; 120 Gäste an Bord warten auf das Abenteuer am Ende der Welt, auf den ersten Landgang entlang der »Antarktischen Halbinsel«. Pinguine zum Sattsehen und viele Robben hat der Reiseveranstalter versprochen – und nicht übertrieben.

Endlich kündigt der wachhabende Offizier den ersten Ausflug an. Die Schlauchboote sind klar und bringen die aus Sicherheitsgünden knallrot bejackten Passagiere zu der polnischen Forschungsstation »Arctowski«. Ein paar Dutzend Männer, hauptsächlich Wissenschaftler der Geophysik, Zoologie, Geologie und Meteorologie, arbeiten hier den Sommer über. Im Winter, wenn sich die Antarktis von ihrer ungemütlichsten Seite zeigt, bleibt nur ein knappes Dutzend zurück. »Langeweile«, so meint ein junger Pole, »kennen wir nicht, wir haben ja die Tiere.«

Kaum an Land, stolpern die ersten Ausflügler über einen See-Elefanten, der es sich am Strand zu einem Nickerchen gemütlich gemacht hat. An Trubel haben sich die hier lebenden Robben, die sich zum Schlafen und während der Fortpflanzungszeit auf festem Boden bequemen, längst gewöhnt. Mitunter müssen die Männer die dickfälligen Kolosse gar mühsam zur Seite rollen, wenn diese gerade auf einer Strecke für Baufahrzeuge schlummern. Vor Menschen oder Autos zu flüchten, liegt den behäbigen Meeressäugern, die sich an Land nur mühsam auf ihren »Flossenfüßen« fortbewegen können, fern. Sie kennen an Land weder Feinde noch Fluchtreflex. Und Menschen dürfen ihnen seit 1964 kein Haar krümmen; das Internationale Komitee für Antarktisforschung (SCAR) hat strenge Schutzbestimmungen für Fauna und Flora zur Erhaltung des ökologischen Gleichgewichts in der Antarktis beschlossen. Nicht einmal Knochenreste – traurige Zeugen aus der Blütezeit des Walfangs – dürfen entwendet werden. Für Fotojäger gilt das Gesetz: drei Meter Abstand halten, damit – besonders in der Kinderstube der Tiere – Ruhe gewährleistet ist.

Wie gründlich der Mensch seine Spuren hinterläßt, wird auf der hufeisenförmigen Vulkaninsel Deception Island deutlich. Der schwarze Sand ist übersät mit Abfall, der sich in dem Kühlschrank der Erde vorzüglich hält. Nachdem hier zu Anfang unseres Jahrhunderts eine norwegische Walfangstation ihre Tanks mit Öl gefüllt hatte, übernahmen später eine englische und eine chilenische Forschungsstation das verlassene »Schlachtfeld«. Doch Hals über Kopf mußten die Wissenschaftler flüchten, weil der Vulkan der Kraterinsel zu spucken begann. Zurück blieben Werkzeuge und Kisten, Flaschen und volle Konservendosen... Ein abgetakeltes Flugzeug ruht neben einer

Nach einem langen Flirt mit vielen Verbeugungen entschließen sich die Kehlfurchpinguine zur Familienplanung.

demolierten Reparaturwerkstatt. Zwischen all dem Unrat haben sich Seeschwalben niedergelassen und verteidigen heroisch durch Flugangriffe ihr Brutrevier.

Unweit der zivilisatorischen Relikte erholt sich eine blutjunge Krabbenfresserrobbe vom Krillfischen. Seiden schimmert ihr Jugendfell im Sonnenlicht. Nur einen flüchtigen Blick hat sie für die aufdringlichen Fotofreunde übrig, unbeirrt kratzt sie sich währenddessen mit einer Vorderflosse am Kinn und in der Nase.

Jeder Tag in der Antarktis bringt Erlebnisse und Überraschungen. Wind und Wetter, Eis und Schnee bestimmen das Reiseziel. Manchmal gibt es vier Jahreszeiten an einem Tag, manchmal

Erschöpft vom ersten Fischabenteuer hält die junge Krabbenfresserrobbe ein Nickerchen im Trockenen.

macht die Natur dem Kreuzfahrer einen Strich durch die Rechnung. Wo nur ein Pinguin-Pat Zugang zu einem Landeplatz ermöglicht, bleibt den Vögeln der Vortritt vorbehalten. Denn wenn die zwischen Meer und Brutkolonie pendelnden Tiere nicht pünktlich bei ihren nimmersatten Küken ankommen, ist das Futter in den Kröpfen bereits verdaut, ehe die hungrigen Schnäbel gestopft werden können. Darum heißt es für die Schiffsbesatzung wieder Anker lichten, ihr Glück an einer anderen Stelle versuchen. Schwierigkeiten ganz anderer Art kann der verdutzte Reisende bei der argentinischen Station »Esperanza« erleben. Schon ein Schild macht deutlich, daß hier ein Stück Argentinien liegt, und das im Niemandsland – laut Antarktisvertrag. Die ansässigen Militärs lassen es sich nicht nehmen, alle Pässe zu kontrollieren, ehe ein Fremder den Boden betreten darf.

In der Siedlung leben rund um das Jahr auch Frauen, um 1978 erblickte hier der erste Bürger das Licht der kalten Welt. Auch ein Rudel Schlittenhunde gehört zu dem Minidorf. Um die Meute zu füttern, schießen die Argentinier hin und wieder eine Robbe. Und an vorüberwatschelnden Pinguinen bedienen sich die Hunde selbst – mehr aus Langeweile, als weil sie der Hunger treibt. Antarktisvertrag auf argentinisch? Oftmals laufen die verwundeten Vögel blutüberströmt weiter und erliegen irgendwann ihren Verletzungen.

Neben »Seiner Majestät«, dem großen Kaiserpinguin, den Menschen nur selten zu Gesicht bekommen, besteht der kleine Adeliepinguin in der Eiswüste am besten. Fünf bis sechs Kilo bringt er auf die Waage, wobei ein wärmendes Fettpolster unter einem wasserdichten Federkleid knapp die Hälfte des Körpergewichts ausmacht. Um die Erhaltung der Körperwärme noch zu verbessern, ist die »Figur« gedrungen, sie wird getragen von einem Paar kurzer Beine. Lediglich an den Füßen schaut nackte Haut hervor. So eisfest verpackt, sind die Vögel freilich nicht mehr in der Lage, sich in die Lüfte zu erheben. Das drollige Kostüm, das die »Gefrackten« tragen, ist maßgeschneidert für ihr Überleben.

Vor 70 bis 100 Millionen Jahren haben sich die komischen Vögel – wie die Vorfahren der Wale – zu Fischern und Tauchern gemausert und an den aufrechten Gang gewöhnt. Mal mit elegantem Kopfsprung, mal mit Bauchklatscher stürzen sie sich in die eisigen Fluten, in denen sie einen reich gedeckten Tisch vorfinden. Ist der Weg zum Wasser weit, führt er womöglich eine gewisse Strecke eisbergab, so laufen die Taucher nicht, so weit die Füße tragen, sondern wenden einen Trick an: Bäuchlings wie auf einer Rutschbahn sausen sie hinab und landen in einem Zug im Wasser. Auch auf ebener Strecke funktioniert eine solche Rutschpartie. Mit kräftigen Tritten schieben die Füße den Körper an. Im Wasser zeigen sie sich dann als wahre Meister. Gewandt wie Delphine durchschneiden es die an Land so unbeholfen wirkenden Vögel, holen Luft, um gleich wieder unterzutauchen. Hier können sie es sich nicht leisten, tolpatschig umherzupaddeln, der Seeleopard, eine räuberische Robbe, schwimmt ihnen auf der Spur.

Das antarktische Wasser lädt, man sollte es nicht glauben, auch den Urlauber zu einem Bad ein. Zwar locken nicht die Außentemperaturen von null Grad Celsius, dafür aber heiße Quellen. Wasserratten müssen nur die optimale Mischung finden zwischen Eisschollen und Zonen, wo der Krill abgekocht vorüberschwimmt. Von Walen haben wir bisher nicht mehr als kümmerliche Reste gesehen, stumme Zeugen einer traurigen Vergangenheit. In weniger als 50 Jahren hat es der Mensch geschafft, daß sich in diesen Gewässern kaum mehr eine

Bevor ein Buckelwal taucht, bläst er noch einmal. Dann zeigt er seine Schwanzflosse, die – deutlich zu erkennen – an der Unterseite weiß ist.

Schwanzflosse blicken läßt. Täglich habe ich Ausschau gehalten, den Horizont abgesucht. Nur einmal konnte ich in weiter Ferne einen Blas erspähen, zu weit, um auch nur zu schätzen, ob da ein Barten- oder ein Pottwal seiner Wege zog.

Bevor sich der Mensch in diese Eiswüste wagte, um im Zuge der Entwicklung moderner Technik auch hier nach dem »flüssigen Gold« zu jagen, muß die Antarktis ein Meer von Walen gewesen sein. Offenbar kannten die Tiere damals keinen Argwohn, keine Scheu. Mit ihrem ärgsten Feind hatten sie noch keine Erfahrung gemacht. »Die kamen so nah an unsere Schiffe«, erzählte der Kaphoornier Daubenmerkl, »daß wir naß wurden von ihrem Blas, wenn wir außenbords hingen, um den Rumpf anzumalen.« Für die, die es nicht wissen sollten, ein Kaphoornier ist ein Seemann, der noch mit dem Segelschiff rund um Kap Hoorn fuhr. Weil ich unschlüssig bin, ob mir da Seemannsgarn erzählt wird, frage ich, wie die Wale denn aussahen. Die Antwort könnte nicht deutlicher sein: »Wie ein Citroën«. Der Vergleich mit diesem Auto, beide von vorn betrachtet, trifft tatsächlich den Nagel auf den Kopf.

Aus den Erzählungen alter Seebären wird deutlich, daß die großen Wale, ob Finn- oder Blauwal, offenbar ähnlich kontaktfreudig waren, wie wir es heute nur noch von Delphinen kennen: Sie suchen die Nähe der Schiffe, »reiten« auf der Bugwelle oder veranstalten nur zum Spaß ein Wettschwimmen. Die Großen sind scheu geworden. Sofern sie können, weichen sie vor Schiffen aus, wie ich es auch deutlich vor Madeira bei

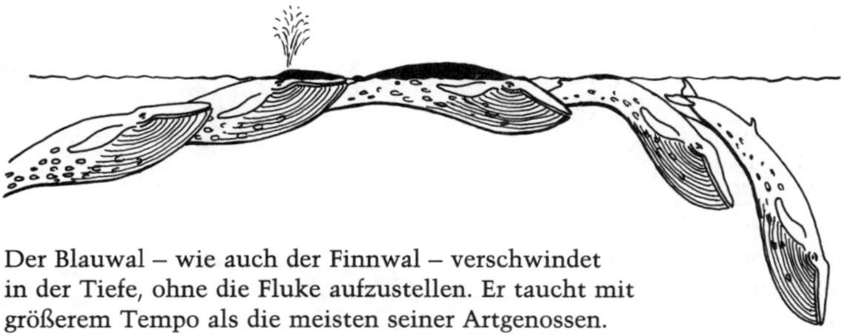

Der Blauwal – wie auch der Finnwal – verschwindet in der Tiefe, ohne die Fluke aufzustellen. Er taucht mit größerem Tempo als die meisten seiner Artgenossen.

Das Stellnetz des Buckelwals, ein spiralenförmiges Netz aus Luftblasen, in dem er seine Nahrung, das Plankton, zusammentreibt, um es dann in einem Riesenschluck abzuschöpfen.

einem Finnwal beobachten konnte. Im Handumdrehen hatte er sich scheinbar in Wasser aufgelöst, nachdem ich gerade einen einzigen Blas für einen Sekundenbruchteil erblickt hatte.

Die Wale haben inzwischen wohl gelernt – ich schließe das aus diesem neuen Fluchtverhalten –, daß neuerdings in den Meeren Gefahren auf sie lauern. Und sie strafen die Meinung Lügen, die ich mir oft anhören muß: »Ja, wenn Wale intelligente Tiere sind, warum fliehen sie dann nicht?« Sie tun es ja, ganz offensichtlich. Nur wohin sollen sie denn fliehen, wo sollen sie sich verstecken? Und wie sollen sie unterscheiden, welches Schiff ihren Tod will und welches Schiff ihnen nicht nach dem Leben trachtet? Die Meere sind voller Schiffe.

Nach meinen Beobachtungen – den Atlantik vom Nordeis bis zum Südeis hinauf wie herunter – meiden Wale die Nähe von Schiffen. Nur in der Ferne habe ich hin und wieder einen blasen sehen, aber nie mit Kurs auf unsere Route. Diese Beobachtung deckt sich auch mit den Aussagen von Seeleuten, die heute auf den Meeren fahren und die ich alle mit meinen Fragen nach ihren Erfahrungen löchere. Nur wenn die Wale schlafen, kann es zu einer Kollision kommen, bei der natürlich die Tiere den kürzeren ziehen...

Plötzlich dröhnt eine Stimme über den Lautsprecher der »Disco«: »Wale, steuerbord voraus.« Ich renne so schnell ich kann auf die Brücke. Alle Passagiere stürmen an Deck, als hätte der Kapitän Feueralarm geschlagen. Das seltene Naturschauspiel reißt selbst Wildwest-Anhänger aus den Kinosesseln. Keiner will den langersehnten Anblick der Giganten verpassen. Drei sind es, noch lassen sie nicht erkennen, wer sie sind. Groß sind sie, keine Pottwale.

Vielleicht Finnwale? Nein, einer taucht und zeigt die Schwanzflosse von unten. Sie ist weiß. Es sind drei Buckelwale. Ein Weibchen – das bei dieser Art größer wird als die Männchen – dürfte so 17 bis 18 Meter messen. Kein Zweifel, die Tiere fühlen sich nicht wohl in unserer Nähe. Sie versuchen zu fliehen, tauchen, kommen in anderer Richtung wieder hoch. Anders als Pottwale tauchen sie auch unter dem Schiff hindurch. Mal hier, mal dort scheinen sie nach einem Fluchtweg zu suchen. Aber wir sind ihnen mit all unseren Fotojägern hart auf der Schwanzflosse, so nah, daß ich in die geöffneten Nasenlöcher eines Wals sehen kann. Die Tiere scheinen nur ein Ziel zu haben, fort von uns. Golden glänzen ihre breiten Rücken mit der relativ kleinen Finne in der Abendsonne. Das Wasser wirkt schwer wie Öl. Die Wale tauchen geschmeidig darin ein, ohne den geringsten Strudel zu hinterlassen. Immer wieder bringt der Kapitän die »Disco« auf den Kurs. Er manövriert mit äußerster Vorsicht, um nur keines der Tiere zu rammen, obwohl das bei deren Schwimmgeschick auch gar nicht passieren kann.

Nach einer knappen Stunde lassen wir sie ziehen. Jetzt verfolgen sie schnurgerade ihren Weg, nur weg von uns. Den letzten Blas sehen wir vor der untergehenden Sonne. Dieser Blas ist für alle ein atemberaubendes Erlebnis, obwohl es doch nichts weiter ist als ein Hauch des Atems. Dann verlieren sie sich in den Weiten des Eismeeres, hinter einem klotzigen Eisberg, durch dessen »Tunnel« die Sonne glüht.

In anderen Regionen, in denen diese Wale schon länger geschützt sind – beispielsweise vor Alaska –, kann man sie in ihrem Verhalten sehr gut beobachten, zumindest, wenn man sich ihnen im Schlauchboot und nicht mit lärmenden Maschinen nähert. Vor der Insel Tonga hingegen, wo sie noch vor ein paar Jahren mit ähnlich primitiven Mitteln wie die Pottwale vor Madeira verfolgt wurden, lassen sie kaum eine Expedition in ihre Nähe. Sie sind scheu, scheu wie die drei vor unseren Augen in der Antarktis.

Ein interessantes Verhalten konnte die Meeresbiologin Sylvia A. Earle bei ihrem »Leben mit den Buckelwalen« beobachten, die sie in der Glacier Bay an der Westküste von Alaska besuchte und filmte. Während die Tiere tauchten, stiegen eigenartige Luftblasen an die Oberfläche. Diese Blasen, die ohne Zweifel ein Wal mit seiner Nase machte, bildeten Kreise von etwa drei Metern Durchmesser. Kaum hatte sich der Kreis geschlossen, tauchte plötzlich das weit geöffnete Maul eines Buckelwals darin auf. Wie ein riesiger Wasserschöpfer nahm das Tier einen Riesenschluck mit dem noch durch Kehlfurchen aufgeblähten

Mundboden. Dabei drehte sich der gewaltige Körper langsam trudelnd wie eine Flasche im Ozean, wie von einem Propeller angetrieben durch das Rudern mit den superlangen, flügelartigen Brustflossen. Noch während sich der Wal zwischen seinen Luftblasen an die Oberfläche schraubte, schloß sich sein gigantisches Maul. An den Barten, die beim Rückenschwimmen den Meeresspiegel durchbrachen, floß liter-, ja, tonnenweise das Wasser wieder ab. Was ist das für ein geheimnisvolles Spiel? Es ist kein Spiel, sondern eine raffinierte Fangtechnik. Der Buckelwal legt mit Hilfe dieser Luftblasen eine Art Stellnetz um seine Beute, die in den arktischen Gewässern aus kleinen Krebsen und Fischen besteht. Wie eine Schiffsschraube bewegen dabei die Brustflossen den Körper – und steuern ihn durch das Meer von Nahrung. Vor dem Schlucken wird das überschüssige Wasser an den Seiten durch die Barten abgequetscht. Und nur die »genießbaren« Nahrungspartikel bleiben in den Fransen des enorm fassungsvermögenden Filterapparates hängen.

Einen solchen Filterapparat tragen alle Bartenwale. Dennoch scheinen in der Art und Weise, wie sie damit »arbeiten«, Unterschiede zu bestehen. Die Barten sind eine »Neuanschaffung« dieser Tiere, eine Spezialisierung auf den Fang kleiner Beute, die aber gleich tonnenweise eingefahren wird. Die Barten werden aus Horn gebildet, das im Oberkiefer aufgereiht ist und bei den Buckelwalen aus 270 bis 400 Platten besteht. Bei Embryonen werden sie erst im Verlauf der späteren Entwicklungsphase angelegt, während primär noch Zahnanlagen auftreten, aus denen sich aber nie Zähne entwickeln, weil sie noch vor der Geburt wieder rückgebildet werden, um dem »Ersatzgebiß« Platz zu schaffen. Und weil Zähne bei diesen Walen keine Funktion hätten.

Der Anatom Professor Dr. Wolfgang Maier vermutet, daß diese sehr biegsamen Hornplatten an den Enden ausfransen, weil die Blutgefäße zunächst zwar stark durchblutet sind, dann aber sehr bald absterben. Die Lamellen beginnen aufgrund schlechter Versorgung auszufransen, bis der ganze Gaumen ein mehr oder weniger fein gebürstetes Filtersieb bildet.

Um eine besonders große Oberfläche zum Filtern zu gewinnen, sind bei den Glattwalen die Köpfe mit über 30 Prozent der Körperlänge enorm groß. Die rund 350 Barten beim Grönlandwal sind bis zu 4,50 Meter lang. Darunter und dazwischen liegt die sehr dicke, fleischige Zunge. Die Unterlippe ist weit hochgezogen. Der Kopf ist wie zu einem Dreieck geformt. Dabei bildet der Scheitel gewissermaßen den einen Winkel, die Mundwinkel die beiden anderen. Die stark gewölbten Unterkiefer dienen als riesige Schöpfkelle. Ausgerüstet mit dieser großen »Fischreu-

Die Barten, hornartige Lamellen, sitzen statt Zähnen im Oberkiefer des Bartenwals. An ihren ausgefransten Enden bleibt die Nahrung hängen. Barten wurden früher als Fischbein zu sehr elastischen Stangen für Damenkorsetts verarbeitet.

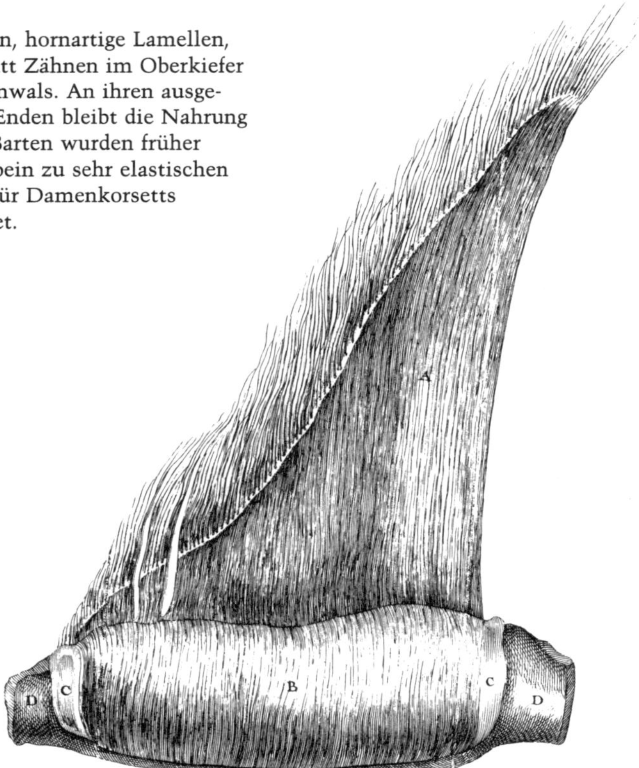

se«, schwimmen die Glattwale – sozusagen mit gefletschten Barten – durch die Fluten, um ihre Nahrung wie Rahm vom Wasser abzuschöpfen. Durch die dicke Zunge kann einerseits Sog entstehen, andererseits hilft sie, das überschüssige Wasser wieder herauszuquetschen. Eine durchaus vergleichbare Filtriertechnik hat übrigens auch ein Vogel entwickelt: der Flamingo.

Etwas abweichend von der Fangtechnik der Glattwale ist die der Furchenwale, die mit einem Verhältnis von höchstens 25 Prozent zur Körperlänge einen vergleichsweise kleineren Kopf und auch nicht so ausgeprägte und kürzere Barten besitzen. Ihre Kiefer sind weniger gewölbt und die Köpfe im Querschnitt nicht dreieckig, sondern quer-oval. Der Oberkiefer ist etwas breiter. Um dennoch stets einen kräftigen Schluck mit Nahrung nehmen zu können, ziehen sich bei diesen Bartenwalen, wie ihr Name sagt, Furchen vom Unterkiefer entlang der Kehle bis in die Bauchregion. Diese Furchen sind dehnbar wie eine Ziehharmonika. Wenn beispielsweise ein Finnwal speist, reißt er seine Kiefer auseinander und entfaltet die 50 bis 86 Kehlfurchen. Auf diese Weise entsteht gleichermaßen – und unter Sog – eine riesige Schöpfkelle, mit der diese Wale nach ihrer tonnenschweren Planktonsuppe schnappen, indem sie von der Seite oder von unten schnell darauf zuschwimmen. Das Wasser wird vornehmlich durch die sich wieder anlegenden Kehlfurchen abgedrückt, die Nahrung mit der Zunge in die Speiseröhre befördert. Daß sich die Furchen noch weit in die Bauchregion ausdehnen, hat bei diesen Schnellschwimmern vermutlich aquadynamische Gründe.

Hinsichtlich der Beschaffenheit ihrer Kehlfurchen nehmen der Buckel- und der Grauwal die Mitte ein zwischen den Glattwalen, die keine Furchen haben, und den »typischen« Furchenwalen – mit vielen Furchen. So besitzt der Buckelwal verhältnismäßig wenige Furchen, 14 bis 22, und der Grauwal lediglich Andeutungen. Der Graue scheint auch eine nochmals abweichende Ernährungsweise zu haben. Beide können auch längst nicht soviel Tempo machen wie die echten Furchenträger, die, wie der Finnwal, ihre 40 Stundenkilometer schaffen.

Anders als die drei Buckelwale, die uns in der Antarktis nur ihr sehr kurzes und schreckhaftes Stelldichein gönnten, verhalten sich diese Kolosse, wenn sie sich ihrer Haut offensichtlich sicher fühlen. So konnten Biologen mit diesen »Flossenengeln« nicht nur auf ihren sommerlichen Weidegründen, wie in der Glacier Bay, sondern auch in ihren Winterquartieren, die beispielsweise in den Gewässern von Hawaii liegen, in aller Ruhe schwimmen und Studien betreiben. Gefährlich für Menschen sind solche Unterwasserexpeditionen nur, wenn ein Taucher beispielsweise zu nah an die wuchtige Schwanzflosse gerät und von ihrem immensen Sog erwischt wird. Die Tiere sind wie alle Wale – außer vielleicht sich bedroht fühlender Schwertwale – absolut harmlos, vielleicht sogar zu einem Spielchen aufgelegt. Mitunter tummeln sie sich in den Fluten, daß es eine Freude ist, ihnen zuzuschauen. Sie spielen sich auf wie Akrobaten, die gekonnt einen Salto rückwärts schlagen. Mit ihren Körpermassen preschen sie durch das Wasser – und in die Luft, drehen und winden ihre biegsamen Leiber, schlagen Purzelbäume, um mit einem ohrenbetäubenden Platschen wieder zu wassern. Auch manche von den »Dicken« machen Delphinsprünge wie in einer erstklassigen Show oder balancieren auf der Schwanzflosse. Sogar Pottwale sind schon beobachtet worden, die mit einem Schlag der Schwanzflosse irgendwelches Treibgut »kickten«, nur so zum Spaß.

Buckelwale, wie auch die »Grauen«, die offenbar besonders springfreudig und sprungbegabt sind, benutzen ihre langen Flossenarme mitunter als Segel. Steil ragen sie hoch aus dem Wasser empor. Oder aber sie holen aus zu einem Schlag auf den Meeresspiegel, daß es nur so knallt. Vielleicht nehmen sie auch die Fluke zum Wasserschlagen oder halten diese in die Luft wie die Glattwale, wenn sie sich im Kopfstand segeln lassen.

Aber sowohl das Zeigen als auch das Klatschen mit den Flippern oder der Fluke auf die Wasseroberfläche drücken nicht nur Spaß am Spielen aus, sondern haben zweifellos auch eine sinnvolle Funktion. Sie dürften eine Art Erkennungsmarke und Komunikationsmittel sein. Allein der ohrenbetäubende Knall,

Buckelwale sind nicht nur meisterhafte Musikanten, sondern auch elegante Springer. Hin und wieder sollen die Kolosse sogar Purzelbäume schlagen, die für eine gekonnte Zirkusnummer reif wären.

der entsteht, wenn Wale auf das Wasser schlagen oder sich nach einem Sprung hineinklatschen lassen, legt die Vermutung nahe, daß dieses Gebaren weithin hörbar ist und Artgenossen eine Nachricht »entgegentrommelt«. Sei es, um sich bemerkbar zu machen und Kontakt aufzunehmen, sei es, um zu »funken«, daß hier ein Revier, ein »Hoheitsgewässer« für eine bestimmte Schule, begrenzt wird, die sich beispielsweise Nahrungskonkurrenten vom Hals schaffen will. Natürlich kommt auch in Betracht, daß bestimmte Signale SOS bedeuten oder aber irgendwelche anderen Meeresbewohner scheuchen sollen. Die Wasserplanscherei könnte eine weitere raffinierte Fangtechnik sein, wie der Blasentrick beim Fisch- und Krebsfang.

Manche Wissenschaftler halten für möglich, daß das »Segelsetzen« mit der Schwanzflosse eine Erkennungshilfe darstellt, eine Art »Paß«, der aufgrund unterschiedlicher Färbung jedes einzelne Individuum ausweist. Obwohl beim Buckelwal die Schwanzflosse beispielsweise an ihrer Unterseite weiß ist, trägt sie doch unterschiedliche, dunkle Farbtupfer, die für die Wale vielleicht die Bedeutung haben wie für uns Menschen die

Fingerabdrücke oder für die Zebras die »Zebrastreifen«, die jedes individuell brandmarken.

Es ist weiterhin nicht auszuschließen, daß für die Identifizierung auch die Zacken und Unebenheiten an der keineswegs schnurgerade geschnittenen Schwanzflosse eine Rolle spielen. Falls solche Farb- und Formvarianten tatsächlich Erkennungsmerkmale darstellen, kommen sie wohl allein bei einer Nahuntersuchung oder statt einer »Gesichts-« bei einer »Schwanzkontrolle« in Betracht, zumal alle Wale mit ihren relativ kleinen Augen zwar see-, aber wenig sehtüchtig sind.

Unterschiede im Farbmuster gibt es nicht nur an der Fluke, sondern auch an anderen Körperstellen. So ist beispielsweise beim Pottwal die Grundfarbe zwar ein metallisches Grau, aber besonders am Unterkiefer und am Bauch finden sich weiße Flächen und helle Sprenkelungen, die an die Fellfarbe von Seehunden erinnern. Mit dem Alter, so meint Reis, »ergrauen« diese Tiere zunehmend, sie werden besonders in der unteren Kopfregion immer heller, wenn auch nicht von den »Schläfen« her. Auch den legendären »weißen Moby Dick« kann es geben. So beobachtete Reis 1980/1981 ein weißes Pottwalweibchen, das sich Monate rund um die Insel Madeira in einer Schule von Weibchen bewegte. Er hatte seinen Leuten verboten, es zu schießen. Ob dieses Tier

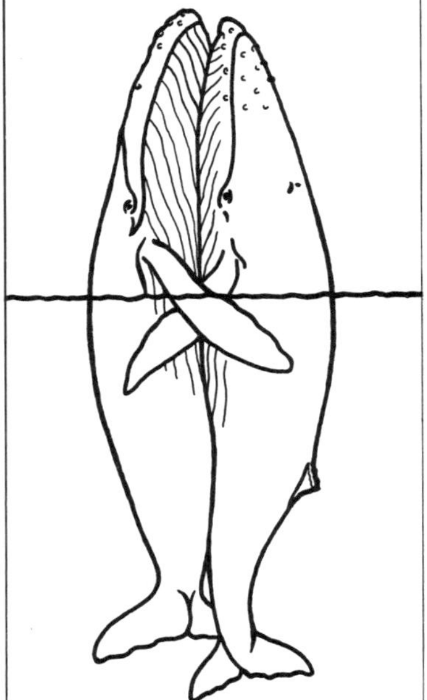

Bei der Paarung liegen sich zwei Buckelwale eng umschlungen in den langen Flossenarmen.

ein echter Albino war oder ob es lediglich besonders »blond« war, läßt sich nicht sagen.

Eine solche Grundpigmentierung von oben dunkel und unten hell, die außer für den knallig schwarz-weiß gemusterten Schwertwal für alle Wale typisch ist, kann kaum eine Laune der Natur, sondern nur eine weitere Anpassung sein, eine Tarnfärbung zur eigenen Sicherheit oder zum Heranpirschen an Beutetiere.

So verlieren sich die Tiere von oben betrachtet in dem Dunkel der Ozeane, von unten gegen die Helligkeit des einfallenden Lichtes. Nicht anders »kleiden« sich beispielsweise Makrelen oder Heringe, deren Konturen sich noch dazu in dem Gewimmel von Schwarmverbänden auflösen.

Buckelwale machten in letzter Zeit besonders viel von sich reden. Nicht, weil die 45-Tonner die Stellnetzfischerei lange vor dem Menschen »erfunden« haben, nicht, weil die Langflossenwale durch ihre artistischen Turnereien und Wasserspiele auffielen, sondern weil die »Buckligen«, die ihren Namen den vielen kleinen Knollen oder Buckeln auf dem Kopf verdanken, besonders musikalisch sind. Sie singen langatmige Lieder und dabei nicht etwa alle Jahre immer wieder dieselbe Leier, sondern sie komponieren jedes Jahr einen neuen »Hit«.

Daß Wale keineswegs stumm wie Fische sind – und Fische übrigens auch nicht –, belegte im Jahr 1951 erstmalig der Amerikaner Wood, der in einem Ozeanarium in Florida die Stimmen von Delphinen aufzeichnete. Mittlerweile wurden akustische Proben von rund einem Drittel aller Wale festgehalten, und alle Vermutungen sprechen dafür, daß sie alle – mehr oder weniger – stimmbegabt sind. Abgesehen von der Schallorientierung der Zahnwale, die nach Fleischer schon die ursprünglichen Squalodontiden entwickelten, erheben Wale ihre Stimme auch, um miteinander zu kommunizieren. Vernommen, aber nicht verstanden, haben diese Eigenschaft schon die Walfänger und Seefahrer vergangener Zeiten. Durch den Rumpf der hölzernen Schiffe, die einen guten Resonanzboden boten, hörten sie die Gesänge von »Sirenen«, lieblich und traurig. Sie hörten die singenden Wale.

Der Amerikaner Walker veröffentlichte 1963 eine Arbeit über Unterwassersignale im Niederfrequenzbereich unter 100 Hertz, die offenbar weltweit vorkommen und biologischen Ursprungs sind. Da diese Tonfolgen, die mit Hilfe von Hydrophonen, Unterwassermikrophonen, aufgefangen wurden, offenbar von starken Schallquellen herrührten, fiel der Verdacht schon bald auf Wale. Daß die Geräusche von Lebewesen stammten, schien ohne Frage, zumal sie nicht ständig, sondern nur gelegentlich und nicht monoton auftraten.

1964 nahmen Patterson und Hamilton vor den Bermudas 20-Hertz-Töne auf, die sich mit einer Geschwindigkeit von bis zu vier Knoten ausbreiteten. Im selben Jahr tippte der Amerikaner Schevill auf Finnwal, obwohl sich bei den Messungen kaum ein Wal blicken ließ. Dazu Fleischer: »Der Schall breitet sich bei so tiefen Frequenzen so gut aus, daß man Laute von Tieren aufnahm, die so weit weg waren, daß man sie nicht sehen konnte.«

Zunächst vermutete man, daß das kräftige Herz solche Schallenergien abgibt, verwarf jedoch diese Annahme wieder, zumal bei noch lebenden gestrandeten Walen keine solchen Herzgeräusche zu hören waren. Heute ist der Weisheit letzter Schluß, daß die stimmbandlosen Sänger auf eine noch ungeklärte Weise ihre Kehlregion mit Kehlsäcken zum Stimmen bringen. Ob das stimmt und wie sie es anstellen, bleibt vorerst, wie so vieles, das Geheimnis der Wale. Nur soviel scheint klar: Sie singen nicht ohne Grund. Es ist möglich, daß – wie Patterson und Hamilton schreiben – zumindest manche Schallwellen energiegeladen genug sind, um Beutetiere lahmzulegen, akustisch zu betäuben.

1964 legten sich der Zoologe Roger Payne von der Zoologischen Gesellschaft in New York und seine Frau Katy erstmals mit dem Hydrophon auf die Lauer und lauschten dem Musizieren von Buckelwalen. Seitdem ist mehr zu hören von den gewichtigen Sängern. Zugleich nahm sich ihrer noch ein zweites Team an: Winn, Perkins und Poulter. Mittlerweile sind die Gesänge der »Flossenengel«, die sich wie elektronische Musik anhören, gemischt mit den Tönen dumpfer Trommelwirbel und tiefer Schnarcher, muhender Kühe und schreiender Möwen, quietschender und knarrender Türen und und und, nicht nur für jedermann auf Schallplatte zu haben, sondern sogar als Zeugnis irdischer Fähigkeiten im Weltall verewigt.

Auf goldener Schallplatte, in Platin gepreßt, fliegen die Gesangsproben neben Grußworten in verschiedenen Sprachen und anderen irdischen Tönen in amerikanischen Raumsonden durch das All, um außerirdischer Intelligenz im Fall des Falles eine Auswahl von Klängen der Erde zu überbringen. Die Buckelwale sprechen stellvertretend für alle Tiere. Daß die Wahl ausgerechnet auf Buckelwale fiel, begründet die NASA damit, daß dieser Ozeansänger besonders lange und immer wieder neue Stücke »komponiert«, wie es außer dem Menschen – soweit man heute weiß – keine anderen irdischen Lebewesen schaffen. Wobei ich mir erlaube, hier anzumerken, daß unter den Vögeln, die in der Natur regelmäßig »ihr« spezielles Lied anstimmen, auch »Stars« vorkommen können. So mein Graupapagei, der keineswegs nur einstudierte Melodien pfeift, sondern sehr kompositionsfreudig ist und immer wieder völlig neue und frei »erfundene« Pfeifkonzerte über seinen Schnabel bringt.

Die Gesänge der Buckelwale, die Roger Payne zwischen 1964 und 1969 analysierte, »sind beispielsweise so verschieden wie die Stücke von Beethoven und den Beatles«, berichtete der »Stern«. Diese Abwechslungsfreudigkeit wurde anfangs damit begründet, daß die Wale, die nur im Winter in ihren Fortpflanzungsgebieten – wie vor Hawaii oder in der Karibik – singen, ihre Melodien wieder vergessen, wenn sie im Sommer in den kalten Regionen auf Nahrungssuche schwimmen. Daß sie aber nicht aus Vergeßlichkeit mit ihren Gesangsstudien wieder ganz von vorn beginnen müssen, konnten die Paynes inzwischen nachweisen. Sobald die ersten Wale auf ihrer Fortpflanzungswanderung im November vor Hawaii eintrafen, hatten sie noch exakt dieselben Melodien »drauf« wie ein halbes Jahr zuvor, als sie sich zu ihrer Freßwanderung verabschiedeten. Erst im Verlauf ihrer Gesangsperiode verändern sich die Lieder. Dabei werden manche »Strophen« immer seltener angestimmt, dafür aber neue hinzugefügt. Soweit bekannt, besteht der Gesang aus zyklischen Tonfolgen aus mehr als einem Dutzend Kompositionsregeln. Ein Gesang dauert zwischen sieben Minuten und einer halben Stunde, dann wiederholt er sich sofort; der Wal muß offenbar zwischenzeitlich nicht durchatmen.

Feste Kompositionsregeln scheinen für alle Schulen zu gelten, auch wenn in verschiedenen Regionen und Jahreszeiten jeweils andere »Hits« den Vorrang haben. Da die Gesänge an bestimmte Zeiten gebunden sind, liegt nahe, daß sie, zumal sie in den Fortpflanzungsgebieten ertönen, der Partnersuche oder der Kontaktaufnahme dienen. Dabei singen vielleicht nur die Männchen, vielleicht aber auch Weibchen und Kälber. Vermutlich erheben die Tiere ihre Stimmen niemals alle durcheinander, sondern, wie es sich gehört, läßt man einander »ausreden«. Und das über eine Entfernung von mindestens 100 Kilometern hinweg.

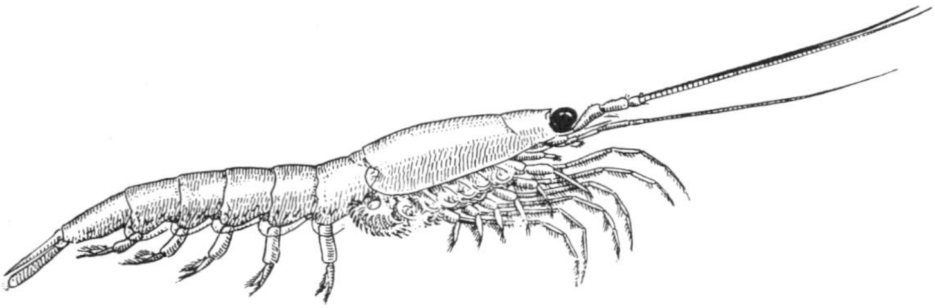

Der Krill, ein etwa daumengroßer Krebs, ist das »Brot für die Antarktis«. Er lebt in großen Schwärmen und ist auch für die Fischerei interessant.

Weitere Untersuchungen haben ergeben, daß nicht nur die Buckelwale Gesangskünstler sind. Auch die Stimmen von Glattwalen, Blau-, Grau- und Finnwalen wurden aufgezeichnet. Die Vermutung liegt nahe, daß alle Wale sich mit Lauten äußern. Dabei gehen die Frequenzen der Bartenwale wohl bis 10000 Hertz, »wobei«, so Fleischer, »der Hauptteil der Energie immer bei Frequenzen unter 1000 Hertz liegt«, also in einem Bereich, der sich stark ausbreiten kann.

Die für Zahnwale typischen Ultraschallaute haben Beamish und Mitchell »in Gegenwart eines Blauwals« wahrgenommen. Das muß aber nicht heißen, daß diese Laute auch tatsächlich von einem Blauen stammten. Nach Fleischer »unterscheiden sich die Mysticeten durch ihre sehr tieffrequenten Laute sehr gut von den Odontoceten, die stets wenigstens Lautanteile mit Ultraschall haben«.

Fleischer macht auf ein weiteres Phänomen aufmerksam, das vermutlich auf die Wale Einfluß nahm oder nimmt; der Hintergrundlärm, der gewaltig sein kann: »Vor allem in den wärmeren Meeren wird durch eine Anzahl von pelagischen Krebsen ständig viel Lärm erzeugt, der vor allem im Frequenzbereich zwischen 5000 Hertz und 20000 Hertz liegt. Dieser Lärm ist oft sehr laut, so daß eine akustische Orientierung in diesem Frequenzband stark gestört ist. Es besteht aller Grund zu der Annahme, daß das zu Beginn des Tertiärs bereits so war.« Unter diesem Gesichtspunkt hält er es für interessant, daß die Zahnwale möglicherweise in den Frequenzbereich oberhalb dieser Störzone ausweichen und die Bartenwale unterhalb. »Niemand weiß es, aber vielleicht haben diese vielen kleinen Krebse auf diese Weise entscheidend auf die Evolution der Cetaceen Einfluß genommen.« In der Antarktis gibt es viele kleine Krebse; »satt« vorhanden, im Übermaß, wie viele Fischereinationen mutmaßen. Wegen der Dezimierung der Walbestände meinen sie, einen guten Grund zu haben, sie zu nutzen. Die Rede ist vom »Krill«, einem sieben bis acht Millimeter langen crevettenähnlichen Krebs, wissenschaftlich Euphausia superba genannt, dessen Hauptverbreitungsgebiet die antarktischen Meere sind. Dieser Krebs, dessen Name »Krill« in der norwegischen Walfängersprache »kleiner Fisch« bedeutet, formiert sich im freien Wasser nahe der Oberfläche oft zu riesigen Wolken aus Hunderten von Millionen und bildet so etwas wie das »Brot für die Antarktis«. Vom Krill ernähren sich, soweit heute bekannt, die Bartenwale, drei Robbenarten, mindestens 20 Fischarten, Tintenfische und viele Seevögel wie Pinguine.

Obwohl bislang kein Rezept gefunden wurde, das Krill unserem Gaumen schmackhaft macht, obwohl zumindest in der Schale zuviel Fluor steckt, hat längst ein Wettrennen auf diese neue Ressource begonnen, und sei es nur, um Krill als hochwertiges Eiweißprodukt zu Viehfutter zu vermarkten. Längst warnen die Ökologen in aller Welt, mit dem Krill vorsichtig umzugehen. Er spielt die Schlüsselrolle im antarktischen Meer-Ökosystem, und niemand weiß, wieweit auch andere Regionen von einer Überfischung betroffen werden könnten. Unweigerlich haben größere Eingriffe in die Krillbestände Folgen auf die nächste Stufe in der Nahrungskette. So müßten beispielsweise Bartenwale verhungern, würde man ihnen rücksichtslos zuviel von ihrer Grundnahrung wegfangen. Zwar hat die Antarktisfischerei schon zu Beginn der siebziger Jahre mit dem Fang begonnen, doch sind die Erträge bis jetzt noch einigermaßen bescheiden geblieben. 1978 betrug der Ertrag an Krill mit 130000 Tonnen nicht einmal 0,2 Prozent des Weltfischfanges von insgesamt 70 Millionen Tonnen.

Die Gefahr ist groß, daß wir den »Kühlschrank der Erde« plündern. Dann gnade uns Gott! Schon jetzt sind Schreckensbotschaften aus der Antarktis zu hören, und der Mensch hat auf dem »weißen Kontinent« noch nicht einmal richtig Fuß gefaßt. Von Pinguinen, die an Ölpest krepieren, ist die Rede, und von »Seiner Majestät«, dem Kaiserpinguin, und seinen Nachwuchssorgen. Bei diesem größten unter den gefrackten Vögeln brechen Eier unter der Brutlast, weil sie durch die Anreicherung von Schadstoffen, wie beispielsweise DDT, zu dünnschalig werden. Andere Pinguine leiden an Infektionskrankheiten, die allein der Mensch eingeschleppt haben kann – ganz zu schweigen von dem Unrat, der überall herumliegt und bei der ewigen Kälte nicht verrottet.

Weil wir Menschen drauf und dran sind, uns die letzte (fast) heile Welt der Erde untertan zu machen, sollen Antarktika ein paar Seiten in diesem Buch gehören, nicht zuletzt natürlich auch im Namen der Wale. Eines zumindest haben beide gemeinsam. Dieser Lebensraum und diese Tiere sind an Faszination nicht zu überbieten. Und sie sind in Gefahr, in großer Gefahr.

Unberührt, jungfräulich lag Antarktika 50 Millionen Jahre, »zur Ruhe gekommen in einem Schlupfwinkel am Südpol«, wie die Autoren Creina Bond und Roy Siegfried in ihrem spannenden Buch »Antarktika« schreiben. »Niemand weiß, wann die Woge über den letzten Abhang stürzte. Vom schwellenden Vollmond getrieben, übersprang sie den Rand des Landes und fiel zischend in ein anderes, jenseits liegendes Meer. Niemand kann sich daran erinnern, wie jene Flut das Gebiet überquerte, weil damals noch keine Menschen auf der Erde waren. Es gab keine Städte in den namenlosen Ländern des Eozäns – dem Beginn des Zeitalters der Säugetiere...«

Zur Ruhe gekommen war Antarktika in diesem Schlupfwinkel innerhalb des südlichen Polarkreises bei 66 ° 33′ Süd. Die rund 12,5 Millionen Quadratkilometer Gesteinsfundament, die noch vor 200 Millionen Jahren mit Afrika, Australien, Indien, Neuseeland und Südamerika zu dem Superkontinent Gondwanaland vereint waren, bevor unermeßliche Naturkräfte sie nach Süden verdrifteten, sind bedeckt von 90 Prozent des Eises, das auf unserer Erde existiert. Nur die höchsten Berge durchstoßen diese Eisschicht mit einer Durchschnittsdecke von 2000 Metern; nur höchstens fünf Prozent des Kontinents liegen nicht unter ewigem Eis und Schnee.

Zwischen vier und 25 Millionen Quadratkilometer Meereis umsäumen das Land, geprägt von klirrender Kälte. Auf 55 Grad minus fällt das Thermometer am Südpol, wenn sich im antarktischen Winter vier Monate lang kein Sonnenstrahl zeigt. Aber auch im Sommer wärmen die Sonnenstrahlen nicht, die jährliche Durchschnittstemperatur liegt bei 47 Minusgraden. Der größte Teil an Sonnenenergie wird von den Eisflächen in die Atmosphäre zurückreflektiert, von wo aus sie erheblich das Klima auf der gesamten Erde beeinflußt.

Leben – zu Zeiten von Gondwanaland waren Reptilien, Amphibien oder Süßwasserfische dabei, Fuß zu fassen – ist ausgestorben; es gibt nur noch in Form von Fossilien Einblick in die Vergangenheit. Sowohl die drei Ozeane – Atlantik, Pazifik und Indik –, die sich im tiefen Süden als geographische Barriere zu einem nahezu unüberwindlichen Wassergürtel von rund 35 Millionen Quadratkilometern vereinen, als auch das kalte und trockene Klima haben verhindert, daß Pflanzen und Tiere von den anderen Kontinenten einwandern konnten. So fehlen hier auch Bäume und Blütenpflanzen oder Landsäugetiere.

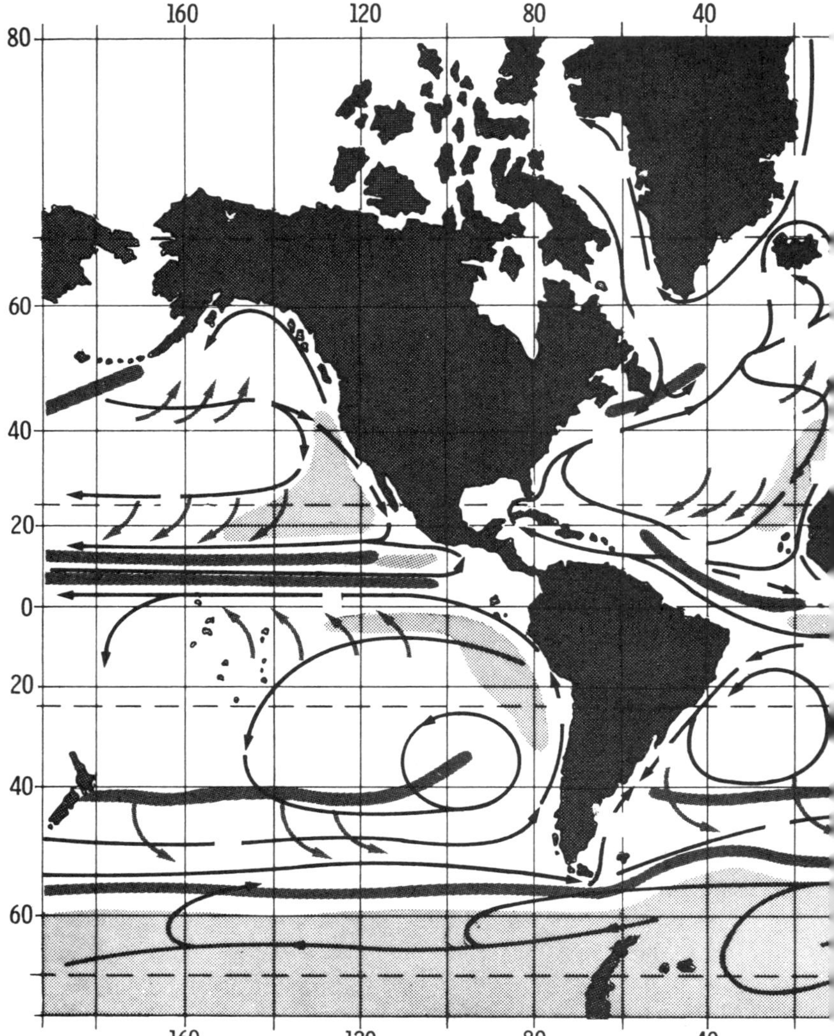

Strömungen und Winde der Weltmeere: Winde, Oberflächen- und Tiefenströmungen sorgen im Meer für ein ständiges Fließgleichgewicht

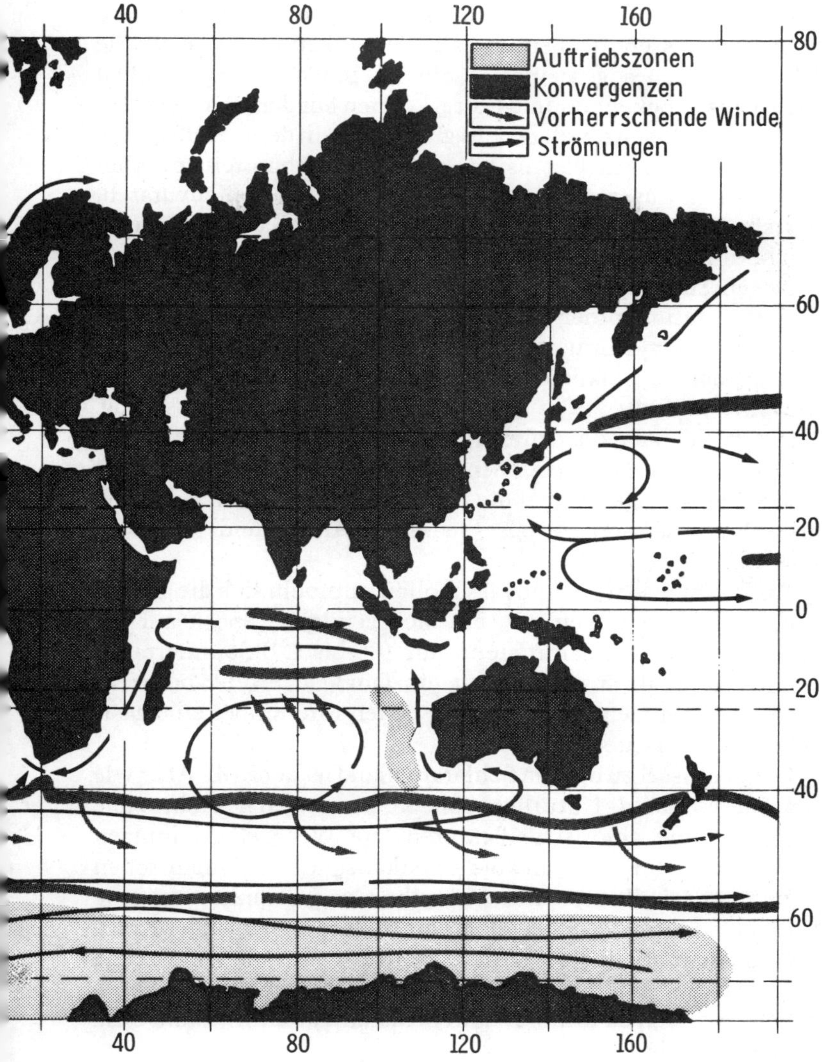

sowie für besonders nährstoffreiche Zonen in den Auftriebszonen (aufsteigendes Tiefenwasser) und den Konvergenzen (Gegenströme).

Nur wenige Spezialisten konnten sich auf die Flügel oder Schwimmflossen machen und alle Schranken überwinden. Sie alle haben eines gemeinsam: Sie trotzen dem ungastlichen Klima aus Trockenheit und Kälte, können auf dem Eis oder dem salzreichen Boden überleben. Es gibt Fische, in deren Körper eine Art Frostschutzmittel pulsiert, das aus Glykoproteinen, einer bestimmten Zusammensetzung aus Eiweiß und Kohlehydraten, besteht. Das Frostschutzmittel sorgt dafür, daß das Blut dieser Fische einen niedrigen Gefrierpunkt hat. Nach Angaben des Biologen Schneppenheim bleibt es bei zwei Minusgraden Außentemperatur immer noch flüssig, während »normales« Blut bei etwa einem Minusgrad gefriert.

Alle diese Spezialisten schöpfen Nahrung aus dem Meer, dessen Reichtum sie in solch unwirtliche Gefilde verschlug. Nur zum Schlafen oder zum Aufziehen ihrer Jungen begeben sie sich auf die Eisscholle oder den spärlichen, kargen Boden. So die Robben und Pinguine oder die zierliche Küstenseeschwalbe, die als »Weltumseglerin« sogar zwischen Arktis und Antarktis pendelt.

Zwischen Eisbergen und Eisschollen tummeln sich die großen Wale auf »fetten Weiden«, um sich genügend Speck auf die Rippen zu fressen, damit sie in nur 100 bis 120 Sommertagen ihren Hauptnahrungsbedarf für ein Jahr decken, bevor sie in wärmere Regionen abwandern, in denen ihre Kälber eine gastlichere Kinderstube finden.

Der Schlüssel zu diesem Schlaraffenland ist der Krill. Aber wie kommt es dazu? Natürlich spielen hier einmal mehr viele biotische und abiotische Faktoren, die Wechselbeziehungen zwischen Organismen und die physikalischen und chemischen Parameter wie Temperatur, Salzgehalt und Strömungen, eine Rolle. Und diese Faktoren sind von so durchschlagender Kraft, daß sie nicht allein die Antarktis, sondern auch die Weltozeane beeinflussen. Alle Meere bilden ein unüberschaubares Fließgleichgewicht, das nimmer zum Stillstand kommt, solange die Erde sich dreht.

Grob vereinfacht und schematisiert passiert am Äquator folgendes: Jahrein, jahraus blasen die Nordost- und Südostpassate. Sie sind der Antrieb für die äquatorialen Strömungen, die im Atlantik, Pazifik und Indik von Westen nach Osten fließen. Sobald sie auf die Ostküsten der Kontinente treffen, werden die Oberflächenströme auf der nördlichen Halbkugel nach Norden, auf der südlichen nach Süden abgelenkt. Je weiter sie nach Nord oder Süd gelangen, desto stärker werden sie von einer weiteren Kraft, der Coriolis-Kraft, erfaßt, die der Strömungsgeschwindigkeit und der geographischen Breite proportional ist, das heißt, sie ist am Äquator gleich Null.

Die Coriolis-Kraft lenkt die Oberflächenströme auf der nördlichen Halbkugel im Uhrzeigersinn ab, auf der südlichen entgegen dem Uhrzeigersinn, genau wie den Strudel in der Badewanne. Auf diese Weise gelangt Wasser aus wärmeren Regionen in kältere Regionen – und umgekehrt, zumal sich Wasser nicht irgendwo zu Bergen türmt, sondern in dem ewigen Spiel des Fließgleichgewichts in Bewegung bleibt. Es wird dabei unterstützt durch die Eigenschaft, daß Temperatur und Salzgehalt Einfluß nehmen auf seine Dichte. Sie sorgen beispielsweise dafür, daß abkühlende Massen sich in polaren Regionen in tiefere Schichten einordnen und zu Tiefen-, Boden- oder Zwischenströmungen werden, die wiederum ihren Weg rückwärts antreten.

In der südlichen Hemisphäre blasen die Westerlies aus Nordwesten und lenken Teile der Wassermassen aus Nordwesten in Richtung Süden. Diese münden als Westwinddrift in eine große zirkumpolare Bewegung, die die Antarktis umrundet. So herrscht in dieser Drift nicht nur ein dauernder Kreistransport, sondern zudem auch ein regelmäßger Austausch, zunächst über das Oberflächenwasser, wie beispielsweise über den Falklandstrom an der Ostküste von Südamerika.

Wo immer sich Wassermassen mischen, weil sie zum Beispiel unterschiedliche Temperaturen oder Salzgehalte haben, entstehen Bewegungen im Wasserkörper. Das Wasser ordnet sich seiner jeweiligen Dichte entsprechend ein. Zirkulationen transportieren Tiefenwasser nach oben und Oberflächenwasser nach unten und sorgen so für eine Umschichtung. Im

Rahmen solcher Umschichtungen werden beispielsweise Nährstoffe vom Boden in das Oberflächenwasser transportiert und dort von der Primärstufe in der Nahrungskette, dem pflanzlichen Plankton, zum Aufbau der »Primärproduktion« genutzt, von der wiederum die Sekundärproduzenten – das Zooplankton wie der Krill – profitieren. Im Sommer, wenn die Sonne rund um die Uhr das Licht spendet, das die Pflanzen für ihre »Arbeit«, die Photosynthese, benötigen, werden diese Prozesse begünstigt. Bei dieser Photosynthese, wie der wichtigste biochemische Vorgang der Erde genannt wird, werden von Pflanzen Kohlenhydrate aufgebaut, wobei Kohlendioxid verarbeitet und Sauerstoff freigesetzt wird. Den »Bärenanteil« daran haben in antarktischen Gewässern Kieselalgen (Diatomeen), auf deren »Kosten« sich der Krill schnell vermehren kann.

Aber das Wasser wird nicht nur mit reichlich Nahrung aufgetankt, sondern auch mit Sauerstoff, zumal die O_2-Kapazität bei niedrigen Temperaturen steigt. Nahrungs- und Sauerstoffreichtum kommen nicht allein den Bewohnern dieser Region zugute, sondern mit dem unter der Abkühlung durch die Luft sinkenden Oberflächenwasser werden auch andere Bezirke versorgt. So dringt beispielsweise von der Antarktis sauerstoffreiches und nährstoffangereichertes Wasser als Boden- oder Tiefenströmung wieder zurück in Richtung Äquator und versorgt die sonst armen Gebiete, beispielsweise in tieferen Zonen.

Nicht zuletzt diese Zirkulation, die mindestens die halbe Erdkugel erreicht, verdeutlicht, wie wichtigt eine »heile Welt« in der Antarktis ist. Und es ist eine »Milchmädchenrechnung« zu glauben, daß bei Rückgang von x Prozent Walen eine Summe x an Krill durch Fang genutzt werden kann, wie leider immer wieder auch von Amts wegen kurzsichtig gedacht und kalkuliert wird. Ein solches Kalkül ist lebensgefährlich, wenn dabei über das Ziel hinausgeschossen wird.

Ein Ökosystem setzt sich aus unzähligen Mosaiksteinchen zusammen. Wenn eines fehlt, kann es nicht durch Hinwegnahme eines anderen ausgeglichen werden. Das ökologische Gleichgewicht funktioniert nicht wie die Waage im Krämerladen! Diese Waage hat mehr Feineinstellungen, als sich der Mensch

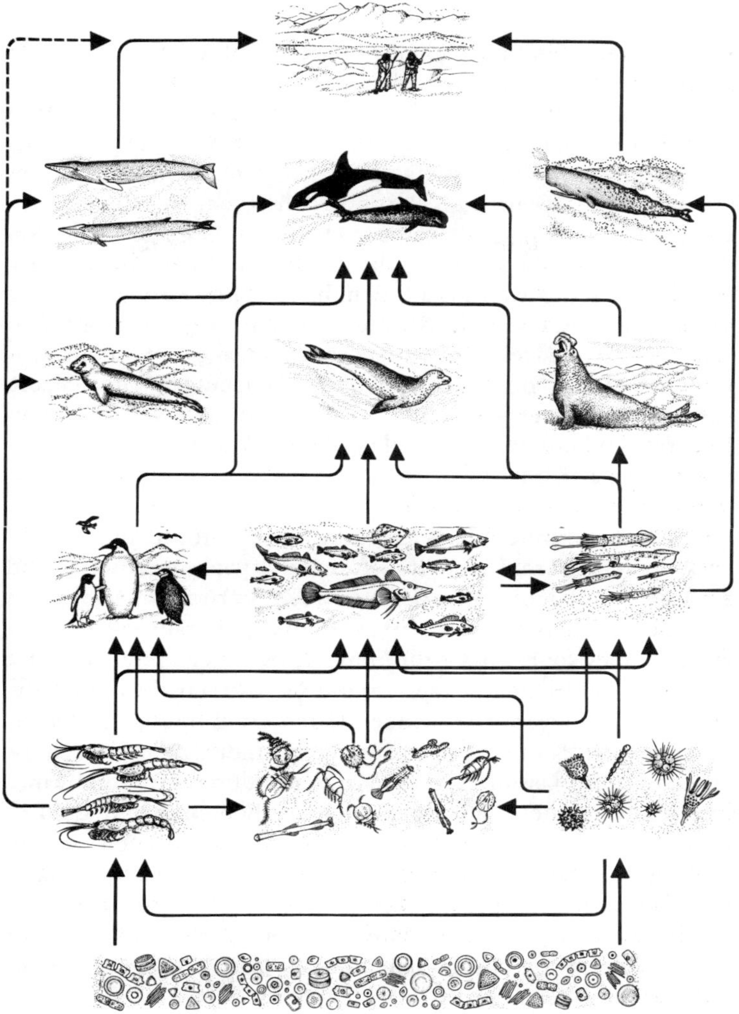

Die Nahrungskette ist kurzgeschlossen bei den Bartenwalen, die sich von Krill ernähren; dieser lebt vom pflanzlichen Plankton (Phytoplankton). Wichtig für die Phytoplanktonproduktion sind Sonnenenergie und organische Partikel.

träumen läßt. Und wieviel Gewicht der Krill oder die Wale auf diese Waage bringen, weiß niemand.

Ich sehe schon den Tag kommen, an dem einige Fischereinationen meinen, man müsse die Wale dezimieren – falls sich die Bestände erholen –, weil sie der Fischerei Schäden zufügen, indem sie Krill wegfressen. Bei den Robben vor den kanadischen, bei den Delphinen vor den japanischen Küsten haben wir schon dieses angebliche Problem. Dabei ist das Gleichgewicht erst aus dem Lot, seit der Mensch mit dem hochtechnisierten Fischfang begann, und nun wird die Schuld an den niedrigen Erträgen den Robben und den Delphinen zugeschoben. Dabei lief für Jahrmillionen, solange nur Tiere zu den »Ausbeutern« der Meere zählten, alles wie geschmiert. Sollen die jetzt vielleicht auf Dosenfutter umsteigen, vielleicht aus Walfleisch, oder auf Fisch- oder Krillmehl?

Um zu verhindern, daß die Antarktis als größte und letzte – noch nicht mißhandelte – Ressource geplündert wird, sind zumindest auf dem Papier bereits einige Schritte unternommen worden, nicht zuletzt, weil viele Nationen eifersüchtig darüber wachen, daß sie bei der Aufteilung des Kuchens nicht zu kurz kommen. Schließlich verspricht die Antarktis nicht nur Reserven für Nahrungsmittel, sondern auch ein unberührtes Depot für andere Rohstoffe zu sein, die sich für Industrie und Technik ausschlachten lassen. Die frühere Verbindung mit Gondwanaland läßt vermuten, daß hier die gleichen Bodenschätze schlummern wie auf den ehemals angrenzenden Kontinenten.

Die Überlegung, ob der Krill in Zukunft ein fischereilicher Marktrenner wird, spielt derzeit noch eine untergeordnete Rolle. Zunächst sind die »reichen« Länder in erster Linie daran interessiert, schon einmal laut Vertrag den Daumen auf einem Stück Antarktis zu haben.

Auch die Bundesrepublik Deutschland scheute nicht davor zurück, 1982 das derzeit teuerste Forschungsschiff, die »Polarstern«, vom Stapel zu lassen. Einen so prachtvollen Dampfer hat das Meer noch nicht gesehen. Bleibt nur zu hoffen, daß er auch prachtvolle Dienste leistet.

Es war im Geophysikalischen Jahr, 1957, als sich weitsichtige Menschen den Kopf darüber zerbrachen, wie man Antarktika durch ein internationales Abkommen (Scientific Committee on Antarctic research, SCAR) vor kurzsichtiger Ausbeutung und vor Besitzansprüchen schützen könne. »Das, so wurde angeregt, könnte der Vorläufer eines Plans für andere gemeinsame Erdgebiete, die Hochsee und möglicherweise die Erforschung des Weltalls, sein«, schreibt der Naturschützer und Nachfahre des berühmten Polarforschers, Sir Peter Scott. »Ob diese hochfliegenden Pläne jemals verwirklicht werden, ist heute noch nicht abzusehen.«

Aber am 1. Dezember 1959 wurde in Washington, USA, von den zwölf Gründernationen der Antarktis-Vertrag unterschrieben und 1961 ratifiziert. 1978 kam die Bundesrepublik Deutschland hinzu. Der Vertrag gilt bis 1991. Bleibt abzuwarten, was dann mit Antarktika passiert, ob die »hochfliegenden Pläne« sich in die Tat umsetzen lassen. Wenn ich an die argentinische Station »Esperanza« denke, kann ich nur sagen, wer's glaubt, wird selig. Warum verlangen die Militärs im angeblichen Niemandsland, das »nur zu wissenschaftlichen und friedlichen Zwecken« genutzt werden darf, in welchem »jegliche militärischen Maßnahmen verboten sind«, von den Touristen die Pässe?

Mich stimmt nicht zuletzt der Falklandkrieg zwischen Großbritannien und Argentinien sehr bedenklich. Für beide Mächte standen sicherlich nicht die Interessen der Bevölkerung im Vordergrund – der es übrigens gleich ist, ob in den Kneipen das Bild eines britischen oder eines argentinischen Staatsoberhaupts die Zugehörigkeit zum einen oder anderen Land dokumentiert. Man ärgert sich höchstens über die typisch englischen kurzen Öffnungszeiten in den Kneipen. Bestimmt bekriegten sich die beiden Mächte auch nicht wegen der Schafe oder Pinguine und Robben, die sich genausowenig wie die Menschen, mit denen ich sprach, dafür interessieren dürften, unter welcher Flagge sie leben. Vielmehr dürfte der Krieg um die Falklands – die übrigens großteils Privatinseln sind – insbesondere mit dem neuen Seerecht und seinen Hoheitsgewässern in Zusammenhang stehen wie auch mit der Nähe zu Antarktika. Auf einer Landkarte, die ich in Feuerland, Südargentinien, kaufte, sind unter Republik Argentinien sowohl die Falklandinseln als auch die Antarktische Halbinsel dick und deutlich mit eingezeichnet.

Dafür lächelt auf den falkländischen Briefmarken die Queen. Es wäre sicherlich vernünftig – viele Naturschützer streben das an –, die Inselgruppe, wie auch die Antarktis, zumindest teilweise unter Naturschutz zu stellen, und zwar möglichst, solange der 30-Jahres-Vertrag noch läuft und weiterreichende Möglichkeiten buchstäblich auf Eis liegen.

Im Jahr 1976 wurde, angeregt durch den Bericht des SCAR-Ausschusses und aus Furcht vor einer zu schnellen Ausdehnung der Krillfischerei, ein weiteres Programm ausgetüftelt, das sich inbesondere mit dem Meer und seinen Schätzen befassen soll: BIOMASS (Biological Investigations of Marine Antarctic Systems and Stocks). Denn der SCAR-Bericht machte deutlich, daß weder die ökologische noch die ökonomische Bedeutung des Krills hinreichend genug bekannt ist, um abschätzen zu können, wie groß ein »Fischereipotential« sein mag. Wenn BIOMASS hält, was es verspricht, soll dieses Zehn-Jahres-Programm alle biologischen und möglichen Rätsel im südlichen Polarmeer lösen und den Schlüssel liefern zu »Bewirtschaftungsempfehlungen«, ohne jedoch den Rahmen der 1980 beschlossenen Konvention zum Schutz der lebenden Ressourcen der Antarktis zu sprengen.

Unter dem Namen FIBEX (First International BIOMASS-Experiment) wurde im Jahr 1981 die erste Phase dieses Vorhabens gestartet. Daran beteiligten sich elf Schiffe aus zehn Nationen, unter ihnen auch die Bundesrepublik Deutschland. Neben einer »Volkszählung« beim Krill wurden auch etliche andere Faktoren unter die Lupe genommen, die unter dem weiten Begriff Meeresforschung in Frage kommen. Wenn die Praxis halten kann, was die Theorie verspricht, wenn die Bewirtschaftungsempfehlungen die Realitäten widerspiegeln und eingehalten werden, kann man tatsächlich an eine Vereinbarung glauben, die den »Schutz der lebenden Meeresschätze« zumindest im Auge hat.

Nur für Wale und Robben hat der Vertrag schon auf dem Papier einen Pferdefuß. Laut Antarktis-Vertrag »beeinträchtigt dieses Übereinkommen nicht die Rechte und Pflichten der Vertragsparteien aus dem Internationalen Übereinkommen zur Regelung des Walfanges und dem Übereinkommen zur Erhaltung antarktischer Robben«. Dazu bleibt nur zu sagen, daß den Robben in der Antarktis derzeit niemand ans Fell will, derzeit...

Wie wenig die Tiere im tiefen Süden ihrer Haut sicher sind, zeigte sich erst im vorigen Jahr, als sich eine argentinisch-japanische Initiative an die Nutzung von Pinguinen machen wollte, um diese Vögel wegen ihres Fetts und ihrer Haut zu vermarkten. Nicht zuletzt wegen der weltweiten Proteste von Naturschützern wurde das Vorhaben vorerst wieder abgeblasen. Die Pinguine kamen noch einmal davon.

Für die Wale jedoch ist diese Ausnahmeregelung gleichbedeutend mit vogelfrei, es sei denn, die Internationale Walfang-Kommission (IWC) hat gerade ein Einsehen mit diesen Tieren, um sich nicht gleichsam mit den letzten Walen den Industriezweig abzuschießen. Doch zur IWC an anderer Stelle.

WALE
KÖNNEN SICH NICHT
WEHREN

»Eine Frage erhebt sich, eine Frage, die von den nachdenklicheren unter den Waljägern oft erörtert wird. Dank der kläräugigen Ausgucker im Mast all der Walfänger, die neuerdings bis in die Beringstraße vordringen und denen selbst die entlegensten Winkel und Geheimfächer der Welt nicht entgehen, schwirren auf allen Meeren die Harpunen und Lanzen zu Tausenden, und es fragt sich, ob der Walfisch auf die Dauer einem so ausgedehnten und unerbittlichen Vernichtungsfeldzug standhalten kann, ohne ausgerottet zu werden; ob nicht früher oder später einmal der letzte Wal, wie dereinst der letzte Mensch, auf dem letzten Loch blasen und dann in Nichts zerflattern wird.« (Melville)

Sauwetter auf Island, typisch für die grüne Insel mit den Geysiren. Wer hier seinen Sommerurlaub bucht, ist selber schuld. Die Badehose kann man getrost zu Hause lassen. Dafür entschädigt diese Zauberwelt im hohen Norden jeden, der ein Auge für die Natur hat. Einmal wieder steht uns ein Abenteuerurlaub an Bord der »Disco« bevor. So hoch, wie es die Eisgrenze erlaubt, soll die Reise gehen. Ein festes Ziel haben wir nicht. Vielleicht schaffen wir den Norden von Spitzbergen, ehe uns Treib- und Packeis zur Umkehr zwingen. Wir schaffen es. Bis Moffen – eine Geröllinsel oder besser ein Inselchen – kann unser Expeditionsschiff schwimmen. Dann geht nichts mehr. Nach einem Ausflug auf das Eis gönnen wir uns einen Whisky on the rocks, mit zerkleinertem Eisberg versteht sich.

Mich lockt freilich keineswegs allein die Schönheit von Island und Spitzbergen, sondern besonders das Erlebnis, den Spuren der Walfänger zu folgen. Sie sind überall, traurige Spuren, wie in der Antarktis. Und wie auf Jan Mayen erwarten uns auch auf der Bäreninsel oder auf Moffen und Spitzbergen, das zu Norwegen gehört, Knochen, ja Knochenfriedhöfe. Gut erhalten und sauber präpariert von Wind und Wetter, konserviert in der Kälte, liegen sie da. Schädelknochen von großen Walen oder, wie auf Moffen, die Reste von zusammengeschlagenen Walrossen, die für ihre Zähne, das Elfenbein, ihr Leben lassen mußten. Aus sicherer Entfernung vom Wasser aus beäugt uns skeptisch ein einziges Walroß, es ist zu scheu, um sich auch nur mit dem Tele fotografieren zu lassen.

Nicht weniger scheu verhalten sich die wenigen Seehunde, deren Weg wir kreuzen. Eilig robben sie von der Eisscholle, um im Wasser Schutz zu suchen, sobald sie uns sichten. Kein Wunder, denn allen Tieren hier hat der Mensch übel mitgespielt. Was immer genügend Speck auf den Rippen hat, wurde – wie die Wale – umgebracht und verkocht.

Dick eingemummelt in meine Daunenjacke, für die vermutlich isländische Eiderenten Federn lassen mußten, stehe ich fast tagein, tagaus an der Reling und suche den Horizont nach Walen ab. Die Mitternachtssonne läßt den Himmel nicht dunkel werden, man verliert das Gefühl für die Uhrzeit. Da plötzlich zeigt sich ein Buckel, dann ein Blas. Erst die Fotoanalyse ergibt, daß es ein Pottwal gewesen sein muß, der sich in Windeseile wieder verzogen hat.

Nur ein ausgewachsener Bulle kann unsere Route gekreuzt haben. Die Weibchen und Kälber ziehen nicht so hoch in den Norden. Sie bleiben zwischen 40 Grad Nord beziehungsweise Süd, während die großen Bullen auf der Suche nach stattlichen Tiefseekraken bis an das Eis herankommen.

Ambra, ein unansehnlicher Klumpen, herausgegraben aus den Exkrementen des Wals, ist eine sehr begehrte Substanz zur Herstellung von Parfüm.

Es grenzt fast an ein Wunder, daß der Pottwal, ein Kosmopolit wie auch die anderen Wale, in kalten wie in warmen Gewässern zu Hause ist. Ihn, den Warmblüter, schützt nicht ein warmes Kuschelfell wie beispielsweise den Meerotter, der unter den längeren Haaren eine Art wasserdichtes Unterhemd wie aus Flaum trägt, das nur naß wird, lebensgefährlich naß, wenn die See beispielsweise durch Öl verschmutzt ist.

Wale haben im Laufe der Entwicklung ganz auf ein für Säuger typisches Haarkleid zur Temperaturisolierung verzichtet. Bis auf ein paar kümmerliche Haare, die manche Bartenwale noch am Kopf tragen und die ihre Funktion als Spürsinnesorgane erfüllen, sind den Walen die Haare gänzlich ausgegangen. Anders als die Robben, die ihren Pelz für die Landausflüge benötigen, können sie sich eine solche »Glatze« leisten, denn als Ersatz fressen sie sich eine gehörige Speckschicht an, die warm hält, pudelwarm. Diese Speckschicht, welche an den verschiedenen Körperstellen von unterschiedlicher Dicke ist, erreicht bei den Glattwalen etwa 50, beim Pottwal rund 16, bei den schnellen Furchenwalen durchschnittlich zehn Zentimeter. Mit diesem Fettpolster, das Wärme schlecht leitet, können sich die Tiere getrost inmitten von Eisbergen schlafen legen, ohne sich zu verkühlen.

Außerdem dient dieser »Blubber« als Fettdepot für schlechte Zeiten, wenn das Nahrungsangebot in den wärmeren Fortpflanzungsgebieten knapp wird und die Fastenzeit bevorsteht, in der die Tiere ein paar Tönnchen abnehmen. Offenbar haben nur die alten Pottwalbullen keine »Probleme« mit ihrem Gewicht, zumal ihr Tisch überall in der Tiefsee, wo sie hinziehen, mit Kraken weitgehend gleichmäßig reich gedeckt sein dürfte. In der Tiefsee herrschen zwischen Nord und Süd gleiche Bedingungen, zumindest in bezug auf die Temperaturverhältnisse, die sich um den Nullpunkt bewegen. Anders als bei Süßwasser liegt der Gefrierpunkt im Meer wegen des höheren Salzgehaltes bei durchschnittlich 1,9 Grad minus. Meerwasser mit einem Salzgehalt von 35 Promille friert bei 1,91 Grad minus.

Die »Opas« unter den Pottwalen würden wohl kaum eine Reise in Richtung Madeira oder Azoren antreten, gäbe es nicht auch dort ihr Leibgericht. Sie fristen ihren Lebensabend offenbar nur noch als »Freßmaschinen«, die keinen Familiensinn mehr kennen, es sei denn, die Einzelgänger folgen aus alter Tradition und Gewohnheit als »ewige Strohwitwer« den Wanderwegen der Schulen. An Unterernährung scheinen diese 40-Tonner – wie auch kleinere Pottwale – nur zu leiden, wenn sie Ambra in ihrem Darm tragen. Dieser anthrazitfarbene Stoff, der ein Konglomerat aus Tintenfischschnäbeln darstellt, den nichtverdaulichen Hornbeißwerkzeugen der Weichtierkost, bildet mitunter im Darm der Pottwale kiloschwere Klumpen und muß zu Verdauungsbeschwerden führen, sofern er nicht ausgeschieden wird. Man könnte diese wohl pathologische Erscheinung vielleicht mit einer Art Blinddarmerkrankung des Menschen vergleichen, die aber auch vergeht. Mitunter findet man Ambra, das frei im Meer herumschwimmt. Etwa ein Pottwal unter tausend hat Ambra, so Reis, wobei sowohl Männchen als auch Weibchen darunter »leiden« können, und nicht nur Männchen, wie häufig angenommen wird.

Ausgerechnet dieser Stoff – aus dem Darm des Pottwals – ist eine sehr begehrte Substanz zur Herstellung von Parfum, ausgerechnet. Zwar riecht das Zeug selbst nicht, es sei denn, es wird gerade aus den stinkenden Exkrementen herausgegraben, aber es dient als Trägersubstanz. Dank seiner chemischen Konsistenz bringen beispielsweise ein paar Milligramm Ambra, gelöst in Alkohol und vermischt mit Rosenwasser, diese Lösung zum Duften. Bevor die Industrie Ersatzträger entwickelte, wurde Ambra zu Wucherpreisen gehandelt.

Ich werde nie vergessen, wie die Walfänger von Madeira einmal in Jubel ausbrachen, als sie einen solchen unansehnlichen Klumpen aus der – Entschuldigung – Scheiße eines Pottwaldarms bargen. Für die Walfänger hat Ambra einen weiteren, traumhaften Effekt. Es soll als Aphrodisiakum die Potenz steigern. Wer daran glaubt, ist natürlich demselben Schwindel aufgesessen wie dem, der eine solche Zauberkraft im Horn des Nashorns ansiedelt. Statt Nashornhorn einzunehmen, kann man genausogut auf den Fingernägeln kauen. Denn die Substanz ist die gleiche.

Nun müssen Wale trotz der angefressenen wärmenden Speckschicht und selbst umgeben von Eiswasser in der Lage sein, Wärme abzugeben, um nicht beim Schnellschwimmen wie auf der Flucht vor Walfängern oder Orcas an Hitzestau einzugehen. Da sie weder hecheln können wie Hunde noch schwitzen wie Menschen, mußten sie eine Lösung finden, um überschüssige Wärme loszuwerden. Auch der Muskel kann als Kraftmaschine nur einen begrenzten Teil an Energie in mechanische Arbeit umwandeln, der Rest verbleibt als Wärme oder muß nach außen abgeführt werden. Dabei liegt die Bilanz bei 15 zu 85 Prozent; letztere entstehen als Wärme. Und zwar produzieren die großen Wale, angenommen, daß die Leistung proportional mit dem Gewicht ansteigt, mehr als die kleinen. »Man kann erwarten«, so der Autor Hasso Moesta, »daß ein Finnwal zwischen 30 und 40 PS benötigt, um eine Geschwindigkeit von rund 20 Stundenkilometern aufrechtzuerhalten, während ein Pottwalbulle dazu 20 PS braucht und schließlich das größte der schwimmenden Raubtiere, der Schwertwal, nur fünf PS. Alle einigermaßen verbürgten Beobachtungen des Schwimmverhaltens der Wale und Delphine kann man dahingehend zusammenfassen, daß kein größeres Tier schneller als der Schwertwal und kein schnelleres Tier größer als der Schwertwal ist.« Er kommt zu dem Schluß, daß die großen Wale die volle Leistung ihrer Muskeln nicht als Dauerleistung einsetzen können, sondern nur bei kurzzeitigen Spitzenleistungen, beim Sprinten, Springen, Tauchen oder bei der Paarung. Sind sie lange Zeit auf vollen Touren, müßten sie früher oder später heißlaufen.

Um sich der überschüssigen Wärme zu entledigen oder aber um sich beim Ruhen warm zu halten, haben alle Wale eine eingebaute »Klimaanlage«, die nach dem Prinzip eines Gegenstrom-Wärmeaustauschers funktioniert. Danach verschafft sich ein Wal »in action« Kühlung, indem er eine Art Rückflußkühler im Blutgefäßsystem einschaltet. Um ein großes, hitzegeladenes Gefäß, das Wärmeenergie aufnimmt, fließt in einem Netz von kleineren Gefäßen abgekühltes Blut, welches für Temperaturausgleich sorgt. Die Wärme, die dabei der Rückflußkühler aufnimmt, wird über die Schwanzflosse und vielleicht auch noch über andere Körperstellen an das umgebende Wasser abgeleitet. Bei den schnell schwimmenden Furchenwalen übernimmt vermutlich auch der faltbare Furchenapparat als eine Art »Rippenkühler« einen Teil der Thermodynamik. Regulieren läßt sich der Wärmehaushalt wie auch die Sauerstoffversorgung über das kompliziert geschaltete Gefäßsystem mit umschaltbaren »Einbahnstraßen« und »Umleitungen« wie ein Verkehrsnetz. Wenn der Wal friert, wird die Kühlanlage vorübergehend abgeschaltet.

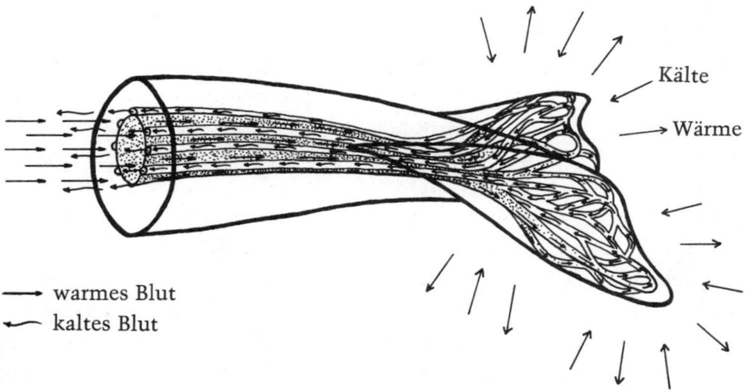

Wale können nicht schwitzen. Die überschüssige Körperwärme geben sie nach dem Prinzip eines Rückflußkühlers über ihr Blutgefäßsystem, zum Beispiel an der Oberfläche der Schwanzflosse, ab.

Mir frieren fast die Hände ab, während ich nördlich des Polarkreises weiterhin von Bord der »Disco« nach Walen Ausschau halte. Aber sie sind nicht mehr da. Auf der Suche nach dem flüssigen Gold, dem wärmenden Speck, haben Walfänger ihnen schon vor langen Zeiten den Garaus gemacht. Es fällt mir nicht schwer, mich in diese Zeit zurückzuversetzen, in die »Blütezeit« des Walfangs, als mutige Männer ihr Leben riskierten, um fässerweise den begehrten Tran nach Hause zu bringen.

Lange Zeit wollte man nicht glauben, daß der »Walfisch« die für Säuger typischen Geschlechtsorgane hat.

Bestimmt waren die gleichen Gesellen unterwegs, wie ich sie auf Madeira angetroffen habe. Nur lauerten im harten Norden ganz andere Gefahren. Das Meer forderte Opfer unter denen, die diesem Goldrausch fern der Heimat folgten. Viele haben sich am Wal bereichern können, viele haben mit ihrem Leben dafür bezahlt. Sie sind grausam umgekommen wie der Leviathan, der gar nichts dafür kann. Als der Mensch noch weit davon entfernt war, geboren zu werden, um sich die Erde untertan zu machen, hatten die Wale schon eine lange Entwicklungsgeschichte hinter sich. Wie mögen die ersten Menschen gestaunt haben, als sie zum erstenmal mit einem solchen »Ungeheuer« konfrontiert wurden. Es muß geschehen sein, als die Menschen begannen, in Nähe der Küsten zu siedeln. Und sie brauchten nicht einmal auf das Meer hinaus. Schon immer sind hie und da Wale gestrandet, sei es, weil sie sich verirrten, sei es, weil sie den Tod suchten. Darüber berichte ich an anderer Stelle. Jetzt erlaube ich mir, das Rad der Geschichte um 3000 oder 4000 Jahre zurückzudrehen, nach Norwegen, zu den Orkney-Inseln oder auch nach Japan, das spielt keine Rolle.

Am Strand liegt ein Wal. Sein Körper verformt sich unter der eigenen Last zu einem ungestalten Berg noch zuckenden, sich windenden Lebens. Verzweifelt versucht der Koloß, in dem noch schwach ein kräftiges Herz schlägt und aus dessen Loch in der Mitte des Kopfes Dampf steigt, sich blindlings zu bewegen. Aber vergeblich. Der Hauch von Leben erlischt. Menschen sind an den Strand gekommen. Ängstlich. Erst als alles Leben aus dem Untier ist, wagen sich die Mutigsten in seine Nähe. Nichts regt sich. Sie beginnen an dem Berg aus Fleisch, Fett und Blut herumzuwerkeln. Sie begreifen, daß das Fleisch nicht ungenießbar ist, daß sich aus dem Fett Feuer entfachen läßt, daß ihnen ein Gott des Himmels oder der Meere ein Übermaß an nützlichen Dingen an den Strand gespült hat. Aus den Knochen bauen sie Behausungen. Sie halten das Ereignis auf Felszeichnungen fest. So auf den Orkneys (nach Klaus Barthelmeß) oder auf Kreta (nach Jochen Münzing). Warum es nun dem Zufall überlassen, daß Menschen solch reiche Beute beschert wird? Man könnte doch dem Schicksal nachhelfen. Gedacht, getan. Als sich wieder einmal ein Leviathan – beispielsweise in eine norwegische Bucht – verirrt hat, greift man zu einer List. So gut es die damalige Technik erlaubt, wird der Fjord abgesperrt und das darin »wütende« Tier mit Giftpfeilen oder verschmutzten Geschossen attackiert. Nach drei oder vier Tagen treibt es an einer Blutvergiftung verendet »kieloben«. Auch auf den Aleuten, bei Kamtschatka und auf Hokkaido wird nach Barthelmeß solcher Giftwalfang betrieben, der aber noch nicht den Charakter organisierter Jagd hat.

Schon weitaus professioneller machen sich im zwölften Jahrhundert die Basken ans Werk. Sie jagen den Biskayawal, einen Glattwal, der auf seiner Wanderung zwischen Nord und Süd alljährlich nahe der baskischen Küste vorbeizieht. Es ist kein Kunststück, einen Glattwal zu überwältigen, der kaum mehr als vier Stundenkilometer schnell schwimmt.

Unverkennbar verrät sein zweigeteilter Blas, daß er in der Nähe ist. Nicht ohne Grund nennen die Engländer ihn den »right whale«, den richtigen Wal für den Fang. Spielend schaffen es die Männer, den behäbigen Koloß mit ihrem Ruderboot einzuholen. Er ändert kaum die Richtung, um seinen Killern zu entkommen, nicht einmal, wenn er schon das bohrende Eisen der Harpunenspitze in seinem Speck spürt.

»Wie bei dem nicht weniger arglosen Buckelwal«, so Reis, »kann man sogar auf seinen Rücken steigen, um ihm die Lanze in den Leib zu jagen.« Bis er stirbt. Der Kadaver treibt wegen der dicken Speckschicht an der Oberfläche.

Die Basken wissen gut umzugehen mit der Harpune, deren Bezeichnung Barthelmeß von dem baskischen Wort »arpoi« ableitet, was soviel heißt wie »schnell fangen«. Vermutlich haben auch sie den Wal schätzen gelernt, nachdem sich diese riesigen »Fische« von 13 bis 15 Meter Länge an die Strände verirrten und dort elend umkamen. Sein Fleisch ist ausgesprochen gut, es ergibt reichlich Speck. Im Jahre 1261 wird in der Stadt Bayonne eine Walzunge mit einem Zoll belegt.

Wozu sich also weiter mit kleinen Fischen abgeben? Die Basken jagen mehr und mehr den Wal, der aus Erfahrung nicht klug wird und einen Bogen um den stürmischen Golf macht. Ein blühender Wirtschaftszweig ist geboren. »Urkunden von 1150 bis in das fünfzehnte Jahrhundert gewähren baskischen Städten Zollrechte, Lagerrechte, Schutz gegen Abgabe von Walprodukten, Wappenrechte«, so Barthelmeß. Die Jäger geben sich bald nicht mehr mit der Beute zufrieden, die sich zu nah in ihre Fanggründe wagt, die sie von Land – wie auf Madeira – aus erspähen. Sie dehnen ihre Fanggründe aus, sie scheuen nicht die Mühe, die erlegten Tiere weit über das Meer zu den rauchenden Landstationen zu schleppen, wo der Blubber in Kleinarbeit zerschnitten und verkocht wird.

Sie verbessern ihre Fanggeräte und bauen seetüchtigere Schiffe, die dem offenen Atlantik standhalten. Es sind Schaluppen, hölzerne Langboote, ausgerüstet mit Ruder und Segel. Sie bauen größere Boote, etwa in der Art von Kuttern, um mehrere Tage und Nächte auf See Ausschau halten zu können. Um 1575 tauchen die ersten tollkühnen Basken vor der Küste von Labrador auf, wo sie nach neuesten archäologischen Funden bereits Landstationen errichtet haben. Vor der eigenen Küste sind die Glattwale schon bald wie weggeblasen, fast ausgerottet.

Sie jagen den Wal am Ende der Welt, an einem Ende, das erst später von sich reden macht. Den Speck zerlegen sie an Land, wer weiß, wo. Sie füllen ihn in Fässer und verarbeiten ihn nach der langen Heimreise zu Tran. Versuche, schon an Bord der Segelschiffe Tran zu kochen, sind zum Scheitern verurteilt.

»Wer hat für die Menschen die großen Wasserstraßen aufgetan«, zitiert Emil G. Bai den Schriftsteller Michelet, »wer, mit einem Wort, den Erdball erkundet? Der Wal und der Walfänger. Und das alles vor Kolumbus und den berüchtigten Goldsuchern, die unter großem Geschrei wiederfanden, was die Fischer lange vorher schon gefunden hatten. Die Fahrt über den Ozean, die man im fünfzehnten Jahrhundert so hoch feiert, war über die Meerenge zwischen Grönland und Island schon oft zurückgelegt worden, ja, man hatte die ganze Breite durchmessen... Man tötete nicht viele Wale, aber man gewann unendlich an Seetüchtigkeit, Geduld, Schlauheit und Unerschrockenheit. Man brachte weniger Tran, aber desto mehr Ruhm zurück. Man verdankte den Walen sehr viel! Ohne sie wären die Fischer stets an der Küste geblieben, denn beinahe alle Fischer sind Küstenanwohner. Der Wal aber führte den Fischer überall hin.«

Mehr als 30 Walfangschiffe führt so der Wal im sechzehnten Jahrhundert nach Neufundland, nachdem mittlerweile auch französische, spanische und englische Jäger in die Fußstapfen der Basken getreten sind. Ein Kesseltreiben beginnt. Es dehnt sich aus, als im Jahr 1597 die Niederländer Barendsz, Heemskerk und De Rijp auf der Suche nach kürzeren Seewegen nach Fernost zwar nicht die Nordostpassage gemeistert hatten, jedoch die frohe Botschaft von Wal- und Walroßvorkommen mitbrachten. Das unüberwindliche Packeis hatte die Mannschaft – wie auch schon 1553 die Engländer Willoughby und Burrough – auf »Eis gelegt«, so daß die Entdecker auf Novaja Semlja überwintern mußten.

Aber sie hatten ein Meer von Walen und Walrossen gefunden, das im Jahre 1604 die »Grönlandfahrt« einleitet. Der Name Grönlandfahrt sollte bestehen bleiben, obwohl zu Beginn des sechzehnten Jahrhunderts die Segel gesetzt werden, um gen Spitzbergen, Novaja Semlja und Jan Mayen zu fahren in die »aasreichen Gründe«, jetzt auch unter britischer und niederländischer Flagge.

Das Wettrüsten gegen den Wal beginnt. Dreimastige Barken, meist niederländischer Herkunft mit verbreiterten Bäuchen, verstärkten Planken und soliden Eisenbeschlägen, enorm transportfähig und eismeertüchtig, stechen in See. Schon lichten sich manche der Jagdgründe, aber das Jagdfieber hat gerade erst begonnen. Wie Viehherden werden die Tiere zwischen Inselgruppen in die Enge getrieben, umzingelt, in Landnähe abgestochen. Wale, immer mehr Wale, ihr Leben verströmt in einem Meer rot von Blut.

An den Küsten werden Kochereien aus dem Boden gestampft. Streifen um Streifen verschwinden die Stücke des Walspecks in den Kesseln, um zu dem begehrten Tran zu zerfließen. Die Opfer sind Glattwale, Grönlandwale und Nordkaper, aber auch Robben und Seevögel werden verheizt, alles, was genügend Speck auf den Rippen hat. Allein in dem 1619 von Niederländern gegründeten »Smeerenburg« auf der Amsterdam-Insel, die im Nordwesten von Spitzbergen liegt, arbeiten in guten Fang-Jahren 300 Mann. Der Ort ähnelt einer Goldgräberstadt im Wilden Westen.

1643 beginnt auch die »Hamburger Grönlandfahrt«, nachdem »am 21. April 1643«, so Münzing, »der dänische König Christian IV., nach Beendigung vorangegangener, länger währender Streitigkeiten mit der Hansestadt, ein Walfang-Privilegium für den Hamburger Reeder Johan Been ausstellte. Über zwei Jahrhunderte hindurch, bis 1861, betrieb die Hansestadt einen erfolgreichen Walfang, dessen Geschichte eine durchaus abenteuerliche ist, unterbrochen von Kriegen, Zollstreitigkeiten und Kaperfahrten durch Schiffe fremder Nationen.« Die Höhepunkte erfahren die Hamburger um 1670. Etwas später wird auch von Altona und Bremen aus gestartet. Viele Insel- und Halligfriesen gehen auf Walfang.

Die Hamburger erleben noch die »goldenen Zeiten«, in denen die Wale »in Menge und Überfluß« vorkamen. Wanda Oesau: »Da gab es noch Zeiten – es klingt wie ein Märchen –, daß man nach Belieben nicht allein an den Fisch heranrudern konnte, sondern auch, wenn er geschossen war, vielmals die anderen Fische wegscheuchen oder mit dem Riemen (Ruder) auf den Leib schlagen und aus dem Weg jagen mußte, damit man dem festgemachten Fisch beikommen konnte. Es war sodenn nichts Seltsames, daß an einem Orte viele Fische, weil sie einfältig waren, gefangen wurden.«

Wir schreiben noch nicht die zweite Hälfte des siebzehnten Jahrhunderts. Die Baien sind in nur rund 50 Jahren leergefischt. Um aber dennoch am Wal zu bleiben, müssen die Fänger wohl oder übel ins offene Meer hinaus. Die »See- und Eisfischerei« nimmt ihren Lauf. Die Beute wird nicht mehr an Land geschleppt, sondern die Tiere werden längs der Schiffe verholt und im Wasser schwimmend abgespeckt. Die Wale werden weiter weniger, die Walfänger mehr. Der Schlachtruf »Wal, da bläst er« erklingt nun auch in dänischer Sprache. Im Jahre 1697 schlachten allein vor Spitzbergen 182 Schiffe 1888 Wale.

Aber nicht allein den Walen geht soviel Kühnheit an den Kragen. Auch manch ein Walfänger verspielt sein Leben. Das Meer fordert einen hohen Tribut. Viele Monate dauert die Reise. Wind und Wetter stellen Schiff und Mannschaft auf eine harte Probe. Haushohe Wellen zerwühlen die See, krachen gegen ächzendes Holz, drohen den Rumpf zu zerbersten, das Schiff zu versenken. Tobende Stürme zerren an Mast und Segel. Oder aber es regt sich kein Lüftchen, schlaff baumeln die Segel am Mast. Faules Wasser, die Pest an Bord, Einsamkeit und Sehnsucht quälen den Seemann, der sich manchmal lieber tot an Land als lebendig auf See wünscht. Die Arktis, ein Paradies für Wale, kann zur Hölle werden für den, der sie herausfordert. Wie Porzellan zerschellen Schiffe an schroffen Eisbergen. Fangboote werden vom Treibeis umzingelt, eingefroren oder wie zwischen Mühlsteinen zermalmt. Aber was bedeutet schon ein Menschenleben im Vergleich zu dem, was ein Wal einbringt. Im Katastrophenjahr 1777 gehen nach Münzing allein im Packeis 200 Schiffe verschiedener Nationen verloren.

Auch in Japan ist man längst auf den kommerziellen Walfang gekommen; nach einer Veröffentlichung der Niederländer Mol und van Bree vermutlich seit dem Beginn des siebzehnten Jahrhunderts: »Zu Beginn der Sommermonate«, so ein 1786 in den Niederlanden veröffentlichtes Logbuch, »sahen unsere Männer die Rückkehr von japanischen Booten, die auf Walfang waren. Dieser Fang beginnt im Winter und dauert bis zum Frühjahr. Während dieser Periode wurden 274 kleine und große Fische (Wale) gefangen. Normalerweise fangen die Japaner sie nicht weit von der Küste entfernt. Wenn sie einen Fisch entdekken, schießen sie ihn mit Harpunen. Sobald sie ihn getroffen haben, lassen sie ihn laufen, so lange, bis er erschöpft oder durch Blutverlust an der Oberfläche treibt. Dann schleppen sie den Fisch an Land, ziehen ihn hoch und schneiden oder hacken das Fleisch heraus.«

»Als der Gott Ukemochi (der Gott der Nahrung) seinen Kopf zum Ozean wandte«, schreibt der Japaner Yamade Yosei, »waren da viele Fische, große und kleine, die aus seinem Mund kamen. Seit dieser Zeit können die Menschen von Japan mehr

Bartenwale: Der Grönlandwal (oben) galt als »right whale«, als der richtige für den Fang, weil er besonders langsam ist.

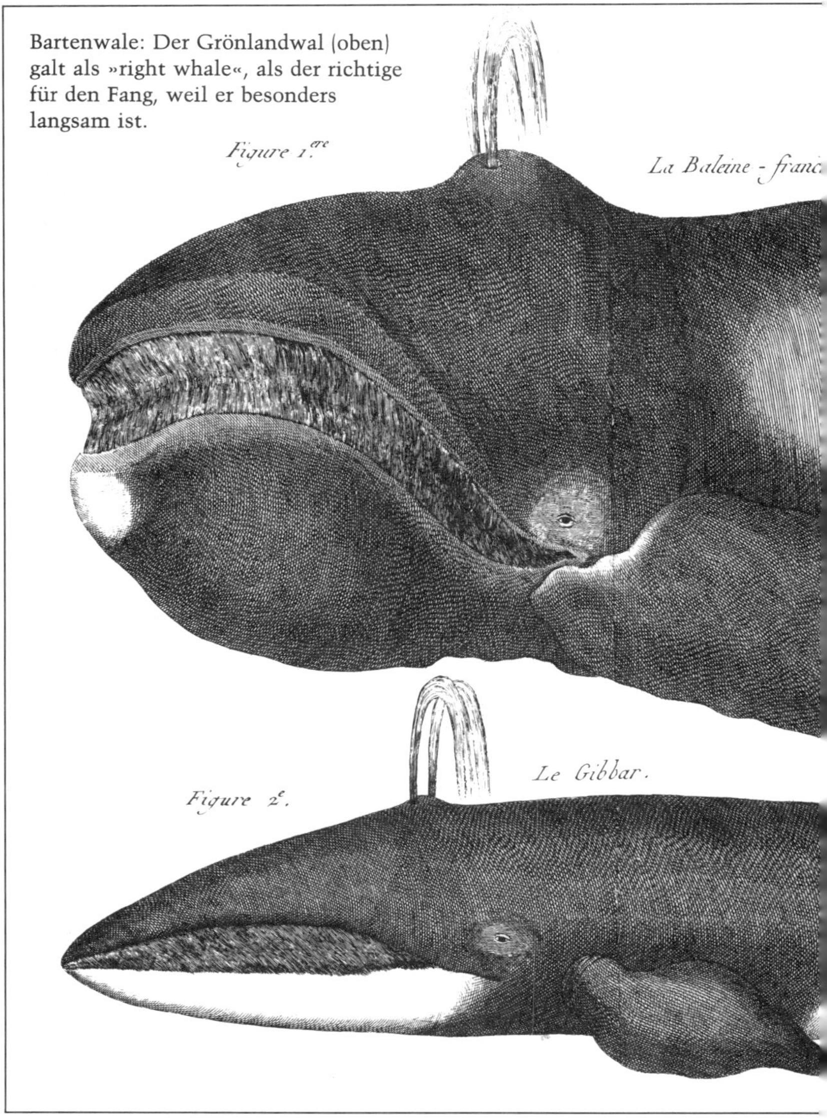

e , *Baleines* .

und mehr Fisch durch die Seefischerei bekommen. Unter diesen Fischen war kein Fang größer oder besser als der auf den Wal.« Um sich solcher Fänge zu bemächtigen, entwickelten die Japaner bereits im Jahr 1661 die Gruppenfischerei und den Walfang mit Netzen, der es ihnen dann ermöglichte, auch Buckel-, Finn- oder kleinere Wale zur Strecke zu bringen.

»Hierhin und dorthin glitten in der Höhe
die makellosen weißen Schwingen kleiner Vögel,
gewissermaßen die leisen Gedanken
der jungfräulichen Luft; doch in der Tiefe,
unten im grundlosen Blau, wälzten
Schwertfisch, Wal und Hai ihre mächtigen Leiber,
und dies war das starke, ruhelose, mörderische
Denken des männlichen Meeres.«

(Melville)

Die Grundausrüstung besteht nach Barthelmeß aus einer Anzahl verschiedener Bootsarten, zum Beispiel sechs Netzbooten, von denen je zwei einen Satz von 38 Netzen tragen. Freilich gehen den Fängern Wale nicht wie Heringsschwärme in die Netze, sondern sie verfangen sich nur darin, wenn sie trickreich überlistet werden. Im Prinzip ist die Methode ähnlich wie auf Madeira. Sobald ein Wal oder eine Schule gesichtet ist, schwärmen die Boote aus. Einige Männer stellen die Netze, während andere einen Höllenspektakel machen. Sie umzingeln ihre Opfer, springen und schlagen lärmend auf das Wasser, bis die konfusen Tiere nur mehr eine einzige Richtung einschlagen, den Jägern vor die Harpune, die im seichten Wasser mit Netzen die tödliche Falle stellen. Die Bucht ist abgeriegelt. Der Wal kann nicht mehr entkommen, weder zur Seite noch nach unten tauchen. Kopflos irrt er hin und her, in die Enge getrieben verfängt und verheddert er sich in dem stabilen Garn. Das wehrlose Opfer wird mit Salven von Harpunen- und Lanzenwürfen beschossen, bis aus etwa hundert Wunden die Kraft seines Körpers langsam schwindet. Ohne ihm den Gnadenstoß zu geben, springt ein Mann auf den zuckenden Leib des Tiers, auf den Kopf, und schneidet ein Loch in die Spitze des Mauls, um das Schlepptau zu befestigen. Solange der Wal noch lebt, kann er nicht untergehen. Andere Männer tauchen mit Tauen unter den Wal und befestigen ihn an zwei Träger- oder Schleppbooten. Die Trägerboote werden durch Balken wie zu einem Floß miteinander verbunden. Erst jetzt, nachdem die Beute sicher ist, wird dem Wal der erlösende Lanzenstich gegönnt. Die Männer sprechen ein lautes Gebet für seine Seele. Dann schleppen sie ihn auf die »Schlachtbank«.

Auch Mutterliebe wissen sie für sich auszunutzen, ohne jeden Skrupel. »Wale zeigen große Zuneigung zu ihren jungen Kälbern«, schreibt Yosei, »besonders der Buckelwal, der am meisten von allen auf sein Junges achtet.« Die Fänger treiben zunächst das Junge ins Netz, harpunieren und vertäuen es. Dann warten sie auf die Rückkehr der fürsorglichen Mutter. Sie kommt zurück, selbst wenn sie eine Meile oder weiter geflüchtet ist.

Yosei: »Solange sie das Wehklagen ihres Kindes hört, verweilt sie beharrlich in seiner Nähe und versucht, die Taue mit ihren Flippern zu zerreißen.« Nun ist es kein Kunststück, die Mutter ins Netz zu kriegen. Selbst wenn sie noch einmal versucht zu entkommen, ist ihr Tod besiegelt, denn sie wird wiederkommen, solange sie ihr Junges schreien hört. Die Männer hüten sich – noch –, das Junge zu töten. Denn erst wenn die Mutter weiß, daß es tot ist und ihre Hilfe vergeblich wäre, versucht sie zu fliehen.

Manchmal kommt es vor, daß der »Babywal« zwischen seiner Mutter und seinem Vater hin- und herschwimmt. Auch dann wird zunächst das Junge harpuniert. Wenn der Vater erkennt, daß jede Hilfe zu spät kommt, verläßt er das Junge und versucht zu entkommen. Die Mutter aber bleibt. »Sie nimmt es in die langen Flossenarme, liebkost es zärtlich und zeigt Trauer. Sie können sich die Sehnsucht der Mutter nach ihrem Kind vorstellen«, sagt Yosei...

Nicht ganz so einfach macht es den Walfängern offenbar das Grauwalweibchen. Dieser »Teufelsfisch«, wie die Japaner den Grauen nennen, hat mehr Temperament und versucht, das Netz zu zerstören. Mehrere Boote verfolgen zugleich das Muttertier, das wie wahnsinnig herumtollt. Und wieder trifft es die große Harpune. »In diesem Moment«, so Yosei, »verwechselt die Mutter das Boot mit ihrem Jungen und das Junge das Boot mit seiner Mutter. Sie rammen das Boot von unten und zerbersten es manchmal.« Aber dennoch bleibt natürlich auch der Grauwal der Verlierer, ein Wal, der auch in der Geschichte des Walfangs nur eine kurze Periode hat. Wie auch später an der amerikanischen Küste, ist der »Graue Felsküstenschwimmer« schon bald ein leichtes Opfer. Doch dazu mehr in einem anderen Kapitel.

Zu Beginn des achtzehnten Jahrhunderts ist es um die nördlichen Glattwalbestände so ziemlich geschehen. Aber der Walfang geht weiter. Jetzt steigen auch die Amerikaner ein in das blutige Geschäft ohne Gnade. Man ist gezwungen, in andere Seegebiete auszuweichen, auch gen Süden geht die Reise. Von nun an fällt, wie vor den Küsten Japans, auch der Pottwal der Profitgier und der verbesserten Technik zum Opfer. Nur von den schnellen Furchenwalen läßt man die Finger – noch. Selbst wenn die Jäger einen erwischen, machen sie kein Geschäft. Der tote Wal sinkt, verloren für alle, auf den Meeresboden mitsamt der Harpune, die das Tier nicht abschütteln kann, sobald sie fest in der Speckschicht sitzt. Die westlichen Walfänger sind nicht wie die Japaner auf die brutale Idee gekommen, dem noch lebenden Tier zum Vertäuen ein Loch in den Kopf zu schlagen, um es, nachdem es abgesunken ist, dennoch bergen zu können.

Um 1720 sind die Walbestände bei Spitzbergen so dezimiert, daß sich das Schlachtfeld gen Grönland verlagert, in die westgrönländischen Gewässer der Davis-Straße. Auch die Robbenbestände sind geplündert. Das »Gold des Nordens« ist so weit versiegt, daß um die Wende vom achtzehnten zum neunzehnten Jahrhundert die »Blütezeit« des Walfangs bereits zu Ende ist. Und das, obwohl der Mensch den Tieren nur mit relativ primitiven Mitteln zu Leibe geht.

Jetzt schlägt die Stunde von Moby Dick, dem berühmt-berüchtigten Pottwal, dem schiffezerschmetternden Leviathan, der seinen Ruf dem Seemannsgarn verdankt, denn er ist genauso friedlich wie ein zahmer Delphin im Ozeanarium. Insbesondere die Nachfrage nach Tran für Beleuchtungszwecke macht den Pottwal interessant, denn sein Fleisch ist bis auf wenige kleine Stücke, die in manchen Regionen Japans gegessen werden, nicht genießbar. Es ist zu zäh und tranig.

Die Blütezeit der Jagd auf den Pottwal fällt in die Jahre 1820 bis 1890, »nachdem zuerst nordamerikanische Walfänger aus Neuengland«, so Münzing, »vornehmlich aus New Bedford und Nantucket, im achtzehnten Jahrhundert den Pottwalfang von den Küsten auf die hohe See ausgedehnt hatten. Im Jahr 1842 gehen 594 Schiffe von Nordamerika und 230 aus anderen Ländern auf den Fang. Pro Jahr wurden etwa 20000 Pottwale erbeutet.« Auf den Spuren des Moby Dick segelt 1789 der erste englische Walfänger rund um Kap Hoorn in den Pazifischen Ozean. Die erste Epoche der deutschen Südseefischerei auf Pottwal fällt nach Münzing in die Jahre 1836 bis 1869. Die Jagd wird vornehmlich von Bremen und Oldenburg aus betrieben.

Um die lange Zeit auf See totzuschlagen, beschäftigen sich die Walfänger beispielsweise mit dem Gravieren auf Pottwalzähnen. Die Motive solcher »scrimshaws« – wie diese noch heute als nautische Antiquitäten gehandelte Volkskunst bezeichnet wird – bilden zunächst das Antlitz der Walfängerfrau oder das Haus in ferner Heimat. Es kommen andere Motive, wie Fangszenen, hinzu. Auch aus den biegsamen Barten, die vornehmlich als »Fischbein« beispielsweise zur Herstellung von Korsettstangen gehandelt werden, entstehen vielerlei Gegenstände wie Hutschachteln oder Dosen.

Als wir mit unserer »Disco« den hohen Norden nach einer dreiwöchigen Nordlandfahrt verlassen, ziehen wir eine traurige Bilanz: Einen einzigen Pottwal bekamen wir zu sehen. Und Knochen, die stummen Zeugen einer vergangenen Zeit, als die Arktis noch ein Paradies für Wale und andere Meeressäuger war. Es war eine Reise in die Geschichte, in der auch der Narwal nicht

Im Knochenhaus von Misaki-Ura, auf der Insel Iktsuki, wurden Knochen, wie die des Schädels (Mitte), in Stücke zerteilt, um aus ihnen noch die letzten Tropfen Öl herauszukochen. Das Mehl wurde als Dünger für Reisfelder oder Tabakplantagen verwendet.

カラウス
骨カス
骨小切
水クミ
カバチ骨

fehlen darf. Dieser Wal ist verantwortlich für das berühmte Einhorn. Das Männchen trägt einen rechtsspiralig gedrehten Zahn, der gewöhnlich bis zweieinhalb Meter mißt. Seine Funktion ist immer noch ungeklärt. Möglich, daß er diesem Zahnwal »zu Gesichte« steht, um sich im Kampf um die Gunst der Weibchen stark zu machen. Denkbar ist auch, daß das »Einhorn« damit die Eisdecke aufbricht, um an die Luft zum Atmen zu gelangen, zumal der Narwal der am höchsten in den Norden ziehende Wal ist. Die südlichste Verbreitung dieses Tieres, das zirkumpolar im Nordmeer an der Eisgrenze lebt, liegt bei 65 Grad Nord. Es ist wahrscheinlich, daß der verlängerte Eckzahn eine Bedeutung für den Nahrungserwerb hat, beispielsweise um damit den Boden nach Nahrung zu durchpflügen, wie es die Walrosse mit ihrem »Elfenbein« machen, oder um Nahrung aufzuspießen. Dann würde der Zahn auch bei den Weibchen regelmäßig wachsen. Die Weibchen aber »begnügen« sich in aller Regel mit dem einzigen Zahnpaar, das gewöhnlich im Knochen des Oberkiefers eingebetttet und versteckt bleibt, während beim Männchen der linke Zahn zu diesem »Horn« auswächst.

Aber es gibt auch die Ausnahme von der Regel: Auch der rechte Stoßzahn kann beim Männchen verlängert sein, auch beim Weibchen kann das »Horn« auftreten. Im Besitz des Zoologischen Instituts und Zoologischen Museums, Hamburg, ist ein 300 Jahre alter Narwalschädel, welcher ausgerechnet von einem Weibchen stammt und bei dem sogar beide Zähne zu einem »Zweihorn« ausgewachsen sind. Zu Zeiten des arktischen Walfangs war auch der Narwal von beträchtlicher wirtschaftlicher Bedeutung, nicht allein wegen seines wertvollen Elfenbeins, sondern weil auch er wie alle anderen wegen seines Specks verfolgt wurde. Heute machen die Eskimos noch Jagd auf das legendäre, selten gewordene Tier.

In der Arktis bahnt sich für alle Lebewesen, nicht nur für die Meeressäuger, eine neue Gefahr an, eine Gefahr mit verheerenden Folgen. Die Rede ist von der Erschließung neuer Rohstoffquellen wie Öl und Gas, die zu katastrophalen Umweltverschmutzungen führen können, zumal in der herrschenden Kälte

– wie auch in der Antarktis – der biologische Abbau von Schmutz und Schadstoffen nur langsam abläuft. Der Umweltschmutz hält sich, wie gesagt, so gut wie Nahrung in einer Tiefkühltruhe.

Zur »Ölpest« kommt es schon lange nicht mehr nur, wenn irgendwo auf See ein Tanker auseinanderbricht, sondern dieser schleichende Tod lauert überall. Da Öl leichter ist als Wasser, bildet es an der Oberfläche Filme, die schon allein deshalb ein Risiko darstellen, weil sie den Gasaustausch von Sauerstoff und Kohlendioxid blockieren. Schlimme Folgen aber treten auf, wenn beispielsweise durch ungünstige Strömungs- oder Windverhältnisse ganze Ölteppiche zusammengetrieben werden. Die Folge ist eine Ölpest – und keiner weiß, woher sie kommt – mit massenhaftem Vogelsterben und der Vernichtung lokaler Lebensräume. Die natürlichen Verbraucher von Rohöl, Bakterien, die von dem in kleinen Mengen im Meer vorhandenen Rohöl existieren, sind derartigen Überdosen freilich in keiner Weise gewachsen.

Besondere Sorgen aber bereitet ein Mammut-Projekt, das 1976 durch die Petro-Canada initiiert wurde. Geschätzte 160 Billionen Kubikmeter Gas, die im hohen Norden von Kanada auf der »Melville-Insel« schlummern, sollen geborgen werden, und zwar, wenn alles klappt, von 1985 oder 1986 an in einem auf 20 Jahre angesetzten Projekt. Das Gas soll auf 162 Minusgrade heruntergekühlt und dadurch in einen flüssigen Zustand gebracht werden. Supereisbrecher von 395 Meter Länge mit Superpower sollen diese Fracht im Sommer in 16, im Winter in 33 Tagen durch die Davis-Straße nach Nova Scotia oder Quebec transportieren, nachdem sie vom nördlichen Fundort auf der Insel Melville über eine 160 Kilometer lange Pipeline in den natürlichen Hafen »Bridport Inlet« geflossen sind. Die Schiffsreise erstreckt sich dann noch über 5200 Kilometer. Nicht auszudenken, was passiert, wenn ein solches Superschiff verunglückt und Ladung verliert. Aber es muß nicht einmal dazu kommen, auch ohne Unglück muß das gigantische Vorhaben für die Umwelt eingreifende Folgen haben, nicht zuletzt für die

Die gedrehten riesigen Zähne des Narwals wurden für Hörner des Einhorns gehalten, eines Fabeltiers von Pferdegestalt mit geradem, spitzem Horn in der Stirnmitte. Es wurde schon in frühchristlicher Zeit als Sinnbild gewaltiger Kraft auf Christus bezogen.

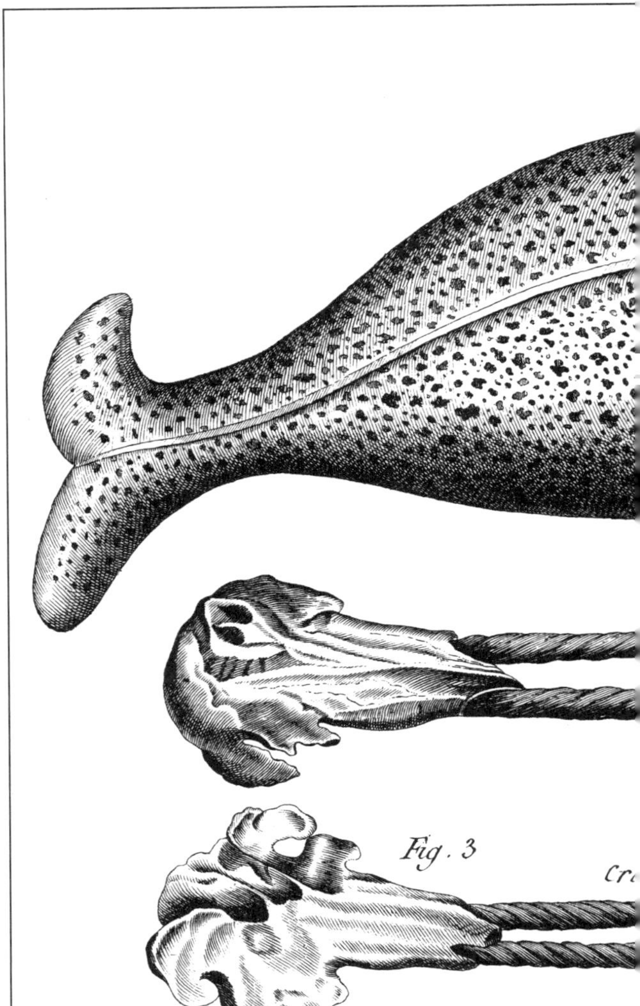

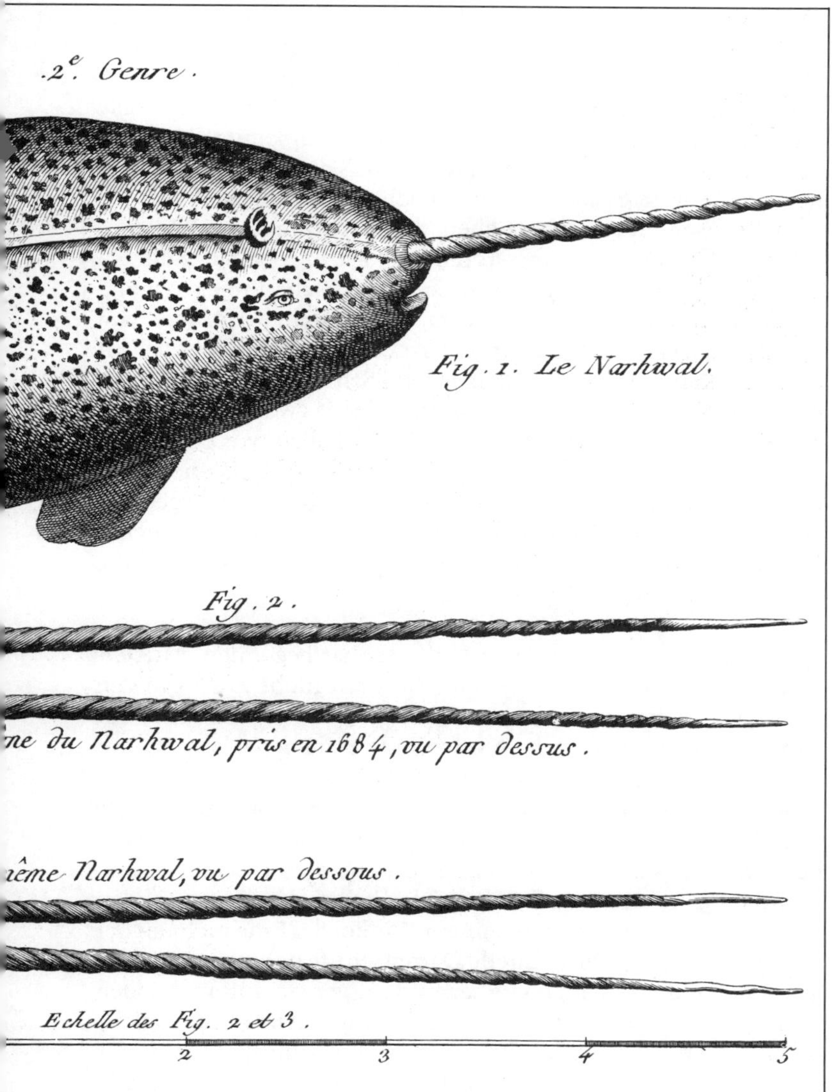
.2e. Genre.
Fig. 1. Le Narhwal.
Fig. 2.
ne du Narhwal, pris en 1684, vu par dessus.
ême Narhwal, vu par dessous.
Echelle des Fig. 2 et 3.
2
3
4
5

Robben und Wale. Allein der ohrenbetäubende Lärm, den solche starken Eisbrecher verursachen, muß in den empfindlichen Ohren der Wale und Robben dröhnen und schmerzen wie ein permanentes Donnerwetter, das sich über unendliche Dutzende von Meilen ausbreitet, wie der dänische Naturschützer Morton Schultz errechnete. Abgesehen davon, daß dieser Höllenspektakel für die Meeressäuger unerträglich sein muß, liegt er auch noch in jenen Frequenzbereichen, die empfindlich die Kommunikation und Orientierung stören oder gar unmöglich machen.

Man kann nur hoffen, daß dieses barbarische Projekt wenigstens nicht in der geplanten Form verwirklicht wird, daß man den letzten Überlebenden in der Arktis damit nicht den Rest gibt. In diesem Moment, in dem ich am Schreibtisch dieses Buch entstehen lasse, versuchen Naturschützer das wahnsinnige Vorhaben zum Scheitern zu bringen, ein Vorhaben, vor dem nicht zuletzt auch die Einwohner Grönlands zittern, zumal die Route der Gastransporter etwa 100 Kilometer vor ihrer Küste geplant ist. Ich erlaube mir zu wiederholen: Es ist gar nicht auszudenken, wie verheerend eine Verwirklichung dieses Projekts in die betroffene Umwelt eingreifen kann.

Die Epoche des modernen Walfangs hat begonnen. Mittlerweile schwirren auf den Weltmeeren nicht mehr die von Hand geworfenen Harpunen, wie ich sie noch vor Madeira erlebt habe. Den Anfang setzt der Norweger Svend Foyn, als er im Jahr 1864 die moderne Harpunenkanone verbessert.

Seit dieser Erfindung stehen auch die schnellen Furchenwale wie Blau-, Finn- und Seiwal unter Beschuß sowie der Buckelwal, der zwar langsam ist, den man aber ohne die bessere Technik nicht bergen kann, weil sein Kadaver auf den Meeresboden sinkt. Bald ist Leviathan in keinem Winkel der Erde mehr sicher vor seinen Verfolgern. Schnelle Dampfschiffe nehmen die Suche auf, und schnelle Fangboote jagen dem gerade auftauchenden Wal das tödliche Geschoß mit dem explodierenden Sprengkörper in den Leib. Die Kadaver werden mit Luft aufgepumpt, damit sie nicht auf den Meeresgrund sinken. Dabei ist diese Jagdmethode keineswegs humaner als der von Hand betriebene Walfang, wie häufig fälschlich angenommen wird. »Manchmal durchschießt die Harpunenkanone den Wal«, so ein alter Walfänger, »Treffsicherheit mußten wir erst üben.« Auch wird manch ein Wal, dem ein Bauchschuß die Gedärme aus dem Leib gerissen und der aber seinen letzten Blas noch nicht getan hat, bei lebendigem Leibe aufgeblasen und nach einem langen, schmerzvollen Todeskampf zerlegt. Derartige Folterwerkzeuge würden auf jedem bundesdeutschen Schlachthof verboten werden. Der Walfang wird in kurzer Zeit zu einer gnadenlosen Massenschlächterei, wie sie die Welt noch nicht gesehen hat. Der »Kriegsschauplatz« liegt hauptsächlich im tiefen Süden. Im Jahr 1904 bauen die Norweger auf dem antarktischen Festland die erste Landstation zum Abspecken, die »Grytviken« genannt wird. Sechs weitere folgen auf den Süd-Shetlandinseln, Süd-Orkneys und den Sandwich Islands.

1925 arbeitet die erste schwimmende Kocherei mit Heckaufschleppe. Nun ist es nicht einmal mehr nötig, die Beute an Land zu schleppen. Das Schlachtfeld verlegt sich auf die See. Rund um die Uhr operieren Männer und Maschinen. In den Nächten wird es kaum dunkel. Überall lauert der Tod. Bald ist man nicht mehr auf Ausguckposten und »Krähennest« angewiesen. Mit moderner Technik werden die Wale in den Weiten der Ozeane aufgespürt. Sie müssen hoch, sie müssen blasen. Sie können sich nicht verstecken. Nicht und nirgends. Schlächter und Schlachthof ziehen mit den Wanderwegen der Wale. Kein Wal ist diesem Kampf zwischen Tier und Technik gewachsen. Allein in der Saison 1930/31 fallen »in dem blutigsten aller Waljahre«, wie Barthelmeß schreibt, in der Antarktis 40201 große Wale 41 Flotten zum Opfer, 30000 weitere außerhalb der Antarktis, davon sind etwa 29000 Blauwale. So viele sollen heutzutage nicht einmal mehr leben.

Obwohl eine derartige »Schwemme« zu einem Preisrückgang des Walöls führt, der beispielsweise die Norweger daran hindert, zur folgenden Fangsaison auszulaufen, geht der »Run« auf den Wal weiter. Ab 1905 wurde ein Verfahren entwickelt, Walöl nicht nur zu technischen Zwecken, sondern auch für die menschliche Ernährung zu nutzen. Zudem können im Zuge der verbesserten Technik die Tiere vollständiger und vielseitiger verwendet sowie gleich verarbeitet und die Produkte beispielsweise in Dosen abgefüllt werden. Bis zu 50 Prozent des von Norwegen und England produzierten Walöls werden nach Barthelmeß von Deutschland verbraucht, das sind neun Zehntel des Weltertrags, »weil die nationalsozialistische Wirtschaftspolitik auf die Bereitstellung der zur Rüstung notwendigen Mittel abzielt sowie auf die Unabhängigkeit von Lebensmittelimporten«. 1935 werden zwei deutsche Walfanggesellschaften gegründet, nachdem Deutschland seine Importe nicht mehr von dem britischen Unilever-Konzern beziehen kann. Im Jahr 1936 läuft die eigene Flotte, die »Jan Willem« der Henkel & Cie, aus sowie

Treff I: Ein Fangschiff, das das Mutterschiff »Jan Willem« der Henkel-Walfangflotte begleitete.

zwei weitere gecharterte Flotten. Auch Japan ist seit 1934 im Eismeer.

Bei Ausbruch des Zweiten Weltkriegs sind in der Antarktis 38 Flotten auf der Suche nach dem Wal. 28 Mutterschiffe waren nach 1945 verloren, davon die sechs, die unter japanischer Flagge auf Jagd gegangen waren. Drei von den sieben Schiffen, die für das Deutsche Reich fuhren, wurden Beute der Alliierten. »Eins davon«, so Barthelmeß, »die 1937 erbaute ›Walter Rau‹, fährt ab 1946 als ›Kosmos IV‹ für Norwegen und wird 1971 an die Japaner verkauft, wo sie als ›Kyokusei Maru‹ den Fang wiederaufnimmt.«

Erst 1946 wird den fangenden Nationen klar, daß der Anfang vom Ende der großen Wale längst überschritten ist. Allerdings macht man sich weniger Sorgen um das Aussterben bedrohter Arten als um den Niedergang einer blühenden Industrie. Man befürchtet, mit den letzten Walen den Wirtschaftszweig gleich mit abzuschießen, und gründet, um den Walfang zu regulieren, die Internationale Walfang-Kommission (IWC). »Diese Kommission«, so 1974 ein mexikanischer Delegierter, »wird in die Geschichte eingehen als eine kleine Organisation von Menschen, die es versäumten, ein großes Anliegen für die Welt zu verantworten, die die Interessen von ein paar Walfängern verteidigen und nicht die Zukunft von Tausenden von Walen.«

Noch heute gibt es wohl kaum eine Kommission, bei der mit so vielen faulen Tricks gearbeitet wird wie bei der IWC. Zwar gehört der IWC ein Wissenschaftskomitee an, doch wird auf wissenschaftlichen Rat erst zehn Jahre später oder gar nicht eingegangen. Zwar entsendet die IWC zur besseren Kontrolle Beobachter auf die Fangflotten, doch werden diese unter den Hauptkillernationen ausgetauscht. Zwar kommt die IWC laut Beschluß hin und wieder zu Schutzmaßnahmen, doch werden die binnen 90 Tagen nach der Verhandlung mit schöner Regelmäßigkeit von den fangenden Nationen wieder über den Haufen geworfen, weil mal das eine, mal das andere Land Einspruch einlegt. Die Statuten machen es möglich. Zwar verbietet die IWC den illegalen Walfang, doch hat sie außer auf dem Papier keine durchsetzbare Maßnahme gegen Verstöße vorzuweisen...

Im Sommer 1982 stimmte eine absolute Mehrheit für das Ende des »kommerziellen Walfangs« ab 1986. Aber auch dieser Beschluß wurde durch Einspruch nachträglich für null und nichtig erklärt. Vom Pottwal wollte man schon 1982 lassen, hat aber dann, und auch für 1983, wieder eine Fangquote freigegeben. Unter den barbarischen Walfang auf Zwergwale mit der sogenannten kalten Harpune – ohne Sprengkörper – sollte ein Schlußstrich gezogen werden, aber vorausgesetzt, es wird eine humanere Tötungsmethode entwickelt... Man feilscht und mauschelt, wirtschaftliche Sanktionen werden angedroht oder Bestechungsgelder verschoben. Es wird mit dem Austritt aus der IWC gedroht, um frei und nach eigenem Gutdünken weiter Raubbau zu betreiben. Obwohl in der IWC mittlerweile eine für Abstimmungen erforderliche Dreiviertelmehrheit von Nicht-Walfang-Nationen erreichbar wäre, seit sich – wie auch die Bundesrepublik – mehr Länder aus Schutzgründen zum Beitritt entschieden, haben immer noch die Walfangnationen das Sagen, wenn es um die Verteilung des »Kuchens« geht. Und wenn nicht, bleibt ihnen ja immer noch ihr »Recht«, Vorbehalt einzulegen.

So hält die IWC alle Jahre wieder, wenn im Sommer die Tagung stattfindet, den Daumen über Leben und Tod, ungeachtet der weltweiten Forderungen, den geschröpften Beständen wenigstens eine zehnjährige Schonzeit zu gönnen, um in dieser Zeit zu überprüfen, ob und wie eine optimale Nutzung in den Griff zu kriegen ist.

Denn niemand weiß, wie viele Wale heute leben und wie viele vor Beginn des kommerziellen Walfangs die Meere besiedelten. Niemand kann diese Tiere wie Vieh auf der Weide zählen. Aber Fangquoten werden beschlossen. Als Grundlage dienen statistische Rechenmodelle, die – wie jeder weiß – ein jeder zu seinen Gunsten auswerten kann, zumal die Basis, eine realistische Ausgangszahl für die Bestandsentwicklung, fehlt. Man errechnet beispielsweise den ursprünglichen Bestand – weil ihn niemand kennt – anhand der Abschußzahlen vergangener Zeiten und kalkuliert mit dem Fangaufwand (»catch per unit effort«), der sich aus Faktoren wie der Anzahl der Schiffe und der Dauer der Fahrtzeit zusammensetzt. Zugegeben, wir kennen keine andere Methode. Aber immer wieder kommen dabei Zahlen heraus, die für die einen bedeuten, daß die Bestände schrumpfen, für die anderen, daß wir bald nahezu mit einer »Walschwemme« rechnen müssen. So behaupten beispielsweise die Japaner, daß es im Pazifik viele Pottwale gibt, während ein populationsdynamisches Rechenmodell des Engländers John Beddington über den Bestand im Nordwestpazifik besagt, daß er selbst bei einem Fangstopp weiter abnehmen wird. Die Pottwale in dieser Region haben »Nachwuchssorgen«, weil in den Jahren von 1946 bis 1972 zu viele Männchen zur Strecke gebracht worden waren. Die Folge: Nur acht von 20 geschlechtsreifen Weibchen wurden »schwanger«. Erst allmählich steigt die Geburtenrate wieder auf elf von 20. In diesem Gebiet operierte aber noch bis 1987 eine japanische Walfangstation.

Der Welt-Pottwalbestand wird auf etwa 200000 Tiere geschätzt, weshalb in den Augen der Japaner ruhig ein paar hundert pro Jahr über die Klinge der Flensmesser springen können. Aber man weiß nicht einmal, ob und wie viele lokale Bestände die als Kosmopoliten in allen Weltmeeren beheimateten Tiere bilden, ganz zu schweigen davon, ob diese Zahl nicht viel zu hoch gegriffen ist. Angenommen, die Bestände werden in ihren jeweiligen »Jagdgründen« stark ausgedünnt, und angenommen, daß sie sich mit Artgenossen aus der weiten Nachbarschaft in anderen Gebieten nicht »verschwägern«, dann läßt sich ein Bestand schnell zugrunde richten, und zwar für immer.

Obwohl Markierungsversuche zeigen, daß Pottwale hin und wieder so weite Reisen unternehmen, daß man ein und dasselbe Tier im Atlantik zwischen Nord und Süd über den Äquator hinweg wiedergefunden hat, ist das aber noch lange kein Grund zu der Annahme, daß die Populationen auch »Mischehen« eingehen. Reis ist der felsenfesten Ansicht, daß »seine« Pottwale zumindest so lange einen lokalen Bestand bilden, wie sie im fortpflanzungsfähigen Alter bleiben. Erst danach ziehen manche möglicherweise in andere Gefilde, wie zu den Azoren oder gen Island.

Nach Beobachtungen von Reis – unterstützt von wiedergefundenen Harpunen – halten sich rund um die Inselgruppe von Madeira Weibchen mit ihren Jungen im fortpflanzungsfähigen Alter auf. Die Tiere orientieren sich mit Hilfe unterseeischer Erhebungen, wie sie in dem dort tiefen Atlantik vorkommen. Erst wenn sie keine Jungen mehr gebären, überschwimmen sie auch extreme Tiefen, um sich beispielsweise – wie vor den Azoren – in die Gefilde anderer Populationen zu bewegen. Ähnlich verhalten sich nach Reis auch junge Männchen, die, nachdem sie von ihren Müttern entwöhnt sind, Junggesellen-Schulen bilden und als »Halbstarke« zusammenhalten. Erst wenn sie ihre »Pubertät« hinter sich haben, gehen sie einzeln auf Brautwerbung und nähern sich den Schulen von Weibchen. Auch die Männchen unternehmen wahrscheinlich erst dann ihre weiten Wanderungen, wenn sie als Väter nicht mehr taugen. Ihre »besten Jahre« haben die Bullen, sobald sie ungefähr 13 bis 14 Meter lang sind, als ausgewachsene Einzelgänger fristen sie nun wieder ein Junggesellendasein. Vermutlich werden sie von den Weibchen nur während der Fortpflanzungsperiode geduldet und nur vorübergehend als Leittier einer Schule angesehen, wenn das überhaupt zutrifft. Reis meint, die Männchen würden den Weibchen in lockerer Entfernung folgen. Ohne eine feste Bindung einzugehen, wie bei anderen Arten, trennen sich die Paare bald wieder. Nach anderen Beobachtungen sollen Männchen doch zumindest zeitweilig Herrscher über einen Harem sein.

Allein diese Unwissenheit über die Sozialstruktur der Pottwale läßt Naturschützer immer wieder warnend ihre Stimmen erheben, doch endlich ein Fangverbot für Moby Dick auszusprechen. Eine statistische Auswertung der Fänge vor Madeira macht deutlich, daß nicht nur der Bestand zurückgegangen ist, sondern auch, daß die Tiere kleiner wurden. Diese Daten ergeben sich ohne jeden Zweifel aus dem Verhältnis zwischen den Fangzahlen und den Ölerträgen.

Die Glattwale sind die ersten Anwärter auf den traurigen Listenplatz, vom Aussterben bedroht zu sein. Ihr Weltbestand – im Süden und im Norden – wird auf 3000 bis höchstens 4000

Tiere geschätzt. Dennoch dürfen Eskimos von Alaska jährlich 17 Grönlandwale an Land ziehen – nicht mitgezählt die Tiere, die sie zwar töten, aber verlieren. Für den kommerziellen Walfang ist der »Richtige« seit 1937 zumindest auf dem Papier tabu. Den Eskimos aber läßt man als »aboriginals« oder Ureinwohnern aus Tradition diese Quote, weil sonst angeblich ihre gesamte Kultur »zusammenbrechen« würde. Die Tatsache, daß es um den Glatten, wie auch um den Buckelwal im Nordatlantik, den die Ureinwohner von Grönland mit demselben Recht beanspruchen, am schlechtesten steht, wird bei der IWC alle Jahre wieder vom Tisch gefegt.

Japanisches Flugblatt, das bei einer IWC-Tagung verteilt wurde, um für den Walfang zu werben.

"I Don't want to Be Like African Children"

I, a Japanese girl 10 years old, donated ¥1,500 (about £3), my monthly allowance, to the "Milk for the African Children" drive because I heard that children in Africa cannot get even the minimum food necessary for their own survival.

Compared with them, I have been leading a comfortable life, going to school and living with my affectionate parents.

My father has been working on a whaling ship since he was young. Recently, however, he often looks sad and seldom says anything humorous. My mother says that he may lose his whaling job. This is because some people are trying

to prevent my father and his colleagues from conducting whaling activities.

Please do not deprive my father of his whaling job.

I don't want to be like children in Africa.

All Japan Seamen's Union 15-26, Roppongi 7-chome, Minato-ku, Tokyo, 106, Japan

Selbst die emsigsten Kämpfer für den Schutz der Wale trauen sich nicht, dieses »heiße Eisen« anzufassen, um ein Wortgefecht mit der japanischen Delegation zu vermeiden. Denn die Vertreter Nippons – die die größten Antreiber sind, wenn um Fangquoten gefeilscht wird – springen geradezu an auf dieses Thema. Sie appellieren an die Menschlichkeit der anderen Landesvertreter, reden von Tradition, Kultur und Religion. Man muß schier den Eindruck gewinnen, das gesamte japanische Volk nage am Hungertuch, wenn diese Meeressäuger als Nährstofflieferanten ausfielen. Die Riesendelegation, die mit 30 bis 40 smarten Überredungskünstlern alle anderen in den Schatten stellt, läßt sich keine Gelegenheit entgehen, auf Stimmenfang zu gehen. So wurden beispielsweise 1981 Flugblätter verteilt mit reizenden Texten und niedlichen Bildern, die die Herzen der Naturschützer brechen sollten: »Ich bin ein zehnjähriges japanisches Mädchen. Mein Taschengeld habe ich für afrikanische Kinder gespendet. Ich habe gehört, daß sie nicht einmal das nötigste Essen zum Überleben haben. Bitte, laßt meinem Vater seinen Walfang, damit es mir nicht wie den afrikanischen Kindern ergeht...«

»Stimmt es«, frage ich einen sowjetischen Delegierten, »daß die Sowjetunion den Walfang einstellen will? Die Zeitungen berichteten darüber.« Er schaut mich an, als wolle ich ihm einen Bären aufbinden. »Nein«, kommt die Antwort wie aus der Pistole geschossen: »Es ist die Aufgabe des Menschen, die Natur zu regeln.« Sein Kollege ergänzt: »Wale sind nicht dafür da, um spazierenzuschwimmen oder sich zu amüsieren. Die Natur und ihre Schätze sind dazu da, unsere Gesellschaft zu erhalten – zu unserem Wohlbefinden.«

Wie kam es zu dieser Zeitungsente? Die Aussage galt nur für ein kleines Gebiet im fernen Osten. Dort hatte die Sowjetunion 1980 eine Flotte aus dem Verkehr gezogen, weil die Internationale Walfang-Kommission es so gefordert hatte.

Mein Gesprächspartner würgt derweil mit säuerlicher Miene ein Stück Walblubber, eine in Milchsäure eingelegte »Gaumenweide«, hinunter. Sie schmeckt wie ranziger Schweinespeck. »Das war das erste und das letzte Mal, daß ich Walfleisch gegessen habe«, murrt er, »dafür allerdings würde ich keine Wale töten.« Solche Worte freilich kämen einem japanischen Delegierten nicht über die Lippen.

Seit 1965 steht der Blauwal unter Schutz. Und doch weiß niemand, ob für den größten aller Erdentiere nicht die Hilfe schon zu spät kommt. In der Antarktis wird sein Bestand 1980 auf 10000 Tiere geschätzt, von ursprünglich 225000, wie die Berechnung von Beddington für 1909 – vor Beginn des kommerziellen Walfangs – ergibt. 1989 rechnen die Wissenschaftler der IWC mit nur rund 500 Blauwalen in der südlichen Polarregion – von ursprünglich 250000. Vorausgesetzt die Berechnungen stimmen, würde das bedeuten, daß 99,8 Prozent ausgerottet sind. Die Zahlen basieren auf Stichproben von Beobachtungsfahrten der letzten fünf Jahre. Man kann eigentlich nur hoffen, daß sie nicht relevant sind, daß doch noch mehr Tiere den Aderlaß aus der Vergangenheit überlebten. Nicht viel besser ist es um Finn-, Sei- oder Buckelwale bestellt, wie die Tabelle zeigt, oder um den südamerikanischen Brydewal, für den sich Peru für 1983 noch eine Fangquote ergatterte.

Wie die meisten 1983 noch kommerziell fangenden Nationen – Japan, Norwegen, Island, Spanien, Südkorea, Brasilien, Chile, Peru, Sowjetunion (»aboriginals« nicht inbegriffen) – standen Peru und auch Chile, Island und Brasilien besonders unter dem Stiefel Japans. So traute ich anläßlich der IWC-Tagung 1982 kaum meinen Ohren, als ein peruanischer Delegierter aus dem Hotelzimmer eines japanischen Kollegen schlich, begleitet von den Worten: »And now you know what you say.« Er wußte, was er zu sagen hatte. Die japanische Lobby schläft nicht.

Japan läßt sich den Wind nicht aus den Segeln nehmen. Vor einigen Jahren machte ein Schiff namens »Sierra« Schlagzeilen, weil es unter Fremdflagge – frei von den IWC-Bestimmungen – in verbotenen Gewässern jeden Wal jagte, der ihm vor die Harpune kam. Ein Film, aufgenommen von einem Besatzungsmitglied, dokumentiert, daß nicht einmal Pottwalkälber mit dem Leben davonkamen. Die illegale Beute ging – wie kann es anders sein – über die Kanarischen Inseln nach Japan.

Art	Antarktischer Walbestand vor dem kommerziellen Fang **1909**	Antarktischer Walbestand von heute **1989**
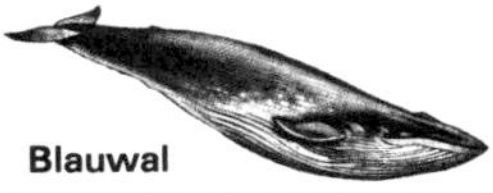 Blauwal	250000	500
 Finnwal	500000	2000
 Seiwal	150000	1500
 Buckelwal	100000	4000

Wenn die Prognosen der Walhochrechnung stimmen, haben große Wale in der Antarktis kaum eine Chance.

In welchem Umfang solcherart »Walpiraterie« und der Schwarzhandel Blüten treiben, ist unbekannt. Auch die Station von Madeira versuchte man für dieses schmutzige Geschäft zu mißbrauchen – und später gar zu kaufen. Aber ohne Erfolg.

Der kleinste unter den industriell genutzten Bartenwalen, der Zwergwal, war bis vor ein paar Jahren relativ gut weggekommen. In den letzten Jahren wohl zu gut, wie die IWC zu wissen glaubt, weil ihm mangels Konkurrenten ein üppiges Nahrungsangebot zur Verfügung stehen soll. Nun gehen die Fänger mit Macht dem Neun-Meter-Zwerg an den Speck, weil die großen unter Schutz stehen oder weil sie so rar geworden sind. Es wird dabei großzügig außer acht gelassen, daß das Wissenschaftskomitee der IWC warnend den Finger hebt, weil hier vermutlich Rechenfehler schon jetzt den Bestand überschätzen. Während des »Moratoriums«, des fünfjährigen Fangstopps zu kommerziellen Zwecken, wurden Zwergwale angeblich für die japanische Wissenschaft abgeknallt.

Aber auch wenn bedrohte Arten auf dem Papier geschützt sind, kann es keine Garantie für ihr Überleben geben, solange noch schwimmende Kochereien – wie bei der Jagd auf den Zwergwal – auslaufen dürfen. Das bei Nacht und Nebel auf hoher See verarbeitete Produkt gibt keine Auskunft mehr über seine Herkunft. Erst Ende der siebziger Jahre hatten eine sowjetische Flotte 201 geschützte Pottwale abgeknallt, ehe das »Mißverständnis« an den Tag kam. Wie viele derartige Mißverständnisse mag es wohl geben?

Im Vergleich zum Schwergewicht Wal sind Elefanten Leicht- und Ochsen Fliegengewichte.

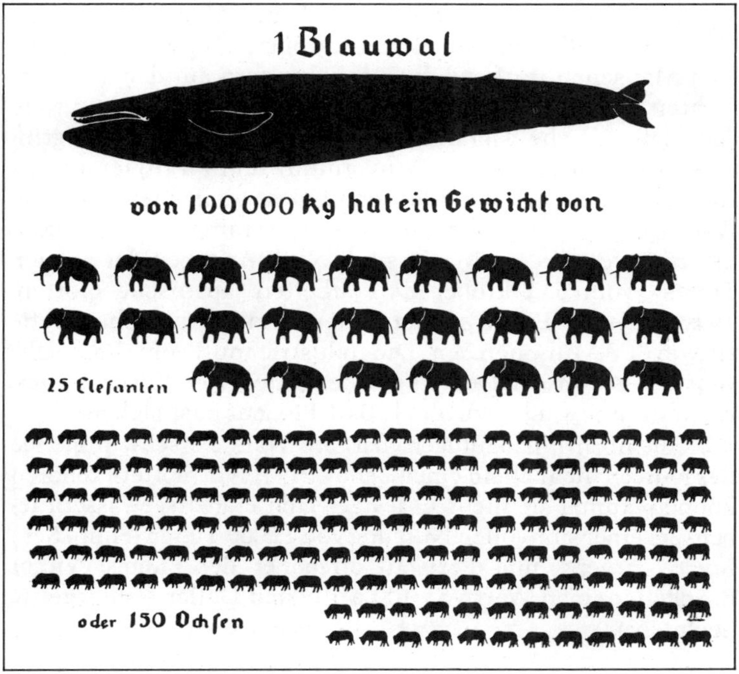

Immer wenn eine Walart unter Schutz gestellt wurde, ging diese Maßnahme unweigerlich auf Kosten einer anderen, einer kleineren. Und wenn die Länder nicht aufpassen, dann kommen mehr und mehr die kleinen Wale, wie Schwertwale und Delphine, an die Reihe. In begrenztem Maß werden sie schon jetzt mit verheizt von japanischen und türkischen Fischern, die sie vor Japan und im Schwarzen Meer als Konkurrenten aus dem Weg räumen; als »Beifang« in der Thunfischerei, bei der jährlich einige hunderttausend ersaufen, und von italienischen »Jagdfreunden«, die aus Sport im Mittelmeer auf Delphine mit schweren Kalibern schießen. Auch in der sogenannten Treibnetzfischerei, besonders von Japan, Südkorea und Taiwan betrieben, werden Tausende von Delphinen und Walen, aber auch Seevögeln, Robben und Seeschildkröten, mitertränkt. Im Moment, in dem ich diese Zeilen schreibe, liebäugeln die Japaner bereits mit derartiger Ersatzbeute. Und das – so eine Umfrage von Naturschutzorganisationen –, obwohl die meisten Menschen im Land des Lächelns gern auf den Wal verzichten würden, zumal auch dort langsam Stimmen laut werden, daß manche Tierarten auf unserem Erdball im Begriff sind, wegen menschlicher Unvernunft und Profitgier auszusterben. Auch in Nippon ist man längst nicht mehr auf den Wal angewiesen, weil für alle von ihm stammenden Produkte Ersatzstoffe auf dem Markt sind. Nach Angaben der »Japan Times« vom 5. Oktober 1981 arbeiten japanische Flotten nicht mehr mit Profit, sondern mit einem vermutlichen Defizit von 300 Millionen Yen. Die Industrie muß vom Staat subventioniert werden. Derzeit soll der Anteil von Walfleisch am verzehrten Eiweiß weniger als 0,01 Prozent ausmachen.

Bleibt noch hinzuzufügen, daß die Wale als schwimmende Ressourcen nicht allein einer Handvoll »Privilegierter« gehören können, zumal sie nicht in festgelegten Hoheitsgewässern leben. Bei einer sinnvollen Nutzung von 11 000 Tieren (Finn-, Sei-, Bryde-, Zwerg- und Pottwal) errechnet der Biologe Victor B. Scheffer einen Wert von 100 Millionen Dollar – solange sie noch leben.

MOBY DICK DARF NICHT STERBEN

Rettet die Wale, save the whales. Rund um die Erde gehen Naturschützer gegen das sinnlose Abschlachten der bedrohten Meeressäuger auf die Barrikaden. Endlich mit ein wenig Erfolg, weil beispielsweise ein internationales Abkommen den Handel mit Walprodukten verbietet. Aber noch immer finden die Haupt-»Killernationen« Mittel und Wege, die Bestimmungen zu ignorieren oder die Gesetze zu umschiffen. Sie lassen sich den Wind nicht aus den Segeln nehmen. Die geschröpften Bestände werden allenfalls geschont, damit nicht mit den letzten Opfern die Walindustrie mit abgeschossen wird.

Zwei Grindwale vor den Azoren.

Wale sind die nettesten Menschen, sagte einmal ein australischer Delphinreiter zu mir. Und ich muß ihm recht geben, obwohl ich manchmal wünsche, ich wäre ihnen nie auf das Meer gefolgt, hätte nie ihre Bekanntschaft gemacht. Sicherlich hätte ich mich dann nicht in solch schwergewichtige Untersuchungsexemplare und solch komplizierte Versuchstiere vernarrt. Es wäre ja zu schön, könnte man ihren Geheimnissen vor Ort auf die Spur kommen, und das, ohne zusehen zu müssen, wie sie krepieren. Aber ihren Lebensraum können wir nicht beherrschen. Vielleicht ist das auch gut so.

Fast alles, was Wissenschaftler ergründen, setzt sich ganz langsam wie ein kompliziertes Puzzlespiel zusammen, wird in Schwerstarbeit zusammengetragen. Uns fehlt es an technischen Vergleichsmöglichkeiten, weil diese Tiere alles besser können, und uns fehlt es an geeigneten Versuchstieren, weil die meisten nicht in ein Untersuchungsbecken passen. Und kann man sie wie die kleinen Delphine einsperren, dann legen sie ein den gegebenen Umständen angepaßtes Verhalten an den Tag. Sie ziehen ihre Nummer in der Show uns zu Gefallen ab; ob und wieweit sie uns damit wirklich einen Gefallen tun, können wir nicht unterscheiden. Mir kommen sie immer vor wie Papageien, die auch nur unter menschlicher Obhut sprechen lernen. Ein Papagei in freier Wildbahn hat nicht solche komischen Flausen im Kopf, die Menschen nachzuäffen. Er tut es nur, um sich anzupassen.

Und doch scheint es wichtig zu sein, daß der Mensch endlich lernt, seine Mitbewohner auf diesem Planeten zu respektieren, statt sie systematisch auszurotten, weil sie ja für ihn, für die – wenn auch umstrittene – Krönung der Schöpfung, nicht von direkter Bedeutung seien. Wie groß diese Bedeutung ist, merkt der Mensch, dieses schlaue Tier, mit schöner Regelmäßigkeit immer erst, wenn es schon fast zu spät ist. So erkennt er erst dann die ökologisch wichtige Funktion anderer Meeressäuger – wie beispielsweise die der Seekühe –, wenn diese schon mit dem Aussterben ringen. Wir wissen heute, daß diese »Sirenen«, die einst rund um den Globus in tropischen Gewässern lebten, die besten Kanalarbeiter sind, ohne die »Wasserunkraut« die Gewässer langsam, aber sicher zuwuchert. Seit der Mensch begreift, welch gründliche und billige Arbeitskräfte er vernichtet hat, nur weil er auf ihr Fleisch, ihr Fett und ihr Leder erpicht ist, zittert er um ihr Überleben. Besser als jede Putzkolonne hätten sie dem Kraut den Garaus gemacht, das jetzt Flüsse wie den Amazonas zukrauten läßt. In Florida bangt man heute um jedes einzelne Seekuhleben. Über einen »heißen Draht« wird gemeldet, wenn nur eines dieser seltenen Tiere von der Schraube eines Motorboots verletzt wird. Und doch weiß niemand, ob diese Meeressäuger überleben, denn es sterben mehr, als Junge geboren werden. Ihre Biologie ist weitgehend unerforscht.

Bei uns in der Bundesrepublik Deutschland starb die Walforschung mit dem letzten Walfang. Und mit ihr wäre auch fast das letzte Forschungsmaterial gestorben, das noch in den Formalinkisten von Instituten schlummerte. Dabei haben gerade Deutsche besonders um die Jahrhundertwende viel zur Kenntnis der Walanatomie beigetragen; ohne diese Grundlagenforschung würde heute noch manches mehr in den Kinderschuhen stekken. Fast wäre das Walmaterial mit dem letzten deutschen

Walforscher, Dr. Kurt Schubert, in Vergessenheit geraten. Heute sind die meisten Präparate, die seinerzeit nur unnütz irgendwelche Gläser gefüllt hatten, in meinem Besitz und der Sammlung der Dr. Senckenbergischen Anatomie des Klinikums der Johann-Wolfgang-Goethe-Universität, Frankfurt/Main, zur Verfügung gestellt.

Ich habe mich noch vor ein paar Jahren damit abgequält, anatomische Studien für meine Promotion an diesen Präparaten durchzuführen. Ich wollte die Entwicklung der Nase – vom kleinsten Fötus bis zum entwickelten Stadium – unter die Lupe nehmen, um vielleicht damit einen Schlüssel zu ihrer Funktion zu finden. Jemand, der nicht anatomisch gearbeitet hat, kann sich kaum ein Bild machen von diesem mühevollen und Ausdauer verlangenden Arbeitsweg, der mitunter auch zu einer Art Sisyphusarbeit wird, weil man trotz lebenslanger Suche nicht an sein Ziel kommt. Und dennoch darf man nicht aufgeben, denn vielleicht gelingt es, den einen oder anderen Nerv oder irgendein

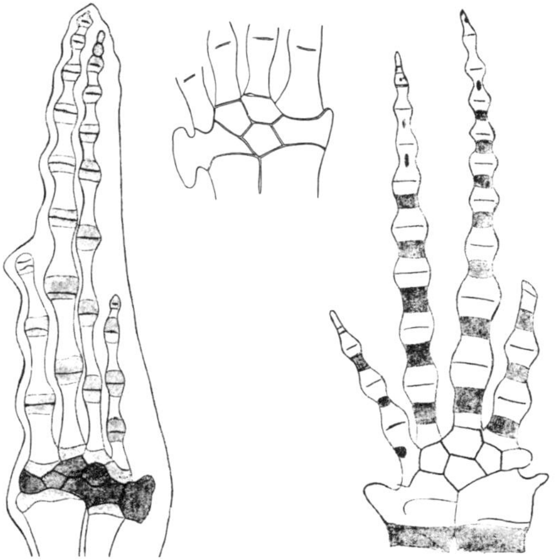

Die Brustflossen der Wale lassen, obwohl sie umkonstruiert sind, wie hier beim Buckelwal, einen Vergleich mit den Vorderextremitäten anderer Säuger zu. Alle Elemente wie Handwurzelknochen und Fingerknochen sind erhalten geblieben.

noch nicht bekanntes Element, und wenn es nur ein Zipfel ist, zu entdecken.

Leider mangelt es oft nicht an Ignoranten, die aus Dummheit diese Grundlagenforschung mitleidig belächeln und spotten, daß wir in der heutigen Welt wohl dringendere Probleme hätten, als auszutüfteln, warum beispielsweise die Nase oder das Ohr des Wals abweichend von unserem konstruiert sind und in welchem Entwicklungsstadium eine solche Veränderung ihren Lauf nimmt. Ich gebe zu, daß ich diese Arbeit an den Nagel gehängt habe, aber nicht, weil ich die Mühe scheute, Embryonen scheibchenweise zu untersuchen, so dünn geschnitten, daß ich Abertausende mikroskopischer Präparate vor mir hatte.

Heute bin ich froh, das Mikroskop gegen die Schreibmaschine eingetauscht zu haben, obwohl ich der Wissenschaft noch lange nicht den Rücken kehre. Nur hat sich inzwischen meine Zielsetzung geändert. Sie liegt gegenwärtig mehr auf dem Gebiet der Ökologie sowie des Natur- und Artenschutzes.

Es ist kein Wunder – aber ein Segen –, daß weltweit Bürgerinitiativen wie Pilze aus dem Boden schießen. Schade nur, daß sich auch hier Scharlatane tummeln und Gruppen stärken, die nur die Emotionen von Tierliebhabern ausnutzen, um an das Geld unwissender Bürger zu kommen. Schade auch, daß manche die überlebensnotwendigen Maßnahmen zur Erhaltung unserer Umwelt und damit auch unseres Lebens politisch ausschlachten. Wir sind mit unserer »Naturverhunzung« an einem Punkt angelangt, an dem Naturschutz nur noch eine Selbstverständlichkeit sein kann und nicht als Lockvogel für Stimmenfängerei dienen darf. Es geht schon lange nicht mehr um das eine oder andere Tier, die eine oder andere Pflanze, einen Fluß oder einen Wald. Es geht um die gesamte Erde, denn sonst geht es uns allen an den Kragen. Hermann Löns sagte schon im Jahre 1911 in einer kritischen Rede: »Es ist ja ganz nett, wenn einige kleine Einzelheiten geschützt werden, Bedeutung für die Allgemeinheit hat diese Naturdenkmälerchensarbeit aber nicht. Pritzelkram ist der Naturschutz, so wie wir ihn haben. Der Naturverhunzung dagegen kann man eine geniale Großzügigkeit nicht absprechen. Die Naturverhunzung arbeitet en gros, der Naturschutz en detail. Zähneknirschende Wut faßt einen, sieht man die grauenhafte Verschandelung der deutschen Landschaft...«

Nicht nur, weil mir die Wale ans Herz gewachsen waren, sondern auch, weil kaum ein anderes Tier so schnell durch menschliche Profitgier an den Rand der Ausrottung gebracht worden ist, gründete ich im Dezember 1977 mit sechs weiteren Gründungsmitgliedern die Gesellschaft zum Schutz der Meeressäugetiere e.V. (GSM), die heute ein als gemeinnützig anerkannter Verein ist. Sicherlich hätte die GSM nicht so rasch manchen Rat in die Tat umsetzen können, wären da nicht Leute gewesen wie zum Beispiel mein Doktorvater, Prof. Dr. Harald Schliemann, mein Diplomvater, Prof. Dr. Nicolaus Peters, mein Lehrer im Journalismus, Henning Saure, und Heinz Sielmann, bei dessen Zeitschrift »Sielmanns Tierwelt« (heute mit Grzimeks »Tier« zusammengelegt) ich in der Redaktion arbeitete und unter anderem über das Unglückstier Wal geschrieben habe.

Als brennendste Aufgabe sahen wir damals, in der Bundesrepublik Deutschland ein Handelsverbot für Walprodukte zu erzielen. Nicht zuletzt als Antwort auf die Anfragen vieler, »was man denn tun könne«, starteten wir eine Unterschriftenaktion, die auch bei anderen öffentlichen Medien, Verbänden, Schulen, Leuten aus der Wirtschaft und Privatpersonen Unterstützung fand. Als wir eine Liste mit exakt 60913 Wal-Stimmen zusammen hatten, gewährte mir der amtierende Bundeslandwirtschaftsminister Josef Ertl ein Interview, das die Redaktion »Arche 2000« vom 3. Programm des WDR arrangierte.

Hier das Gespräch:

Deimer: Das sind, Herr Minister, die Unterschriften von mehr als 60000 Bürgern, die gegen die Einfuhr von Walprodukten in die Bundesrepublik protestieren. Wir haben sie in nur drei Monaten gesammelt. Wir können natürlich weit mehr sammeln; ich glaube, es werden auch noch mehr kommen. Meine Frage an Sie, sehen Sie eine Möglichkeit, daß man den Import von Walprodukten in die Bundesrepublik bremst oder stoppt, zumal es sich hier ja um eine bedrohte Tierart handelt?

Ertl: Ich sehe eine Möglichkeit, möchte Ihnen aber zunächst sehr herzlich danken für Ihre Aktivität und Ihre Bemühungen. Aber wenn ich die Zahlen sehr konkret im Kopf habe, dann meine ich, daß die Importe von Walprodukten zurückgegangen sind von 16000 bis 18000 Tonnen auf 5000 Tonnen allein im Zeitraum, seitdem das Washingtoner Artenschutzübereinkommen in der Bundesrepublik ratifiziert worden ist und die Folgeerscheinungen, nämlich Modifizierung der Kontrolle der Importe, durchgeführt werden. Das sehen Sie ja schon sicherlich als einen ganz schönen Schritt vorwärts.

Deimer: Das sind sicherlich weniger Tonnen, aber es sind immer noch ein paar zuviel. 1978 waren es noch 6000 Tonnen allein an Walöl, und ich meine, bei einer Tierart, von der man nicht weiß, ob sie ausstirbt, sind es immer noch 6000 Tonnen zuviel. Ich gebe zu, 1979 sind es weniger gewesen, 4500 ungefähr, aber selbst 1980 in den ersten beiden Monaten haben wir schon mehr als 500 Tonnen Walöl eingeführt. Vor allen Dingen ist Walöl nicht ein Stoff, auf den wir angewiesen sind. Es gibt genügend Ersatzprodukte. Ich habe mit Chemikern aus großen pharmazeutischen Betrieben gesprochen und habe sogar schriftlich, daß wir Walrat nicht mehr für Kosmetika gebrauchen und daß deshalb diese Firmen es auch schon lange nicht mehr einsetzen.

Ertl: Ich kann dann all denen nur raten, sofort auf Walöl zu verzichten. Aber unabhängig davon. Wir haben auch die Beobachtung gemacht, daß die bis jetzt durchgeführten Importkontrollen nicht ganz greifen. Und deshalb sind auch nächste Schritte vorgesehen. Das betrifft den EG-Raum. Wir bemühen uns über generelle Abmachungen in der EG. Wir waren bekanntermaßen das erste Land, das das Washingtoner Abkommen ratifiziert hat, und wir sind dabei, in den Folgeausführungen noch strengere Kontrollen für Importe einzubauen. Dahingehend, daß nur noch ganz ausnahmsweise Importe erlaubt werden können für Walprodukte, bei denen dann wirklich von dem Ausfuhrland der Nachweis erbracht wird, daß die Tiere dort nicht bedroht sind.

Deimer: Hinzu käme noch, daß zum Beispiel die Bundesrepublik Mitglied in der Internationalen Walfang-Kommission würde. Denn in dieser Kommission sind nicht nur Länder, die selbst am Walfang beteiligt sind. Warum eigentlich ist die Bundesrepublik nicht Mitglied der Internationalen Walfang-Kommission?

Ertl: Das ist wohl deshalb, weil wir am Walfang nicht beteiligt sind, und ein zweiter Grund ist: Wir müssen sehr betreiben, daß die gesamte Gemeinschaft Mitglied wird. Aber das ist eine Frage, die im Haus zunächst von meinen Sachverständigen geprüft wird.

Deimer: In der Internationalen Walfang-Kommission sind zur Zeit 23 oder 24 Länder, und davon sind die meisten walfangende Nationen. Daher ist ja völlig klar, daß sie im Grunde genommen mehr die Interessen des Walfangs sehen als die der Wale. Und

Mit diesem Aufkleber wirbt die Gesellschaft zum Schutz der Meeressäugetiere (GSM).

gerade ein Land, das nicht am Walfang beteiligt ist, könnte natürlich eine positive Wirkung auf Fangquoten haben, wie beispielsweise die Schweiz, ein reines Binnenland, das noch nie etwas mit Walfang zu tun gehabt hat, und es will jetzt Mitglied werden oder ist es vielleicht schon geworden.

Ertl: Ich glaube, ich hätte persönlich überhaupt nichts dagegen, ich muß dabei allerdings die rechtlichen Möglichkeiten prüfen. Und noch einmal, für Ihr Anliegen wäre es noch entscheidender, wenn es gelänge, den geschlossenen Beitritt der EG zu bewirken. Da gibt es aber immer Kompetenzprobleme. Die EG ist oft sehr empfindlich, ich erlebe das jetzt dauernd beim Fischereirecht. Es ist nicht die Frage, daß wir uns hier herausmogeln wollen, sondern die Frage ist eben: Sind wir in der Lage, die gesamte EG hineinzubringen, und wenn nicht, dann national beizutreten?

Deimer: Aber da muß ja auch einer den Anfang machen.

Ertl: Ja und nein, Sie haben sicherlich vom Zeitpunkt her recht. Die Frage ist aber, ob es nicht sinnvoll ist, den erfolgreichen Versuch zu unternehmen, die gesamte Gemeinschaft hineinzubringen. Wenn das scheitert, dann wird sich das Problem ohnehin so stellen.

Deimer: Darf ich Ihnen als Abschied und Erinnerung – solange die Unterschriften in Ihrer Schublade liegen – eine Pflanze überreichen, die bitte auf dem Schreibtisch stehenbleibt. Es ist die Jojoba, eine Wüstenpflanze, die in ihren kaffeebohnengroßen Nüssen ein Wachs produziert, ein pflanzliches Wachs, das dem des Pottwalöls oder Walrats chemisch so sehr gleicht, daß man es als Ersatzprodukt benutzen kann. Es ist eine Wüstenpflanze, sie wächst in Arizona, Kalifornien, Mexiko. Man hat jetzt angefangen, diese Pflanze zu kultivieren. Und ich hoffe doch, daß dieses Nüßchen im Laufe der Zeit, wenn es in größeren Mengen produziert wird, wirklich ausreicht, so daß man sagen wird, wozu brauchen wir noch den Pottwal.

Ertl: Statt Pottwal also pflanzliches Fett.

Deimer: Ja.

Ertl: Ich bedanke mich sehr herzlich. Ich muß eigentlich noch fragen, wie man das pflegt, oder braucht das überhaupt keine Pflege?

Deimer: Sehr anspruchslos, da es eine Wüstenpflanze ist.

Obwohl ein Ja oder Nein von Politikern selten das letzte Wort bedeutet, wir sollten doch gewinnen, und zwar besser, als wir ahnen konnten. Die 3. ordentliche Vertragsstaatenkonferenz zum Washingtoner Artenschutzübereinkommen (WA) stand bevor, ein internationales Abkommen, das seit Juli 1975 existiert und 1976 von der Bundesrepublik als Vertragsstaat ratifiziert wurde.

Das WA kontrolliert beziehungsweise verbietet den Handel mit bedrohten Tieren und Pflanzen. Das bot die Chance, nicht nur national, sondern auch international einen Riegel vor die Ausfuhr von Walprodukten zu schieben, auch wenn diese Wale legal gefangen worden waren. Also machte ich mich an die Arbeit, den Antrag zu formulieren. Natürlich war es nicht allein damit getan, einen flammenden Brief zu schreiben und an die Versprechen des Ministers zu erinnern, sondern das »Papier« mußte einen Haufen von Kriterien erfüllen, angefangen von biologischen Daten über Handelsbilanzen bis zu Bestandsstatistiken der Arten. Um es kurz zu machen, das Bundeslandwirtschaftsministerium machte mit und schickte den Antrag fristgemäß vor den Verhandlungen in den schweizerischen Ort Gland, wo das Generalsekretariat des WA sein Quartier hat und vor der Konferenz, die alle zwei Jahre stattfindet, die Unterlagen sammelt.

Ende Februar, Anfang März tagte dann drei Wochen lang die Mammutkonferenz in Neu-Delhi, Indien. Auch ich war dabei, als offizielle bundesdeutsche Delegierte. Ich hatte keinen leichten Stand. Weder bei den Naturschützern mit internationalem Status, die als Beobachter zugelassen waren, noch bei manchen Landesvertretern. Die einen mißtrauten bis zuletzt dem guten Willen unserer Regierung, zumal wir als der europäische Ex-Hauptimporteur für Walprodukte einen schlechten Ruf hatten.

Die anderen versuchten, uns mit allen möglichen Tricks umzustimmen oder gar unseren Antrag aus dem Verkehr ziehen zu lassen.

Bereits innerhalb der EG begann das Gerangel. Da waren die Engländer, die nach ihren Erkenntnissen den Pottwal für nicht so gefährdet hielten, daß dieser Platz eins beanspruchen könne. Da waren die Dänen, die für ihre Eskimos eine Ausnahmeregelung haben wollten, weil es sich hier um »aboriginals« handelt, als um Naturvölker, die seit eh und je von den Walen leben. Die Delegation erklärte sich bereit, unseren Antrag auf Handelsverbot zu unterstützen, wenn die Grönländer weiterhin – als Ausnahmeregelung – mit Pottwalzähnen handeln dürften. Diese Zähne werden als Volkskunst bezeichnet, nachdem sie geschnitzt und graviert als »scrimshaws« in den Handel kommen und als nautische Antiquität verscherbelt werden.

Auf meine bissige Bemerkung, ob man sich die Abwicklung so vorstelle, daß die Pottwale nicht mehr getötet werden, sondern zum Zähneziehen einen Zahnarzt aufsuchen sollen, reagierten die dänischen Kollegen gar nicht komisch. Dann, so leid es ihnen tut, könnten sie den Antrag nicht unterstützen, lautete ihre Antwort. Also mußten wir uns auf diesen Kuhhandel einlassen. Wie mir langsam klar wurde, mußte auf die Grönländer immer wieder Rücksicht genommen werden. Heute kann ich das schon verstehen, auch wenn sie weniger Sorgen mit der Ernährung als mit dem Whisky haben.

Die USA wollten uns auf Biegen und Brechen umstimmen. Sie hatten einen eigenen Antrag eingebracht, der aber nicht so scharf war wie der unsrige. Nur die Wale, die auch nicht gefangen werden dürfen, sollten vom Handel ausgeschlossen werden. Abgesehen davon, daß es hier – doch wohl nicht nur in meinen Augen – an Logik fehlte, wäre der Naturschutz bei einem solchen Schritt kein Stück weitergekommen. Aber das war ja unser Ziel. Außerdem, wer hätte kontrollieren können, ob das Öl von einem Tier aus einem geschützten Gebiet oder aus einem stammt, in dem beispielsweise die Japaner trotz lauter Proteste immer noch jagen.

Nicht allein, daß die amerikanische Delegation einen ihrer Charmeure vorschickte, um mich zum Essen einzuladen – bei dem dann ein halbes Dutzend Delegierte auf einmal auf mich einredete, um mich umzustimmen –, sie wollte auch einen Trick anwenden, wie mir von dem wachen Heer der Naturschutzgruppen zugeflüstert wurde. Und zwar wollte sie auf juristischem Wege versuchen, daß ihr Antrag vor unserem zur Abstimmung kommt, obwohl unserer laut Statuten der weitreichendste war und deshalb zuerst behandelt werden mußte. Ob das wirklich stimmte, kann ich heute nicht mehr sagen. Jedenfalls war es ein hartes Stück Arbeit, die anderen Delegationen davon zu überzeugen, daß sie in jedem Fall dann die Hand heben müßten, wenn der bundesdeutsche Antrag zur Diskussion steht. Übrigens habe ich während dieser Tagung zum erstenmal begriffen, daß bei derartigen Verhandlungen, auch wenn es um Naturschutz geht, unbedingt Juristen das Sagen haben müssen. Denn kaum ein Biologe findet sich durch das Gestrüpp der Paragraphen, die unzählige Möglichkeiten bergen, um den anderen aufs Kreuz zu legen. Ich möchte an dieser Stelle Herrn Dr. Gerhard Emonds, dem Delegationsleiter vom Bundeslandwirtschaftsministerium, danken, der den Antrag schließlich durchsetzte.

Kurz bevor es zur Abstimmung kam, nach gut zwei nervenstrapazierenden Wochen, die besonders hinter den Kulissen bei Kaffeepausen oder abendlichen Empfängen schlauchten, wollte mir denn auch mein erklärter Feind, Sprachrohr der japanischen Delegation, Honig um den Mund schmieren, indem er mich bat, den Antrag der USA zu unterstützen, dann würde auch Japan dafür stimmen. Wer das glaubt, wird selig. Mit seinem charmantesten asiatischen Lächeln wollte er mir weismachen, daß ich doch Verständnis haben möge für sein Volk. Es hat eine Religion, die verbietet, das Fleisch von vierbeinigen Tieren zu essen. Daher sei man doch so sehr auf Walfleisch angewiesen. Mit diesem Argument war er natürlich bei mir an der richtigen Adresse. Ich versuchte, mein Gesicht zu einem wenigstens andeutungsweise ähnlichen Lächeln zu verziehen, und erklärte ihm, daß man unter diesen Umständen Walfleisch sofort vom Speiseplan streichen müsse. »Wale sind vierbeinige Tiere«,

Tafel 9

Tafel 9
Mit der Schwanzflosse nach oben haben die Walfänger von Madeira bereits den ersten Pottwal an der »Persistencia« vertäut.

Tafel 10/11
Von einem Fangboot aus wird einem Pottwal mit der Handlanze immer wieder in die Herzgegend gestochen.

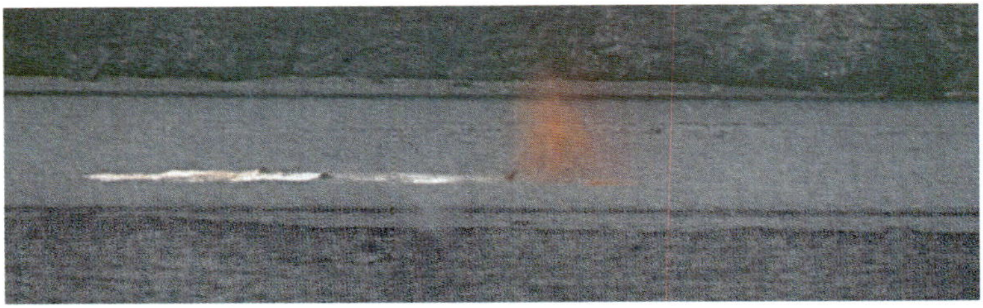

Tafel 10

Tafel 11

Tafel 12
Vor einer isländischen Walfangstation treibt ein Finnwal in seinem Blut, ehe er verarbeitet wird (oben). Auf Madeira ist der noch schwimmende Pottwalkadaver ein willkommener Fund. Kinder und Seeleute holen sich Hautfetzen, um diese als Köder beim Angeln zu benutzen (unten).

Tafel 13
Der stabförmige Unterkiefer dient dem Pottwal als Greifzange, wenn er in der Tiefe Tintenfische, die seine Hauptnahrung sind, erbeutet (oben). Ein IFAW-Forscher nähert sich Pottwalen (unten).

Tafel 10
Er kann nicht mehr fliehen, denn das Harpunenseil steckt ihm an spitzem Eisen im Rücken. Irgendwann macht das Tier seinen letzten – jetzt rot von Blut sprühenden – Blas (Mitte). Demonstration des großen Pottwalschlundes (unten).

Tafel 11
Einen Tag nach dem Fang werden die Tiere auf der Plattform vor der Landstation verarbeitet (unten).

Tafel 14
In Port Stanley, der Hauptstadt der Falklandinseln, steht ein Denkmal aus Blauwalunterkiefern. Anders als die übrigen Knochen, die, wie die Wirbelsäule, stark porös und ölhaltig sind, um im Wasser für ein niedriges spezifisches Gewicht zu sorgen, sind die Unterkiefer bei allen Walen sehr stabil.

Tafel 15
Typisches Sozialverhalten: Vier Pottwale schmusen vor den Azoren (oben). Grauwale treffen sich zur Paarung in der Baja California (unten).

Tafel 16
Blasender Blauwal.

Tafel 14

Tafel 15

Tafel 16

sagte ich zu seiner Verwunderung. »Ich habe über ihre Beine und ihre Beckenknochen meine Diplomarbeit geschrieben. Die Beine sind nur reduziert, manchmal aber immer noch von der Größe einer Walnuß vorhanden.« Seine Antwort? »So, das weiß ich nicht, ich bin kein Biologe, sondern Jurist.«

Die Abstimmung wurde ein voller Erfolg. Wir gewannen mit überwältigender Mehrheit. Von den anwesenden Delegationen votierten 36 für das Handelsverbot, das heißt, daß Pott-, Finn- und Seiwale den traurigen Listenplatz Anhang I WA »eingenommen« hatten. Die beiden Haupt-»Killernationen«, Japan und die Sowjetunion, stimmten dagegen. Als die Entscheidung gefallen war, applaudierten die Anwesenden. Das hatte es noch nie gegeben. Die Tatsache, daß ausgerechnet ein Land wie die Bundesrepublik diesen Antrag gestellt hatte, ein Land, das noch zwei Jahre zuvor den Handel in Europa maßgeblich in Schwung gehalten hatte, stieß besonders bei der Presse immer wieder auf Verwunderung. Aber ist diese Tatsache nicht Grund genug, dem Handel, der die Wale schon viel zu lange zur Ader ließ, einen gesetzlichen Riegel vorzuschieben? Wir sind längst nicht mehr auf Produkte vom Wal angewiesen, für ihr Fleisch und Fett gibt es Ersatz.

Mit dem WA war ein richtiger Schritt für die Wale getan. Am 6. Juni 1981 trat das Abkommen in Kraft, und es ist nunmehr in rund 80 Ländern gültig. Nur Japan und Norwegen machten von ihrem Recht Gebrauch und warfen die Bestimmungen für sich über den Haufen. In der Fachsprache heißt das, sie legten Vorbehalt ein und dürfen weiter handeln. Allerdings unter erschwerten Umständen, zumal die Länder, die zwar noch Wale fangen, aber keinen Vorbehalt einlegten – oder versehentlich den Termin verpaßten wie Chile –, keine Ausfuhrgenehmigung mehr erteilen dürfen. So bleibt fast nur noch der Schwarzmarkt offen, den die Söhne Nippons aber offenbar nicht scheuen. Ich habe selbst Anfragen von japanischen Händlern gesehen, die Pottwalöl von Madeira kaufen wollten. Damit verstoßen sie nicht nur gegen das WA, sondern auch gegen die Bestimmungen der Internationalen Walfang-Kommission (IWC), die die Fangquoten festlegt, mit dem Handel aber wenig zu tun hat. Die

Bestimmungen der IWC besagen aber, daß mit einem Land, das der IWC nicht angehört, auch nicht gehandelt werden darf. Portugal ist der IWC nicht beigetreten. Übrigens fühlte sich das Land des Lächelns von dem bundesdeutschen Antrag betroffen. Über das Auswärtige Amt war zu hören, daß man verstimmt ist, weil sich die Bundesrepublik in die Eßgewohnheiten der Japaner einmische.

Seit dem 1. Januar 1982 ist neben dem WA noch ein weiteres Gesetz in Kraft, das die Wale vor dem Ausverkauf schützen soll. Ein EG-Handelsverbot, das für alle Wale gilt, auch für die, die noch nicht auf Anhang I WA rangieren, sondern nur auf Anhang II, welche also unter WA-Richtlinien noch mit einer Sondereinfuhrgenehmigung ins Land dürfen. Dazu gehören beispielsweise die Produkte des Zwerg- oder Minkwals.

Wie »sauber« die Gesetze eingehalten werden oder durchführbar sind, steht freilich auf einem anderen Blatt. Ich machte die folgende Erfahrung: »Mit einer Flasche Whisky, zollfrei?« fragt der Zollbeamte am Flughafen Heathrow, London. »Es tut mir leid, aber ich kann Sie nicht durchlassen.« Mich wundert, daß er nur auf Whisky reagiert. Schließlich habe ich ihm soeben lang und breit erklärt, daß ich einen Pottwalembryo im Handgepäck trage. Und da der Pottwal auf Anhang I des WA steht, kann doch die Buddel Whisky nur von untergeordneter Bedeutung sein. Denke ich. Immerhin kann ein Verstoß gegen das WA mit Gefängnis bestraft werden.

Der Beamte scheint von Tuten und Blasen keine Ahnung zu haben, will aber offenbar seine Wissenslücke nicht zugeben, als ich ihm den Sachverhalt erkläre. Er holt einen Vorgesetzten. Dasselbe Spiel wiederholt sich, bis ich endlich einen Ober-Vorgesetzten vor mir habe, der offenbar zu den so hohen Tieren gehört, daß sie keine Uniform mehr zu tragen brauchen, sondern in Zivil herumlaufen. Nachdem ich ihm verdeutlicht habe, daß ich mit meinem Walembryo und dem offenbar bedeutend wichtigeren Whisky nur mal eben in die Abflughalle eine Etage höher möchte, um mir Batterien für meinen Walkman zu kaufen – die in der Transithalle vergriffen sind – und damit die drei Stunden

Eine Fülle von Produkten wird aus dem Wal gewonnen, was insbesondere in Japan der Fall ist.

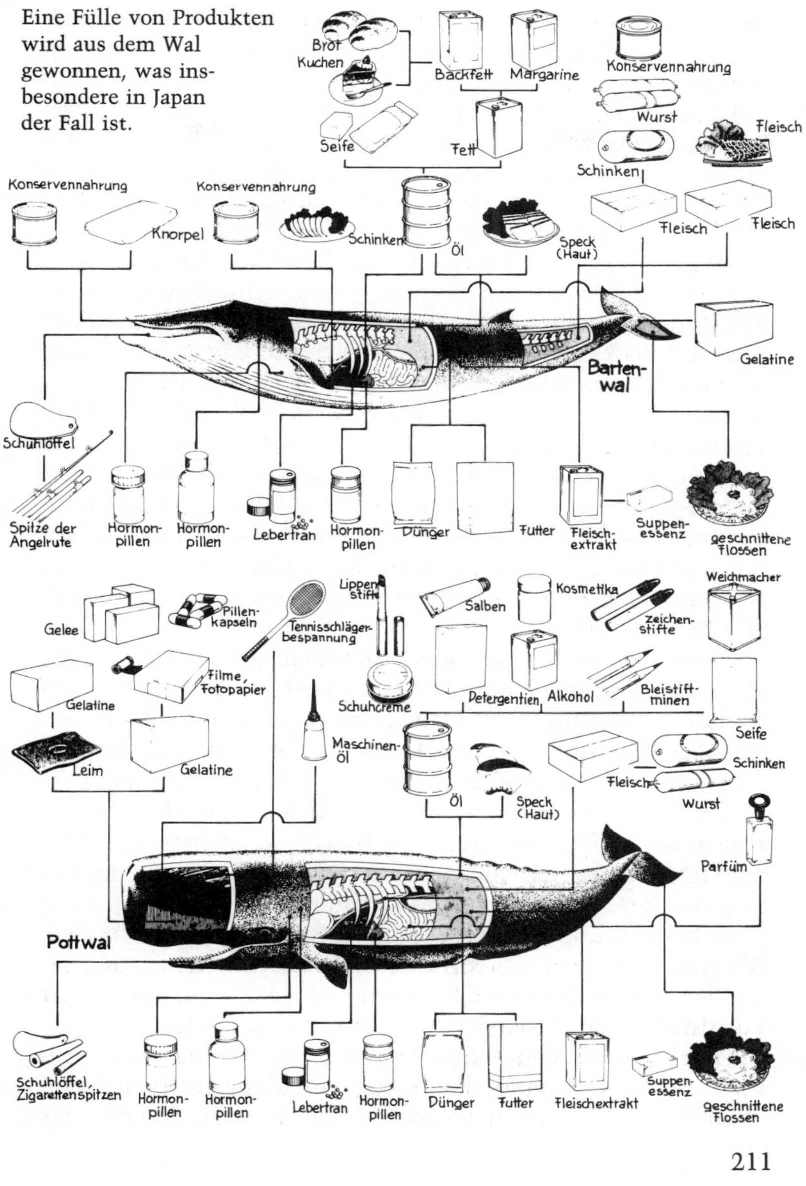

Wartezeit bis zum Weiterflug zu überbrücken, nickt er verständnisvoll. Jedenfalls läßt er sich nicht anmerken, daß ihm mein Wunsch spanisch vorkommt.

Mir hatte gar nicht an dem Aufstand gelegen, einen ganzen Behördenapparat aus seinem Schlaf aufzurütteln. Ich wollte ja nur meine Batterien kaufen und mein Handgepäck solange in einem Schließfach unterbringen, um damit nicht in eine Zollfalle zu gehen. Dabei hatte mir weniger der Whisky als vielmehr der Walembryo Sorgen bereitet, den ich schließlich nicht ohne eine Aus- und Einfuhrgenehmigung und mit einer Beglaubigung, daß er ausschließlich wissenschaftlichen und keinen kommerziellen Zwecken diene, über die Zollgrenze tragen darf. Nachdem ich aber merkte, daß die Londoner Behörde offensichtlich mit den Gesetzen des WA nicht vertraut war, wollte ich zum Zeitvertreib – und um ihr eine offensichtlich notwendige Lehre zu erteilen – meine Wünsche durchsetzen. Schließlich mußte ich auf diesem gräßlichen Flughafen drei Stunden totschlagen. Entweder mit Musik aus meinem Walkman, der aber inzwischen keinen »Saft« mehr hatte, oder indem ich die Behörde beschäftigte, die mich – wie jeden Menschen – im Leben schon viel Zeit gekostet hat.

Um es kurz zu machen, meine Wünsche gehen in Erfüllung. Der hohe Beamte, ohne Uniform, zückt einen seiner vielen Schlüssel und bringt mein Handgepäck in einem sehr dienstlich aussehenden Zimmer unter. Dann geht er persönlich mit mir in die Abflughalle, um die so sehr begehrten Batterien zu erstehen. Er meint, daß er mich besser begleite, damit ich mich in diesem großen Flughafen nicht verlaufe. Einen uniformierten Zollbeamten entdecke ich nicht auf unserem Ausflug, denn wir nehmen den Dienstweg auf Abkürzungen.

Ich bekomme meine Batterien nach etwa eineinhalb Stunden. Als mir der diensteifrige Mann mein Gepäck hinter verschlossenen Türen wieder aushändigt, fragt er: »Und was war das, was ist mit Ihrem Gepäck?« Bei Whisky murmelt er verständnisvoll. Als ich ihm dann den Walembryo in einem Nescaféglas, eingelegt in Formalin, zeige, will er kaum seinen Augen trauen. Dann erteile ich ihm noch schnell eine Lektion in der Handhabung des

Washingtoner Artenschutzübereinkommens, dem Großbritannien ja schließlich auch angehört. Er nickt stumm. Ich hoffe, daß er und seine Mannen jetzt wissen, was das ist. Schließlich werden immer noch Unmengen von Produkten bedrohter – und damit verbotener – Tiere und Pflanzen über die Grenzen geschmuggelt, wenn auch bestimmt selten Walembryos darunter sind.

Für den Rest der Wartezeit kann ich mich nun von meiner Musik besäuseln lassen, ehe mich der nächste Flieger endlich nach Hamburg bringt. Aufgemuntert durch mein Londoner Erlebnis, beschließe ich, die Hamburger Diensthabenden auch mit meinem ungewöhnlichen Mitbringsel zu konfrontieren. Schnurstracks gehe ich beim Zoll zur roten Abteilung, bei der zollpflichtige Ware angemeldet werden muß. Ich stelle mein Gepäck ab. Der Beamte mustert mich fast belustigt, bis ich ihm zum Ernst der Situation passend mitteile: »Ich habe einen Wal dabei, und zwar ein Anhang-I-WA-Exemplar.« Er verzieht keine Miene und scheint zu überlegen, ob ich ihn veräppeln will. Um den Bogen nicht zu überspannen, zeige ich ihm schnell den Inhalt in meinem Glas. Sein Kollege meint: »Na und, der ist doch schon tot.« Das hat mir gerade noch gefehlt. »Natürlich«, antworte ich, »aber wenn ich nun Elfenbein oder Krokoleder oder verbotene Felle hätte, würden Sie auch so reagieren?« Beide Beamte murren, daß ich ja recht habe, und: »Was sollen wir jetzt tun?« Ich rate ihnen, den Wal zunächst zurückzuhalten, bis ich morgen mit amtlichen Papieren wiederkäme, die mir die Einfuhr meines wissenschaftlich wertvollen Objekts – zu wissenschaftlichen Zwecken – auf korrektem Dienstweg ermöglichen.

Dazu mein Doktorvater, der den amtlichen Papierkrieg absegnen mußte: »Und was soll das Ganze?« Eine Übung zur Abwicklung eines Verbots im Rahmen des WA. Das war doch nötig, oder etwa nicht? Zwar werden die betroffenen Beamten jetzt kaum mehr bei Reisenden nach Walen stöbern, aber vielleicht werden sie andere heiße Ware suchen.

MASCOT VI

RENDEZVOUS
DER
GRAUWALE

Auch ohne Blutvergießen lassen sich Wale gut vermarkten. Das zeigt sich nicht zuletzt vor der mexikanischen Küste, wenn Tourismusunternehmer Abenteuerlustige und Fotojäger in die Baja California zum »Whale-watching« schippern, wenn die Grauwale, aus dem hohen Norden kommend, in den seichten Lagunen ihrer Kinderstube eintreffen.

Menschengewühl auf dem Sportfischerboot »Mascot VI«, das im kalifornischen San Diego vor Anker liegt. 30 Touristen tummeln sich an Deck, versuchen, sich zwischen Koffern und Proviant einen Weg zu bahnen und eine annehmbare Koje zu ergattern. Mit viel Geschimpfe und Gezeter. Wo bleibt der Komfort eines feudalen Musikdampfers? Von den beiden Toiletten ist eine außer Betrieb. Gespeist wird in zwei Abteilungen, weil der Platz nicht reicht. Aber die Enge spielt bald keine Rolle mehr, denn fast alle liegen in ihren Kojen oder füttern bei dem Seegang die Fische.

Unsere Reise geht entlang der Baja California, dem knorrigen Landfinger, der sich entlang der mexikanischen Wüste erstreckt. Es ist Februar, und wir suchen nicht Fische wie Thun, Schwertfisch oder Hai. Wir haben uns auf den Spuren der Grauwale an Bord versammelt, um zu beobachten, wie sie in den seichten Lagunen der Baja, geschützt vor der tosenden See, ihre Jungen zur Welt bringen. »Das müssen Sie gesehen haben!« »Whale-watching« ist »in«. Es blüht das neue, das unblutige Geschäft mit dem Wal. Wer sich für Wale interessiert, sollte es allerdings wirklich gesehen haben. Es gibt wohl kaum einen besseren Platz auf Erden mit Garantie für dieses Stelldichein, wenn auch für viel Geld und dafür mit wenig Komfort.

Es grenzt an ein Wunder, daß der Grauwal noch lebt. Denn seine Geschichte beginnt mit einem Schildbürgerstreich. Man hielt den Grauen Felsküstenschwimmer schon zu Beginn unseres Jahrhunderts für ausgestorben. 1935 wurde er unter Schutz gestellt. Und doch kam diese Hilfe wider Erwarten nicht zu spät. Der Graue lebt, zumindest im östlichen Nordpazifik, wo sich heute wieder um die 15000 bis 16000 Individuen tummeln, wie regelmäßige »Volkszählungen« ergeben. Schlecht dagegen ist es nach wie vor um den Bestand vor der Küste Asiens bestellt. Nur sieben Tiere wurden hier seit 1968 nach Angaben des NCC-Reports gesichtet. Im Nordatlantik verschwand der Graue schon anno dazumal, vermutlich durch »Überfischung«. Der Belgier de Smet vermutet, daß ihm schon im Mittelalter der Garaus gemacht wurde, wenn er beispielsweise in der Nordsee, im Englischen Kanal oder in Höhe der Seinemündung auftauchte, um hier, durch Tiden begünstigt, ähnliche geschützte Buchten für seine »Kinderstube« aufzusuchen wie in den Lagunen der Baja California.

Wenn nicht ein zweites Wunder geschieht, darf man wohl davon ausgehen, daß der Bestand im westlichen Nordpazifik ausstirbt oder gerade seinen letzten Blas von sich gibt. Für das Jahr 1910 schätzen Rice und Wolman den Koreanischen Grauwal auf 1000 bis 1500 Tiere, wobei sich schon damals in der Seto-Inland-See, einem Fortpflanzungsgebiet vor Japan, kein Grauwal mehr blicken ließ. Zwischen 1910 und 1932 wurden jährlich noch 120 bis 185 »Teufelsfische« auf ihrer Wanderung zwischen Japan, Korea und den Weidegründen in der Okhotsksee erledigt.

Der Kalifornische Grauwal hat sich erholt. Ich möchte an dieser Stelle nochmals darauf hinweisen, daß »aboriginals« heute auf den Grauwal wie auf den Buckel- und Grönlandwal wieder begrenzte Jagd machen dürfen, wogegen unter dem Aspekt Artenschutz, wie ich meine, nichts einzuwenden ist. Aber ich muß hier zum wiederholten Male daran erinnern, wie »todsicher« die Bestände der Wale analysiert werden, weil man sie nicht wie Vieh auf der Weide zählen kann. Die Rückrechnung auf den ursprünglichen Bestand schwankt zwischen 30000 und 15000 Tieren! Der Kalifornische Grauwal wurde kommerziell und mit Macht seit 1846 aufs Korn genommen, als er besonders von Kapitän Charles Melville Scammon auch außerhalb des Nordmeers erbeutet wurde und nicht mehr allein von den Eskimos und Indianern.

Nach einigen stürmischen Seetagen, vorbei an Kolonien schläfriger See-Elefanten, gehen wir in der Bucht von San Ignacio vor Anker. Unerwartet ruhig ist das Meer, endlich so, wie man sich den Stillen Ozean vorstellt. Um uns bläst es, wohin das Auge schaut. Gemächlich durchpflügen die grauen Riesen das Wasser, drehen und wälzen sich wie in einer großen Badewanne. Die einen machen »Schwanzstand« – Walfänger sprechen von »spy-out« –, stehen bis zum Hals im Wasser und beäugen in aller Seelenruhe das Treiben in ihrer Bucht, die sie alle Jahre wieder aufsuchen, wenn der einbrechende Winter die arktische »Speisekammer« ungastlich werden läßt und wenn die Zeit gekommen ist, für Nachwuchs zu sorgen. Die anderen nehmen Kurs auf unser Schiff, um den eigenartigen Besucher aus der Nähe zu betrachten, wieder andere verabschieden sich für kurze Zeit von der Oberfläche des Wassers durch einen letzten »Wink« mit der Schwanzflosse. Die Grauwale starten wie auch die Pottwale senkrecht nach unten.

Um diese Zeit haben sich bereits alle Altersgruppen zu dem Rendezvous eingefunden. Auf ihren Weidegründen im hohen Norden sind die Grauwale nicht besonders kontaktfreudig, aber zur Fortpflanzungswanderung gesellen sie sich zu kleinen Gruppen. Nach rund vier Monaten »Mast« in der Chukchi- und Beringsee beginnen sie Ende September, Anfang Oktober, einer inneren Unruhe folgend, auf ihrer festgelegten Marschroute mit einer Durchschnittsgeschwindigkeit von 185 Kilometer pro Tag durch den Golf von Alaska – vorbei an Oregon, Nordkalifornien

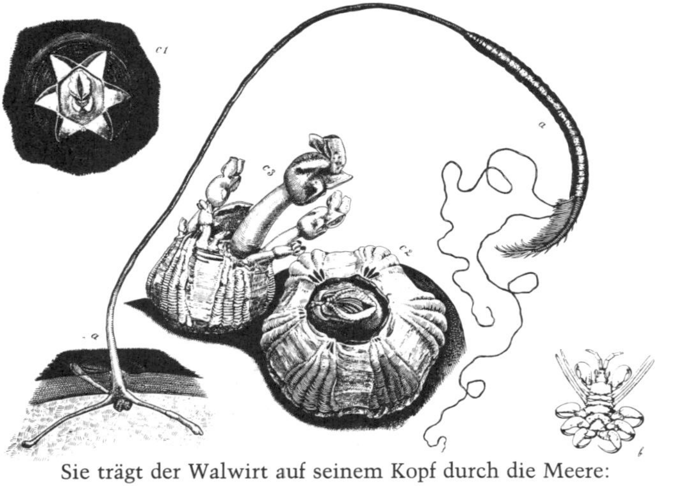

Sie trägt der Walwirt auf seinem Kopf durch die Meere: a = Schmarotzerkrebs (Penella); b = Wal-Laus (Cyamus) vom Buckelwal; c_1 = Seepocke (Coronula reginae); c_2 = Seepocke (Coronula diadema); c_3 = Coronula diadema mit daraufsitzender Entenmuschel (Conchoderma aurita).

– ihre lange Reise. Pünktlich zum Weihnachtsfest erreichen sie San Diego. Die Vorhut bilden einzelne trächtige Weibchen, die ein Jahr zuvor begattet wurden. Ihnen auf der Schwanzflosse folgen Mütter mit »Jährlingen« und kleine Gruppen von zehn bis 15 Männchen, die meist ein Weibchen »im Schlepp« haben. Die Nachhut bilden ebenfalls Männchen. Auf der Höhe von Santa Barbara schlagen einige Tiere die Richtung nach Guadeloupe und Soccoro ein, einige schwimmen in den Golf von Kalifornien, die meisten anderen versammeln sich in der Lagune San Ignacio oder in der Scammon Lagoon. Rund 20000 Kilometer legen die unermüdlichen Wanderer zwischen Nord und Süd jedes Jahr zurück und halten damit den Langstreckenrekord unter den Säugetieren.

Kaum unter der Sonne Kaliforniens angekommen, bringen die nach einer Tragezeit von exakt zwölf Monaten hochschwangeren Weibchen ein Junges zur Welt. Zwillingsgeburten sind bei Walen genauso selten wie bei Menschen. Das etwa viereinhalb Meter lange Kälbchen wiegt bei der Geburt 700 bis 1400 Kilo. Es wird im seichten Wasser, in etwa zehn Meter Tiefe, entbunden. Natürlich ist das Kleine noch schwach auf der Schwanzflosse, die weich und wie zu einer Tüte eingerollt ist. Wie bei allen Walen kommt es in der Steißlage zur Welt, um bei verzögerten Wehen nicht zu ertrinken. Die Mutter verpaßt ihrem Sprößling einen sanften Stoß, um ihn an die Oberfläche zu schubsen. Ein winziger Blas verkündet das freudige Walereignis.

Für das Junge beginnt sofort der Ernst des Lebens. Ein langes Nesthocken können sich Walbabys nicht leisten. So muß der kleine Grauwal sofort üben, seiner Mutter schwimmend zu folgen. Zunächst ganz langsam und schön brav im Kielwasser der Mutter folgend, in dem es sich leichter schwimmen läßt. Das Junge scheint sich, von der ersten Anstrengung erschöpft, auf dem breiten Rücken der Mutter auszuruhen zu dürfen. Obwohl ein solches Verhalten für Wale unglaubwürdig klingt, habe ich mit eigenen Augen gesehen, wie ein Säugling, der aussieht wie eine überdimensionale Gurke, Huckepack auf dem Rücken der Mutter spazierenschwamm. Vermutlich muß sich das Junge erst genügend Speck auf die Rippen trinken, um richtig seetüchtig zu sein. Die Mutter säugt es acht Monate lang mit ihrer sehr nahrhaften Milch, und während der zwei Monate in der Baja-Kinderstube trainiert sie ihr Kalb zu einem leistungsfähigen Schwimmer, damit es fit wird für die Rückreise in den Norden.

Auf der »Mascot« hat die Mannschaft die Schlauchboote klargemacht und den Fotojägern Schwimmwesten verpaßt. Leinen los zum »Whale-watching«. Alle fiebern mit geladenen Kameras dem Abenteuer entgegen. Vielleicht treffen wir gar einen »freundlichen Wal«, einen, der sich streicheln läßt. Und tatsächlich, eine Mutter mit Kalb läßt sich nicht aus der Fassung bringen. Behutsam pirschen wir uns näher. Neugierig, wie Kinder nun einmal sind, paddelt und bläst uns das Junge entgegen, gefolgt von seiner Mutter, die es, immer auf der Hut, verteidigungsbereit im Auge behält. Offensichtlich kennt sie die Abenteuertouristen schon und läßt uns und ihr Kind gewähren. Der kleine Wal schaukelt durch das Wasser, streckt uns seinen Kopf entgegen und läßt sich mit offensichtlichem Wohlgefallen kraulen. Bis es der Mutter zu bunt wird. Sie drängelt ihr Junges zur Seite, holt sich selbst noch ein paar Streicheleinheiten, kratzt sich behutsam den breiten Rücken am Schlauchboot und verabschiedet sich wieder. Aber nicht alle Wale sind erfreut über den Touristenrummel in ihrer Bucht. Kaum nimmt ein Schlauchboot die Verfolgung auf, ziehen sich manche auf Tauchstation zurück, oder sie versuchen, uns mit mehr Tempo und Änderung der Schwimmrichtung abzuschütteln. Sie geraten in Hektik, als seien ihnen Walfänger auf der Spur. Nach einigen Annäherungsversuchen lassen wir sie ziehen. Es ist verboten, die Tiere zu belästigen.

Zuviel Unruhe bringt Schaden, weil die Mütter nicht genügend Zeit zum Säugen ihrer Jungen finden oder weil sie sich bedrängt fühlen und in die offene See flüchten, wo die hilflosen Jungen verlorengehen oder Schwertwalen und Haien zum Opfer fallen können. Dergleichen schlechte Beispiele gibt es genug. So sterben in der Nordsee etliche Seehunde letztendlich an Unterernährung, weil »Sightseeing-Tours« und andere Aktivitäten des Menschen Unruhe in der dreiwöchigen Säugezeit stiften.

Während wir mit unserem Schlauchboot wieder zum Schiff zurückfahren, damit eine neue Besetzung zum »Whale-watching« oder gar »touching« starten kann, bietet uns ein Wal noch eine Sondervorstellung. Er springt und springt und springt. 27mal, ich habe es gezählt, schnellt er mit all seinen Körpermassen aus dem Wasser, schlägt einen Purzelbaum rückwärts und platscht wieder auf die Oberfläche. Erst bei Nummer 27 verlassen die geballten Kräfte den Superakrobaten. Er kann sich nur noch zu einer Andeutung von Luftsprung aufraffen. Ich nehme an, er gönnt sich nach so viel Spiel- oder Kommunikationsfreudigkeit – die typisch auch für andere Wale ist – ein verdientes Schläfchen.

Plötzlich zieht ganz nah an unserem »Mutterschiff« eine Mutter mit Kind vorbei. Unermüdlich setzt sie zu einem Tauchgang an, bleibt aber nur ungewöhnlich kurze Zeit unten, kaum eine Minute. Die Szene wiederholt sich, langsam und sorgfältig, die Fluke hoch. Auf Kommando versucht sich auch das Kalb im Tauchen, aber es ähnelt dabei noch eher einem nassen Sack. Jetzt begreife ich, das Kälbchen geht zur »Schule«. Seine Mutter bringt ihm bei, wie ein Wal zu tauchen. Aber noch immer schafft das Junge es nicht, die Fluke aufzurichten. Emsig probiert es weiter. Der kleine Körper wölbt sich vorschriftsmäßig und zeigt die kleinen Höcker auf dem Hinterteil, nur nicht die Schwanzflosse. Aber es wird schon werden, kleiner Wal.

Als wir wieder im Schlauchboot sitzen, umgibt uns plötzlich ein ungeheuerliches Getummel. Drei Wale drehen und kollern wie Ungetüme knapp unter der Oberfläche. Brust- und Schwanzflossen tauchen auf und ab. Die See kocht unter der gewaltigen Bewegung. Ich befürchte fast, daß die drei unser Schlauchboot umschmeißen werden. Aber sie nehmen nicht einmal Notiz von uns, sie sind zu sehr beschäftigt. Offenbar mit einem Paarungsspiel. Zwei Männchen und ein Weibchen sollen sich dabei zusammentun. Während das eine Männchen und das Weibchen sich paaren, soll der Dritte im Bunde das Pärchen stützen. Ob es stimmt, kann ich nicht beurteilen, obwohl solche Trios oft beobachtet werden. Es wäre aber auch möglich, daß die beiden Männchen um ein Weibchen rivalisieren.

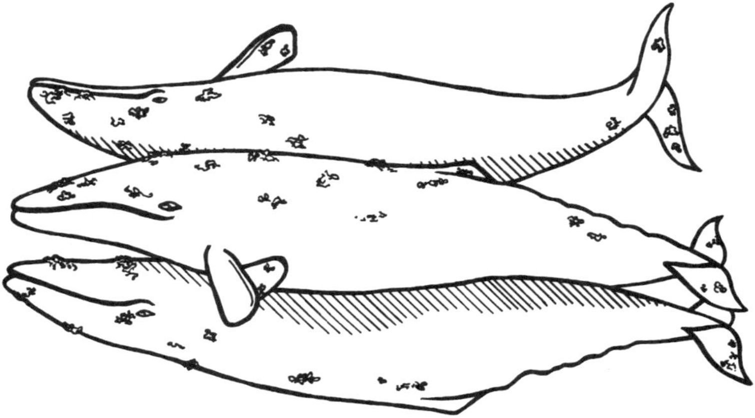

Bei der Paarung von Grauwalen soll sich ein »Junggeselle« zur Verfügung stellen, um das Paar bei der Kopulation zu stützen.

Zumindest scheint ein solcher »Gruppensex« ungewöhnlich zu sein. Von den Buckelwalen beispielsweise wissen wir, daß sich ein Paar nach vorhergegangenen Liebesspielen vereinigt, indem beide Bauch an Bauch senkrecht im Wasser stehen, einander mit den langen Flossenarmen umschlingend. Die Köpfe ragen dabei aus dem Wasser. Die gleiche Position hat Reis auch bei Pottwalen beobachtet, obwohl sie es nach Berzin auch in der Horizontalen, auf der Seite liegend, tun sollen. Vor oder nach der Paarung, so Reis, sind die Pottwale besonders springfreudig. Die Orcas scheinen dazu so etwas wie ein »Wasserbrett« zu bevorzugen.

Ein anderer Grauwal, den wir vor den Bug des Schlauchbootes bekommen, liegt auf dem Rücken, die Brustflossen wie zu Segeln gehißt, so, als spiele er »toter Mann«. Daß er in dieser Position – mit dem »Schnorchel« nach unten – schläft, ist unwahrscheinlich. Vielleicht nimmt er ein Sonnenbad, vielleicht spielt er oder läßt sich treiben. Wäre auch möglich, daß er uns für eine Bedrohung hält und sich vor Schreck totstellt. Vielleicht mimt er auch auf gefährlich. Mich erinnert das

Dreieck, das die herausragende Brustflosse bildet, an das Schwert eines Orcas. Die Flossen sind übersät mit hellen Tupfen, die der Graue aber keineswegs freiwillig trägt. Auf seinem Körper haben sich Mitreisende breitgemacht, Schmarotzer, die langsame Wale, wie auch Buckel- und Glattwale, als Lebensraum benutzen. Unzählige siedeln auf dem Kopf und setzen dem Wal eine »Mütze« auf. Sie machen ihren »Wirt« zu einer wandernden Biozönose, einer Lebensgemeinschaft, freilich nicht unbedingt zu seinem Wohle.

Die weißen Placken stammen von Ruderfußkrebsen, die nur während ihres Jugendstadiums als Larven frei im Wasser schweben, später, als Erwachsene, fassen sie Fuß und werden auf festem Untergrund seßhaft. Nur wenn sie in einem strömungs- und nährstoffreichen Gebiet landen oder wenn sie ein Fortbewegungsmittel wie einen Wal erwischen, können sie überleben. Sie bauen sich eine »Mauerkrone« aus Kalklatten und angeln mit ihren zur Fortbewegung ungeeigneten Füßen, den »Zirren«, nach Planktonnahrung, während sie sich auf ihrem »Wohnmobil« von Selbstbedienungsrestaurant zu Selbstbedienungsrestaurant transportieren lassen. Auf den Kalkgehäusen dieser Seepocken lassen sich auch noch die ebenfalls zu den Ruderfüßern gehörenden Entenmuscheln nieder. Hinzu gesellen sich mitunter Schiffshalter, kleine Fische, die sich mit ihrer zu einer Saugscheibe konstruierten Rückenflosse an dem lebenden Fortbewegungsmittel festhalten.

Neben diesen mehr oder weniger lästigen Wegbegleitern halten sich auch »echte« Parasiten am Wal schädlich, die sich vom Blut oder von der Oberhaut mästen. Zu ihnen gehören Walfischläuse, Flohkrebse, weitere Ruderfußkrebse und Neunaugen. Diese Fische aus der Klasse der Rundmäuler klammern sich mit ihrem aus Hornzähnen bestückten Saugmaul in die Walhaut und zehren von ihr. In planktonreichen Gewässern lassen sich auch Kieselalgen auf den unfreiwilligen Wirten nieder – und »kleiden« diese mal in Gelb oder Grün, während sie die Oberhaut als Nährstoffgrundlage nutzen.

Weitere »Hausbesetzer« nehmen sich die Mundhöhle mit den Bartenplatten, beim Pottwal den Unterkiefer und die Zähne, die

Kinn- oder Analregion vor. Als Tischgenossen, die verkonsumieren, was vorne oder hinten abfällt, fügen sie ihrem Wirt keinen Schaden zu. Vielleicht sind manche sogar angenehme »Zahn- beziehungsweise Bartenbürsten«. In solchen Fällen, wenn Wirt und Gast voneinander profitieren, spricht man nicht von Parasitismus, sondern von einer Symbiose. Ein berühmtes Beispiel ist der kleine Putzerfisch, der große Fische von lästigen Würmern befreit – bei Tauchern »reinigt« er versehentlich auch mal behaarte Beine.

Für die Wale kommen angenehme »Putzkolonnen« mitunter auch aus der Luft. Manche Vögel – Albatroß, Sturmvogel oder Möwe – folgen den Meeresriesen als Wegweiser für gute Futterplätze, sie lassen sich bisweilen aber auch auf dem breiten Rücken nieder und sammeln zu beider Wohl Walläuse.

So entsteht um den Wal dank zahlreicher Nutznießer eine kleine Lebewelt, die sich im Zuge der Wanderung auch ändert, weil manche Weggefährten aus Temperatur- oder Salzgehaltsgründen abspringen oder eingehen. Es ist daher möglich, daß manche Wale gern Ausflüge in Flußmündungen mit niedrigem Salzgehalt unternehmen, um unangenehme Parasiten abzuschütteln. Das gilt auch für Schiffe, die manche dieser Nichtschwimmer an Stelle von Walen besetzen. Sie brauchen nicht mehr unbedingt mühsam in der Werft von diesen strömungstechnisch hinderlichen Weggenossen befreit zu werden. Ich habe mir sagen lassen, daß es genügt, Schiffe beispielsweise in den Hamburger Hafen zu schicken. In derart verschmutzten Gewässern fällt alles Lebendige von ihnen ab.

Die neugeborenen Walkälber in der Baja California bleiben zu Beginn ihres Lebens noch von Parasiten verschont. Aber schon durch den Kontakt mit der Mutter stecken sie sich an und beherbergen bald eine eigene Kolonie. Schnell kommen neue Parasiten hinzu, weil diese Wale sich stets in Landnähe, in den nährstoffreichen Schelfgebieten, bewegen, in denen sich auch die noch schwimmenden Larvenstadien herumtreiben.

Es war im Jahre 1971, als Wissenschaftler vom »Naval Undersea Center« dem Grauwal auf eine völlig neue Spur kamen. Sie hatten eine noch sehr junge Grauwaldame eingefangen und in ein Ozeanarium verfrachtet. Schon bald gewöhnte sich Gigi an ihre neue, enge Umgebung und verhalf der Walforschung zu neuen Erkenntnissen, freilich nicht, ohne ihr auch neue Rätsel aufzugeben, wie immer, wenn man sich mit diesen Supertieren beschäftigt. Zur Verblüffung aller legte Gigi eine Freßgewohnheit an den Tag, die bis dato niemand einem Bartenwal zugetraut hatte. Statt die Tintenfischkost im freien Wasser aufzunehmen, ließ sie ihre Mahlzeit zunächst auf den Beckenboden sacken. Erst dann fegte sie mit einer eleganten Körperdrehung um 120 Grad mit einer Wange und hochgezogenen Lippen über den Grund, um so ihre Tagesration von 900 kg zu verdrücken.

So also ernähren sich die Grauwale. Sie sind Benthosfresser, die mit ihren relativ kurzen Barten den Meeresboden nach Nahrung durchkämmen, statt im Wasser zu seihen oder zu filtrieren wie ihre verwandten Bartenträger. Wie aber sortieren sie bei dieser Staubsaugertechnik den Abfall aus? Sie werden es wohl wissen. Bei Gigi jedenfalls flogen sofort unverdauliche Teile auf der anderen Bartenseite wieder heraus. Wenigstens erklärt diese Freßgewohnheit, weshalb der Rücken der Grauen häufig mit Schlamm bedeckt ist und warum die Grauen Felsküstenschwimmer nicht den offenen Ozean, sondern die Landnähe bevorzugen. Natürlich wurde ihnen der Kontakt zur Küste zum Verhängnis. Leicht und schnell läßt sich der Teufelsfisch erbeuten, der sich sehr liebenswürdig und keineswegs teuflisch gibt. Gigi hatte während ihres Zwangsurlaubs täglich etwa 40 Kilo zugenommen, ehe sie wieder in die Freiheit entlassen wurde. Und wenn sie nicht gestorben ist, zieht sie noch heute mit ihren Artgenossen ihrer langen Wege. Vielleicht ist sie gerade in der Baja, mitten unter uns.

Ab Februar, bis in den Mai hinein, treten die nun um einige Tonnen abgemagerten Felsküstenschwimmer ihren Rückzug gen Norden an, um sich dort wieder nach der langen Fastenzeit den Bauch vollzuschlagen. Während der Wanderung und in ihrem Fortpflanzungsgebiet fressen sie kaum oder gar nicht, obwohl sie manchmal ganze Seetangwälder wie Salatblätter im Maul tragen. Die Rückwanderung nimmt bei einer Geschwindigkeit von etwa 80 Kilometern am Tag mehr Zeit in Anspruch. Nach Norden haben die Tiere gegen stärkere Strömungen anzukämpfen. Und natürlich müssen sie auf die langsameren Kälber Rücksicht nehmen, die, obwohl sie nur etwa acht Monate gesäugt, genau ein Jahr lang fürsorglich umhegt und heroisch verteidigt werden. »Freischwimmen« müssen sich die Zöglinge erst nach der Rückkehr in ihre Kinderstube.

Mitunter tummeln sich die Grauwale in der Brandung und geraten bedrohlich nah ins Flachwasser. Während sie sich aber meistens wieder in die rettenden Fluten zurückziehen können, werden solche waghalsigen Landannäherungen anderen Walen oft zum Verhängnis. Einmal an Land gespült oder auf Grund gelaufen, können sie sich nicht wieder befreien und erdrücken sich selbst elendig an dem eigenen Körpergewicht.

In letzter Zeit machen immer wieder gestrandete Wale Schlagzeilen. Seit Wale »in« sind, wird aus aller Welt berichtet, wenn irgendwo derartiges geschieht. Noch heute rätselt die Wissenschaft, wie es zu solchen Mißgeschicken kommt. Von Ohrparasiten war die Rede, die die akustische Orientierung stören. Aber man hat auch gestrandete Wale ohne Ohrparasiten gefunden und solche, die zwar unter Parasiten litten, aber nicht strandeten. Läßt man einmal außer acht, daß Wale vielleicht Selbstmord begehen oder sich »verkriechen«, wie es ja auch kranke Hunde oder Katzen tun, kommt wohl tatsächlich als Ursache nur eine Fehlorientierung in Betracht. Vielleicht gerät ihre Schallorientierung durcheinander, wenn sie in zu seichtes, schlammiges Wasser kommen. Vielleicht werden sie auch durch Schreckreaktionen in den Landtod getrieben, beispielsweise wenn sie jagende Orcas wahrnehmen oder Unterwassersprengungen oder andere »Horrorgeräusche«. Reis meint dazu, es sei ein Kinderspiel, Pottwale durch den Motorenlärm seines Schnellbootes auf das Land zu hetzen. Auf eine Vorführung habe ich aber dankend verzichtet.

Besonderes Aufsehen erregen Massenstrandungen. Ohne ersichtlichen Grund wälzt sich beispielsweise eine ganze Schule von Grindwalen – Tier um Tier – am Strand zu Tode.

Daß bei Grindwalen – oder Pilotwalen – nicht nur einzelne Tiere in ihr Unglück schwimmen, liegt wohl an ihrem Sozialverhalten. Während beispielsweise Grauwale – außer mit ihren Jungen – keine dauerhaften Beziehungen eingehen, haben Grindwale einen ausgeprägten Herdentrieb. Sobald ein Leittier von Panik erfaßt durchdreht, Amok läuft und sich in Richtung Strand verrennt, folgen alle anderen blindlings in ihr unvermeidliches Schicksal. Auf den dänischen Färöer-Inseln wissen Walfänger noch heute diesen Hang zur Massenpanik für sich auszuschlachten. Sobald eine Grindwal-Schule vor den Inseln vorbeizieht, wüten die Männer unter den Tieren, versetzen einzelnen von kleinen Booten aus schmerzhafte Lanzenstiche, wohin sie gerade treffen. Alsbald bricht in der Schule eine Massenhysterie aus. Wie Viehherden werden die gepeinigten Wale in Richtung Strand gescheucht. Alle anderen folgen, auch ohne den Tod im Nacken zu spüren, in ihren Untergang. Nun beginnt ein barbarisches Gemetzel. Der Reihe nach werden sie abgestochen. Das Meer färbt sich rot von Blut.

Nur manchmal haben Bemühungen Erfolg, gestrandete Wale vor dem sicheren Tod zu retten, sofern sie noch keine inneren Verletzungen erlitten haben. Tierschützer versuchen, die Tiere wieder ins tiefe Wasser zurückzuschleppen. Rettungsaktionen gelingen aber nur selten und nur, wenn die Tiere die Klagelaute ihrer Artgenossen nicht mehr hören können. In den meisten Fällen kehren sie wieder um und müssen, ihrem rätselhaften Trieb folgend, verenden.

Nicht weniger rätselhaft ist der sichere Instinkt der Wale, mit dem diese Wanderer alle Jahre wieder ihre feste Route ausfindig machen. Vielleicht hilft ihnen eine Art innerer Magnetkompaß, mit dem sie – wie auch Vögel – das Erdmagnetfeld für die Richtungsorientierung nutzen. 1981 berichtet die amerikanische Wissenschaftszeitschrift »science«, daß Forscher im Gehirnbereich pazifischer Delphine, in der Dura mater, einige Kubikmillimeter magnetischen Gewebes nachweisen konnten, ein bei Säugern ungewöhnlicher Fund. Nicht allein in dieser Hinsicht gibt es noch viel zu erforschen.

Neben der akustischen Orientierung besitzen Wale auch noch andere Analysatoren, die ihnen Auskünfte über ihre nähere Umgebung oder über Artgenossen erteilen. Dazu gehört der Geschmackssinn, den Wissenschaftler wie den Geruchssinn lange für unterentwickelt hielten, weil unverdauliche Gegenstände in den Mägen von Walen gefunden wurden. Heute nimmt man aber an, daß sie Steine oder Holzstücke – unabhängig vom Geschmack – absichtlich schlucken, damit sie wie Mühlsteine die Nahrung zerkleinern helfen. Der Geruchssinn – Riechepithel, Riechnerven und Riechkolben im Gehirn – verkümmert schon im frühen Embryonalstadium, besonders bei den Zahnwalen. Die kurze Wahrnehmung gasförmiger Stoffe während des Atmens erübrigte sich wohl, zumal die Luft über den Meeren rein ist (oder war), so daß die Tiere auf ein Riechorgan verzichteten. Ihren Geschmackssinn setzen Wale – nach Tomilin – ein, um beispielsweise sehr exakt die Salzgehalte des Wassers zu bestimmen oder die Artgenossen, die Spuren von Urin oder Exkrementen hinterlassen, an ihrer Duftnote zu erkennen. Nachdem der Amerikaner John Lilly und sowjetische Wissenschaftler bei Delphinen, dem Weißwal und bei Schweinswalen kleine Gruben und walzenförmige Papillen am Zungenrand fanden, wird angenommen, daß es sich hier um Chemorezeptoren handelt, die im Wasser gelöste Partikelchen wahrnehmen. Dann muß aber gefragt werden, welchen üblen Geschmack die Tiere neuerdings im Maul haben müssen, seit Flüsse und Meere mehr und mehr durch menschliche Unvernunft verdrecken!

Ich hoffe, die Grauen Felsküstenschwimmer haben dennoch eine gute Reise, wünsche ihnen guten Appetit in der Arktis und hoffe auf ein Wiedersehen mit feuchtem Flossenschlag in der Baja California.

DELPHINE – FREUNDE UND HELFER DES MENSCHEN

Nicht nur in der griechischen Geschichte freunden sich Delphine mit Menschen an. Die Wunderkinder der Meere kommen als Retter in Seenot oder treiben Fischern gute Fänge in die Netze. Dem Menschen würden sie nie ein Haar krümmen. Die Hilfsbereitschaft und Kooperation der Delphine erklärt sich aus ihrem Sozialverhalten.

Eine kalte Dusche platscht mir mitten in das Gesicht, sauber gezielt. Wie voller Schadenfreude blinzelt mich der listige Delphin mit einem seiner kleinen Augen an, den Kopf zur besseren Betrachtung leicht zur Seite geneigt, das von Natur aus immer wie zu einem frechen Grinsen aufgelegte Maul leicht geöffnet. Ich habe Respekt vor seinen Zähnen, die mir entgegenblitzen. Es ist früher Morgen im Delphinarium von Haderwijk in Holland. Die Eingangstüren sind noch verschlossen, aber Direktor Dudok van Heel hat mir schon Einlaß gewährt. Zum erstenmal in meinem Leben – noch als Studentin – begegne ich diesen Meeressäugern, die mich heute nicht mehr loslassen. Kaum hatte mich die Delphin-Besatzung erspäht, begannen die Tiere

herumzutollen, wohl, um mir eine Vorstellung zu geben, auch ohne Eintrittskarte und Fisch zur Belohnung. Die Dusche muß ich einstecken, so scheint mir, weil ich mich nicht traue, den Verursacher zu streicheln, obwohl er mich durch Kopfnicken und eine »Ansprache«, auf delphinisch gepfiffen und geschnarrt, ermuntert.

Seit ich in Hagenbecks Tierpark mit einem Delphin und dem Schwertwal um die Wette geschwommen bin, kann ich mir nicht mehr vorstellen, daß ich böswillig gezwickt werden sollte. Eine kalte Dusche, das hat mir inzwischen auch die Belegschaft von Hagenbeck beigebracht, verpassen die Tiere einem gern. Für die Show lernen sie, nach Beendigung ihres Auftritts den Eimer für die Belohnungsfische mit einer maulvollen Ladung Wasser auszuspülen. Und im Handumdrehen kriegen sie spitz, daß es eine Gaudi ist, auch den Trainer zu »säubern«, freilich nicht zuletzt auch zum Vergnügen der Zuschauer.

Orca, fleißig wie immer, hat sich das bei den Delphinen abgeschaut. Auch die Weißwale oder Belugas im Duisburger Zoo lassen sich dieses Spielchen nicht vermiesen, nicht einmal, wenn Direktor Gewalt gerade mit dem Rücken zum Becken zu einem wissenschaftlichen Auditorium spricht. Wo bleibt da der Respekt?

Respekt sollten wir vor diesen Lebewesen haben, die immer freundlich zu Menschen sind, die sich auch in der langweiligen, mitunter stupiden Gefangenschaft wie in ihrem Element, der See, bewegen. Da wird kein Seemannsgarn gesponnen, wenn es heißt, daß Delphine Ertrinkenden zu Hilfe eilen, sie an die Wasseroberfläche und zum Strand bugsieren. Delphine schwimmen zur »Sozialhilfe«, wenn ein Artgenosse verunglückt oder erkrankt. Sie greifen einander buchstäblich unter die Arme – unter die Flipper –, um ein leidendes Schulen-Mitglied zum Atmen an der Oberfläche zu stützen. Oder »Hebammen« verpassen einem Neugeborenen einen »Klaps«, damit es seinen ersten Blas tut, und »wiegen« es an der Oberfläche, bis es selbst eine stabile Schwimmlage halten kann. Nicht anders ist die Hilfestellung zu bewerten, die diese so freundlichen Meeresbewohner beispielsweise auch Schiffbrüchigen gewähren.

Immer wie zu einem spitzbübischen Lächeln aufgelegt wirken die freundlichen Delphine.

Mehrfach berichtet die griechische Geschichte von den liebenswerten Helfern auf See, so von dem Sänger und Dichter Arion, den ein Delphin auf seinem Rücken an das rettende Ufer brachte, nachdem Piraten ihn über Bord geworfen hatten. »Ein Mann namens Koiranos«, zitiert der Autor Antony Alpers, »begegnete mehreren Fischern, die sich anschickten, einen Delphin zu töten, der sich in ihrem Netz gefangen hatte. Koiranos überredete sie, davon abzulassen, und übergab den Delphin, nachdem er die Fischer mit Geld entschädigt hatte, wieder seinem Element. Kurze Zeit später erlitt das Schiff, auf dem er fuhr, vor Mykonos, einer Insel im Westen, Schiffbruch, und Koiranos war der einzige, der die Katastrohe überlebte – er wurde durch einen Delphin gerettet. Als er in hohem Alter starb und sein Körper am Strand seiner Heimatstadt den Flammen übergeben wurde, tauchte eine Gruppe dunkelrückiger Delphine im Hafen auf und näherte sich dem Ufer, als wollten sie an der Trauerfeier teilnehmen. Die Tiere blieben, bis die letzte Flamme erloschen war, dann erst schwammen sie ins Meer zurück.«

Von ähnlichen Geschichten berichten nicht nur die alten Griechen und Römer, sondern auch Polynesier, was Beweis genug ist, um an mehr als nur ein Fünkchen Wahrheit zu glauben. Auch aus unserer Zeit fehlt es nicht an Meldungen, nach denen Delphine als Retter von Menschen auftreten. So berichtet die amerikanische Zeitschrift »Natural History« 1943 über einen Vorfall an der Küste von Florida: Die Frau eines Rechtsanwalts verlor beim Baden das Bewußtsein. Sie spürte nur noch, wie sie jemand kräftig anstieß. Als sie am Ufer wieder zur Besinnung kam, wollte sie ihrem Retter danken. Aber sie sah nur einen Delphin. Ein Augenzeuge sagte ihr dann, daß dieses Tier sie aus dem Wasser gestoßen hatte. Auch dieses glückliche Ereignis ist kein Einzelfall.

In Opononi, beim neuseeländischen Auckland, steht ein Denkmal zur Erinnerung an den Delphin Opo. Dieses junge Großtümmlerweibchen kam im Jahre 1955 erstmals an den Strand, um sich zwischen den Badegästen zu tummeln. Es ließ sich streicheln und Kinder auf seinem Rücken reiten, vollführte Sprünge, als sei es für eine Show engagiert, und spielte mit

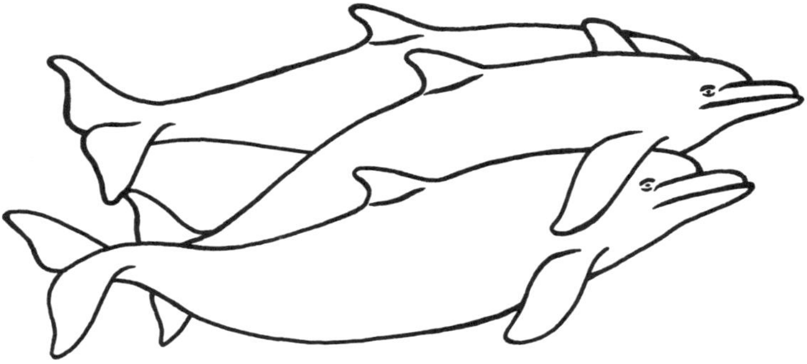

Gerät ein Delphin in Seenot, sind andere Tiere zur Stelle, um den verletzten Artgenossen zu stützen, damit er an der Oberfläche atmen kann.

Gummibällen, die es hoch in die Luft schleuderte. Das aufsehenerregende Vergnügen für Tier und Mensch dauerte ein Jahr. Dann fand man den Publikumsliebling tot zwischen den Felsen.

Solche Begegnungen mit freilebenden, zahmen Delphinen sind von vielen Küsten bekannt. Aber nicht nur als Retter oder Spielgefährten kommen diese liebenswerten Gesellen, sondern auch als Helfer beim Fischfang. Von der Antike bis in unsere Zeit »einigen« sich Fischer und Delphine, um ihr täglich »Brot« zu verdienen. Wie diese Zusammenarbeit der Eingeborenen zu Wasser und zu Land abläuft, beschreibt der Augenzeuge Thomas Welsby aus Brisbane nach Alpers wie folgt:

»Ich erinnere mich an eine großartige Szene voller Spaß und Erregung, die sich bei einem Fang gegenüber dem Landesteg von Amity Point abspielte. Ein großer Schwarm Seebarben hatte sich vom Meer her genähert, befand sich aber für die Eingeborenen noch zu weit draußen. Plötzlich wurden mehrere Tümmler gesichtet, die sich etwa 500 Meter von der Küste entfernt im Wasser treiben ließen und dort ihr Sonnenbad nahmen... Einer der Schwarzen lief ans Wasser hinab, stieß seinen Speer mehrmals in den Sand und schlug ihn dann mit seiner ganzen Länge immer wieder auf das Wasser oder ließ ihn horizontal darübergleiten. Die Tümmler reagierten sofort auf das Signal und kamen näher, wobei sie die armen Seebarben vor sich hertrieben. Nun stürmten die Eingeborenen mit ihren Netzen ins Wasser, und in den nächsten Minuten wirbelten Fische, Tümmler und Schwarze wild durcheinander. Schließlich zogen sich die Eingeborenen mit prallgefüllten Netzen auf den Strand zurück und überließen ihren seltsamen Verbündeten den Rest der Beute.«

Ähnliche »Kooperativen« sind auch von den Flüssen Südamerikas und Südostasiens bekannt, zum Beispiel aus der Ortschaft Mato-Grosso, wo sich in den vierziger Jahren Amazonas-Flußdelphine, eine der wenigen Süßwasserarten, in den »Dienst« ihrer zweibeinigen Kollegen stellten, um mit ihnen gemeinsame Sache zu machen.

Tomilin zitiert den TASS-Korrespondenten Taranowitsch, der von einer Begegnung im Nordmeer zwischen einem großen Delphin und einem Fischfangtrawler berichtet. Nachdem der Delphin den Fängern versehentlich ins Netz gegangen war, ließen sie ihn wieder frei. Viele Tage später kehrte der Gerettete zu dem Schiff zurück, einmal mit einer Herde von Artgenossen, die sich aber bald wieder verzog. Der alte Bekannte vollführte immer wieder hohe Luftsprünge. Und als die Mannschaft das Echolot einschaltete, begriff man den Grund seiner Aktivitäten. Das Ortungsgerät erfaßte einen riesigen Fischschwarm, der einen guten Fang zur Folge hatte. »Während der Fangtätigkeit näherte sich dieser Delphin täglich dem Schiff, und die Besatzung des Trawlers überbot auf dieser Fahrt ihren Plan um das Dreifache.«

Ich meine, allein die Tatsache, daß solche Meldungen auch aus der UdSSR und von einem ernst zu nehmenden Walforscher wie Tomilin kommen, bürgt für den Wahrheitsgehalt des soeben Gesagten über diese »Wundertiere«. Vielleicht sind Delphine ja zwar »anders (sogar fremdartig)«, wie der amerikanische Forscher John Lilly schreibt, aber »wahrscheinlich ebenso flexibel, erziehbar und intelligent wie wir«. In der Sowjetunion ist übrigens das kommerzielle Fangen und Schlachten von Delphi-

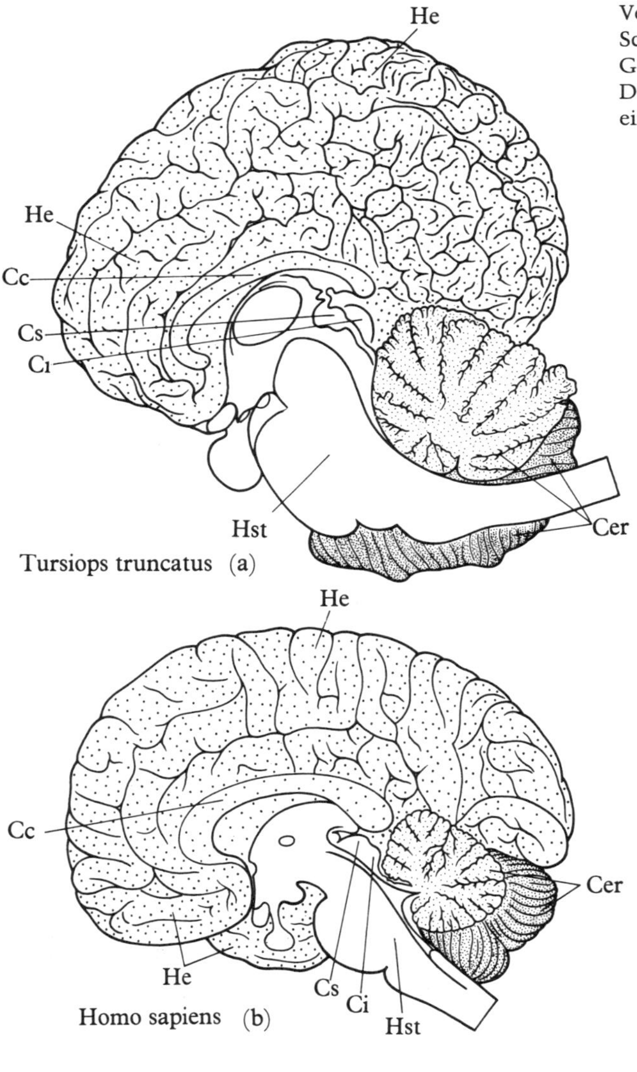

Vergleichende Schnitte durch das Gehirn eines Delphins (a) und eines Menschen (b)

He = Endhirnhemisphäre,
Hst = Hirnstamm,
Cer = Cerebellu
(Kleinhirn),
Cc = Corpus callosum (Balken),
Ci = Colliculus inferior (Hörhügel),
Cs = Colliculus superior (Sehhügel).
Geruchssinn in (reduziert, in (b) unsichtbar.

nen seit 1966 verboten. Mitglieder der sowjetischen Akademie der Wissenschaften appellierten an die Wissenschaftler anderer Länder, desgleichen Verbote durchzusetzen. Zu einem solchen Schritt entschied man sich vermutlich, weil in der Sowjetunion seit einiger Zeit ausführliche Untersuchungen über das Gehirn dieser Tiere laufen. Warum aber die sowjetischen Wissenschaftler vor den »großen Brüdern« nicht denselben Respekt haben, ist für mich ein Rätsel.

Um so mehr aber kann einen die Wut schütteln, denkt man in diesem Zusammenhang an japanische Gepflogenheiten. »Delphine, die Fisch fressen«, heißt es hier, »sind schlechte Delphine.« Sie werden über den Haufen geschossen und als Fischereikonkurrenten verflucht. Wahr ist, daß der Fisch in früher reichen Gründen rar geworden ist, aber nicht, weil die Delphine Raubbau betrieben haben, sondern weil die Menschen fischen. Ich frage noch einmal: Sollen die Tiere vielleicht Konservenfutter fressen? Mir fällt in diesem Zusammenhang nicht viel mehr als eine Karikatur ein: Der liebe Gott und Petrus sitzen auf einer Wolke und schauen auf die Erde nieder, auf der gerade eine Atombombe explodiert. Petrus' Worte: »Du hättest eben doch auf Delphine setzen sollen, Chef...«

Es ist sicherlich leichter zu erklären, welche Fangtechnik Delphine anwenden, um ihren Partnern in der Fischerei zu helfen, als den Grund für ihre Motivation zu erkennen oder dafür, woher sie wissen, daß ein Trawler auf Fisch aus ist. Die Analysen von Freßgeräuschen der kleinen Wale – wie vermutlich auch von größeren – haben erwiesen, daß sie auf Fische eine Scheuchwirkung ausüben. Warum sollten sie dies nicht bei gezieltem Einsatz in Richtung der menschlichen Fangnetze tun?

Über das Gehirn dieser Tiere zerbrechen sich überall in der Welt Wissenschaftler den Kopf, bislang ohne den Geheimnissen auf die Spur zu kommen. Daß sie allein ihrem Instinkt gehorchen, kann angesichts ihrer Verhaltensweisen nicht stimmen. Ob sie einem Verstand folgen, können wir nicht wissen. Zwar sprechen von Menschen zugrunde gelegte Kriterien, wie Größe und Beschaffenheit der zentralnervösen Organe, Gehirn und Rückenmark, »Bände«, aber wir haben keine auf Wale übertragbare Testmethoden. Dennoch lassen die von Menschen vermuteten Kriterien tiefe Einblicke zu. Vermutlich hat die Natur bei den Walen ein zweites – wenn nicht erstes – Mal das Wunder vollzogen, intelligente Lebewesen zu schaffen. Die Größe und Kompliziertheit ihrer Gehirne – wie die Oberflächenvergrößerung durch Windungen, eine strukturelle Differenziertheit besonders in dem im Laufe der Evolution zuletzt entwickelten Teil, dem Endhirn mit Cortexmantel – legen eine hohe Entwicklungsstufe des Gehirns nahe. Nach Untersuchungen des Schweizer Experten Pilleri gleichen sie denen der Primaten, Orang-Utan, Schimpanse und Gorilla. In der Betrachtung der Hirn-Körper-Gewichtsrelation nimmt der Gangesdelphin nach Pilleri die niedrigste Lage ein, während der Tümmler, unser »Fernsehflipper«, die am meisten entwickelte Zahnwalart ist und die Cephalisationsstufe des Menschen erreicht.

Ich bin gespannt, ob wir diesen Lebewesen auf die Schliche kommen. Ob der Mensch wohl in der Lage wäre, ihren Intelligenzquotienten zu messen, wenn er über dem unserigen läge? Möge die Warnung Pilleris, Delphine nicht zu reinen Versuchsobjekten zu degradieren, bei Wissenschaftlern auf offene Ohren stoßen: »So verlockend neurophysiologische Versuche im wissenschaftlichen Neuland sein mögen, ist es ein Gebot für den am Delphin arbeitenden Experimentator, sich stets zu besinnen, welche ranghohe Kreatur er vor sich hat.«

Hirnforscher wie Pilleri und auch Fleischer bringen die Entwicklung bei den Walen mit der Entstehung ihrer akustischen Orientierung und Kommunikation in Verbindung. Ein wenig flapsig ausgedrückt, könnte wegen der schlechten Sicht im Wasser die Scharfeinstellung ihrer Ohren und Funkgeräte das Hirn zu einem Hochleistungs-Schaltpunkt gepolt haben. Und bei diesem Aufbau sind dann auch kleine graue Zellen entstanden, die mehr können als nur Signale verarbeiten, die dem Locken oder Warnen dienen. Jedenfalls können sie mehr als einen sicheren Instinkt leiten, und vielleicht finden die Delphine uns ja ganz schön albern, wenn wir mit ihnen in Ozeanarien einfältige Kunststücke einüben. Vielleicht machen sie alles nur mit, um uns einen Gefallen zu tun, und vielleicht warten sie auf den Tag, an dem sie mit uns kommunizieren können, nachdem wir endlich ihre Sprache gelernt haben werden.

Lilly – der das »Handtuch warf«, weil er die heutige Forschung im Bassin verabscheut – machte einen Vorschlag, der in seiner Delphinschwärmerei in den Augen mancher etwas über das Ziel hinausschießt, den ich aber nur befürworten kann. Er ist dafür, zum Meer hin offene Flachwasser-»Parks« zu schaffen, in denen die beiden Spezies Delphin und Mensch einander freiwillig und ungezwungen begegnen. Daß sich solche Treffs arrangieren ließen, dafür sprechen nicht allein die Dressuren von Delphinen im Meer zu militärischen Zwecken. Die abgerichteten Tiere könnten in die Freiheit entwischen, wenn sie nur wollten. Niemand legt ihnen bei solchen Übungen eine Kette an. Auch sind wieder in die Freiheit entlassene Delphine bekannt, die, wie die unbekannten Zahmen, immer wieder aus freien Stücken die Nähe von Menschen suchen und regelmäßig Stippvisiten bei zweibeinigen Freunden in Küstennähe machen. Wie träumt Lilly: »Wir wollen Älians Ausspruch, ›oh, meine guten, freundlichen Delphine, hütet euch vor der Barbarei der Menschen‹, abwandeln in: Freundliche Delphine, verbündet euch mit uns.« Ich bin überzeugt, sie hätten nichts dagegen.

Es besteht kein Zweifel, daß diese Wundertiere ungeahnte Fähigkeiten besitzen. Der Mediziner John Sutphen vertritt die Ansicht, daß sie mit ihrer dreidimensionalen Echopeilung gar eine Art Röntgenbild von ihren Artgenossen machen können. Sie erpeilen nicht allein die Außenkonturen, sondern auch Körperhöhlen und Organe oder Knochen. Er zieht den Vergleich mit der Technik der Menschen und nimmt an, daß »Delphine über das allgemeine Befinden von Artgenossen in ihrer Umgebung Bescheid wissen. Carzinome und Tumor müssen für sie leicht erkennbar sein. Schlaganfälle und Herzattacken sind für sie so sichtbar wie für uns ein Leberfleck.«

Abgesehen von derartigen Diagnosemöglichkeiten können Delphine mit ihrem »akustischen Auge« nicht nur zwischen Freund und Feind unterscheiden oder sich ein lückenloses Bild ihrer Umgebung machen, sondern sie können auch vorfühlen, ob ihnen ein schmackhafter Speisefisch oder nur minderwertige »Ware« vor die Schnauze schwimmt. Jeder Delphintrainer weiß, daß seine Schützlinge begabte Schüler sind, die schnell lernen, wenn sie nur wollen. Sie können, wie Frisco bei Hagenbeck, der Verehrer von Orca, einen vierfachen Salto vorführen oder auf einer speziellen Kegelbahn alle Neune schieben. Sie lernen Walzer oder Twist zu tanzen, winken mit der Fluke oder den Flippern. Sie schießen mit der Schwanzflosse Fußbälle ins Publikum oder spielen Korbball und und und. Dem Training kommt sicherlich zugute, daß Delphine, wie auch die großen Wale, von Natur aus verspielt und turnbegabt sind. Freilich, zur Belohnung gibt es Fisch. Es kann aber auch passieren, daß eine Vorstellung buchstäblich ins Wasser fällt, wenn die Publikumslieblinge schlechte Laune haben. Dann treten sie in den Streik, da hilft kein Bitten und Betteln und Strafe schon gar nicht.

Delphine – wie auch Orca – proben nicht nur eingeübte Stücke und nicht nur während der Pflichtvorführung. Sie erfinden auch eigene Nummern oder schnappen sich irgendwelche Gegenstände, um sich damit zu amüsieren. So bringen sie eine ins Becken gefallene Feder an den Wasserzufluß, lassen sie im Strudel treiben, um ihr geschickt nachzujagen. In Ozeanarien mit gemischter Besetzung bietet sich auch ein Spielchen mit einer Wasserschildkröte an, freilich nicht zu deren Amüsement, wenn sie immer wieder aufs Kreuz gelegt wird.

Von Streichen und Späßen berichtet der ehemalige Nürnberger Delphintrainer Siegbert Stümpke. So hatte es seine Marina einmal auf eine lockere Dachlatte abgesehen, die sie beim Fußballspielen geschickt herunterschoß. Oder er berichtet von Calypso, der mit seiner versehentlich ins Wasser gefallenen Armbanduhr vorsichtig, als hielte er ein rohes Ei im Maul, wieder emportauchte.

Obwohl die Tiere in der Gefangenschaft gewiß ein angepaßtes Verhalten an den Tag legen, stammen die meisten der wenigen Versuchsergebnisse aus der Haltung in Ozeanarien. Wir wissen, daß ein Delphin mit verbundenen Augen auf ein optisches Signal reagiert, weil ihm sein Partner die Befehle zuflüstert. Wir wissen, daß voneinander durch Sichtbarrieren getrennte Artgenossen sich eine ganze Serie komplizierter, nicht einstudierter Kommandos übermitteln, auf delphinisch versteht sich. Nur wissen wir nicht, wieweit ihr Wortschatz reicht und wozu er, außer der Arterhaltung, noch dienen mag. Vielleicht haben sie ihre eigene Art von Philosophie.

Jedenfalls scheinen sie hervorragende Redner und Zuhörer zu sein. Auch hier haben sie uns offenbar einiges voraus. Sie lassen einander aussprechen, ohne sich gegenseitig ins Wort zu fallen. Vermutlich kennen sie keine Fremdsprachen, sondern sprechen weltweit dieselbe Sprache. Wenn man ihnen dumm kommt, beispielsweise, indem man ihnen ihre Texte vom Tonband abspielt, geben sie keine Antwort mehr, sobald ihnen die Unterredung offensichtlich »spanisch« vorkommt – ohne Sinn und Verstand vielleicht. Andererseits geben sie sich auch Mühe, einige Brocken unserer Sprache einzuüben, obwohl ihnen beispielsweise Englisch nur schwer über die Lippen des Blaslochs kommt, schon weil sie auf einer ganz anderen Wellenlänge funken. Aber wozu auch Nachplappern. Diese Fähigkeit ist noch lange kein Beweis für einen hohen Intelligenzgrad, wie wir von Wellensittichen wissen – obwohl ich diesen Papageienarten hier natürlich nicht nehmen will, daß sie intelligente Vögel sind.

Immer, wenn ich auf einem Schiff fahre, halte ich Ausschau, ob uns ein paar der eleganten Sprinter begegnen. Plötzlich, wie aus dem Nichts, tauchen sie vor dem Bug auf, reiten auf der Druckwelle und genießen mit sichtlichem Vergnügen ein Wettschwimmen. Auch beim tollsten Seegang mit haushohen Wellen, daß manch einer seekrank in der Koje liegt, sprinten sie voraus, als wollten sie zeigen, wer der Herr der Meere ist. Trotz ihrer rasanten Luftsprünge verkalkulieren sie sich nie in ihrem Spurt, der, mal über, mal unter Wasser, Energiesparen hilft, wie amerikanische Wissenschaftler berechneten. Selbst wenn sie nicht auf ebener Oberfläche wassern, sondern in ein tiefes Wellental geraten, laufen sie nie »aus dem Ruder«. Mit gezielter Korrektur durch präzisen Muskelzug erwischen sie mit der Fluke als verstellbare »Landeklappe« die »Piste«, ohne jemals eine »Bruchlandung« zu erleiden.

Gefleckte Delphine sind besonders schnelle Sprinter, die in nur zwei Sekunden auf 43 Kilometer pro Stunde beschleunigen können.

Nicht nur der perfekten Stromlinienform verdanken sie solch hohe Geschwindigkeiten, sondern auch ihrer spiegelglatten Haut. Hydrodynamiker würden sie liebend gern für starre Körper wie U-Boote nachbauen, weil besonders die Schnellschwimmer effektiver vorwärtskommen. Ihre Haut ist in der Lage, Turbulenzen, Wirbelbildungen, die Widerstand beim Schwimmen leisten, abzufangen und in laminare Strömungen zu verwandeln. Wale haben – wie auch beispielsweise die schnell schwimmenden Thune – eine reibungsmindernde Hautschicht, die schnell und flexibel Druckunterschiede auf der Körperoberfläche ausgleichen kann. Diese hydrodynamische Verfeinerung, die bei den Zahnwalen perfekter als bei den Bartenwalen ist, wurde wiederum auch aus akustischen Gründen entwickelt. Sie setzt erheblich die eigenen Strömungsgeräusche herab, nimmt gewissermaßen den störenden »Fahrtwind«.

Die Haut scheint außerdem noch eine andere wichtige Funktion zu erfüllen. Nach Tomilin spielt sie als Tastsinnesorgan eine große Rolle bei der Wahrnehmung von Reizen aus der Umwelt, die den Tieren Informationen über Körperberührungen, Wasserdruck oder Temperatur vermitteln. Obwohl das Wasser als Lebensraum mit relativ stabilen Außenbedingungen ein sensibles Fühlen über die Haut kaum begünstigt, haben sowjetische Wissenschaftler in der Delphinhaut – und besonders in der Kopfregion – große Bündel von Nervenfasern mit Nervenendigungen als »taktile«, temperatur- und schmerzempfindliche Hautrezeptoren gefunden, die mit dem Gehirn direkt in Kontakt stehen. Ihre Reizbarkeit wird begünstigt, weil die Haut bei diesen Tieren von oben her nicht verhornt, sondern Hornhaut sehr schnell abschildert. Ein etwa vergleichbares Tastsinnesorgan haben übrigens Fische in ihrem »Seitenlinienorgan«. Die Bartenwale, anders als die Zahnwale, tragen als eine Art »Verstärker« zusätzliche Tastsinneshaare am Kopfbereich. Sie wirken wie Antennen, die von einem ehemaligen Haarkleid als kümmerliche Reste geblieben sind, um mit mehr Feingefühl beispielsweise die Dichte von Krebsschwärmen erfassen zu können. Den Zahnwalen gehen auch die letzten Haare bald nach der Geburt aus, zumal sie sich nicht auf »Kleinfutter« spezialisiert haben; übrig bleiben kleine Grübchen, die die Engländer Palmer und Weddell als Speedometer, als Geschwindigkeitsmesser, ansehen. Bei den Flußdelphinen sind – wie bei den Bartenwalen – die Tasthaare erhalten, vermutlich, weil diese bei der Futtersuche im schlammigen Grund »im trüben fischen«.

Wie feinfühlig die Haut auch sein mag, wann immer ich Orca oder die Delphine bei Hagenbeck besuche, drehen und aalen sich die Tiere, um sich genüßlich kraulen zu lassen. Bei der letzten Vorstellung fragt Trainer Kurt Köhrmann seine Musterschülerin: »Hast du Petra heute schon gesehen?« Heftiges Kopfnicken.

Die »Song of the Whale«, ein Forschungssegelboot des Internationalen Tierschutz-Fonds (IFAW).

ZOOLOGISCHES STICHWORT

♂: Männchen, ♀: Weibchen, Kalb: bei Geburt

Zoologische Stichwörter hauptsächlich aus:
L. Watson, NCC, Systematik nach Grzimek

Blauwal, Moby Dick und Glattwal werben, stellvertretend für die mehr als 80 Walarten, auf Briefmarken für ihr Überleben. Diese Werbung kann nur etwas bewirken, wenn wir uns ständig bemühen, noch mehr über diese Tiere zu erfahren, als wir heute schon wissen.

Grönlandwal (Balaena mysticetus Linnaeus, 1758). Größe in Metern: ♂ 14,6, ♀ 15,1 (beide max. 20), Kalb ca. 4. Verbreitung: Arktische bis subarktische Gewässer (55°N–78°N) bis in die Eiszone; kann zum Atmen 1 Meter dickes Eis durchbrechen. Biologie: Mikroplanktonfresser entlang der Eisgrenze; lebt in kleinen Gruppen von 3 bis 4 Tieren oder einzeln (früher bildete er vermutlich größere Gruppen); ca. 5 Stundenkilometer schnell; englisch »right whale« genannt – der »richtige« für den Fang. Geschätzte Bestände: Ca. 3000 von ehemals 61200; extrem gefährdet. Schutz: WA, IWC; aber Eingeborenenfang (max. 17 pro Jahr).

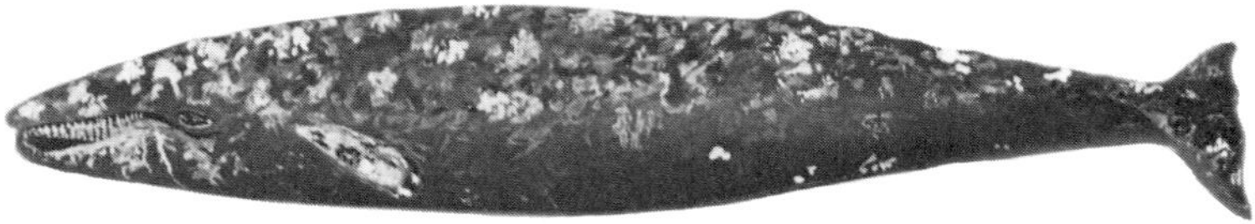

Grauwal (Eschrichtius robustus Lilljeborg, 1861). Größe in Metern: ♂ 12,2 (max. 15,3), ♀ 12,8 (max. 15), Kalb 4,5. Verbreitung: Nordpazifik im Sommer, Fortpflanzungswanderung nach Südwest; 2 Bestände in Südost: Mexiko und Kalifornien (Kalifornischer G.); Korea, südlich von Kyushu (Koreanischer G.); Atlantischer G.: ausgestorben. Biologie: Einzelgänger, der sich zur Fortpflanzungswanderung gruppiert; legt 20000 km pro Jahr zurück; Benthosfresser. Bestände: Koreanischer G. kritisch/unbekannt; Kalif. G. 11000–16000 von ehemals 15000–30000. Schutz: WA, IWC; aber Eingeborenenfang (ca. 170 pro Jahr).

Blauwal (Balaenoptera musculus Linnaeus, 1758). Größe in Metern: ♂ 25 (max. 31); ♀ 26 (max. 33), Kalb ca. 7. Gewicht: 90–144 t (max. 196 t). Verbreitung: Kosmopolit mit Vorliebe für kaltes Wasser und die offene See. Zur Nahrungssuche Nord-Süd- und zur Fortpflanzung Süd-Nord-Wanderung je Hemisphäre, im Winter bis in die äquatoriale Region; keine Vermischung der Bestände, da in verschiedenen Jahreszeiten gewandert wird. Biologie: Saisonaler Schwarm-Krebsfresser (z. B. Krill der Antarktis); lebt in lockeren Gruppen von 3 bis 4 Tieren. Geschätzte Bestände: In der nördlichen Hemisphäre ca. 3000; keine Angaben für frühere Bestände, in der Antarktis ca. 500 von ursprünglich 250000. Schutz: WA, IWC.

Finnwal (Balaenoptera physalus Linnaeus, 1758). Größe in Metern: ♂ 21 (max. 25), ♀ 22 (max. 26,8), Kalb ca. 6,5. Verbreitung: Kosmopolit (offenbar temperatur- und tiefenunabhängig), tritt sogar im Mittelmeer auf; unregelmäßige Nord-Süd-Wanderungen. Biologie: Schnellster Großwal; Fisch- und Planktonfresser; Gruppen von 6 bis 15, in Nahrungsgründen bis zu 100 Tieren; Höchstalter vielleicht max. 100 Jahre; Tauchtiefe bis 250 Meter. Geschätzte Bestände: Im Nordatlantik 6000–10000 von 30000–50000; im Nordpazifik 14000 von 42000–45000, in der Antarktis 2000 von 500000. Schutz: WA, IWC nur manche Bestände.

Seiwal (Balaenoptera borealis Lesson, 1828), Größe in Metern: ♂ 15 (max. 18,5), ♀ 16 (max. 20), Kalb ca. 4,5. Verbreitung: Kosmopolit, aber nicht in extrem polaren Regionen; Vorliebe für die offene See, nähert sich der Küste bis zu ca. 100 Meter Wassertiefe; Nord-Süd-Wanderung je Hemisphäre, aber ohne klar definierbare Wanderwege. Biologie: Kleine Familiengruppen von 4 bis 5 Tieren; größere Schulen treten in Nahrungsgründen auf. Geschätzte Bestände: In der südlichen Hemisphäre 1500 von ehemals 150000; im Nordatlantik 8600–23000 von ehemals 42000–50000. Schutz: WA seit 1981, IWC manche Bestände.

Brydewal (Balaenoptera edeni Anderson, 1878). Größe in Metern: ♂ 12 (max. 14,3), ♀ 13 (max. 14,6), Kalb ca. 4. Verbreitung: Kosmopolit tropischer bis subtropischer Gewässer zwischen 40°N und S (ca. 20°C-Isotherme) bis in Küstennähe; Wanderung orientiert sich vermutlich nach dem Nahrungsangebot. Biologie: Kaum Kenntnisse; vermutlich werden kleine Gruppen von 5 bis 6 oder 30 bis 40 Tieren gebildet; wurde – auch beim Fang – mit dem Seiwal verwechselt, von dem er sich durch längere Kehlfurchen unterscheidet. Geschätzte Bestände: 2000–20000 (optimistisch); stark gefährdet; keine Angaben für frühere Bestände. Schutz: WA seit 1983.

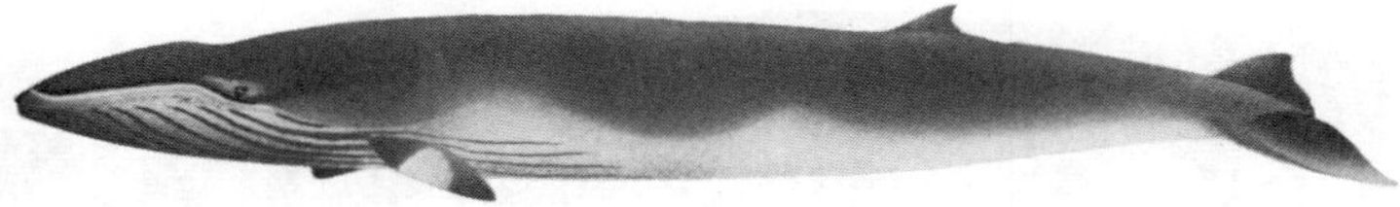

Zwergwal (Balaenoptera acutorostrata Lacépède, 1804). Größe in Metern: ♂ 8 (max. 9,4), ♀ 8,2 (max. 10,2), Kalb ca. 3. Verbreitung: Kosmopolit zwischen Subtropen und Arktis bzw. Antarktis, seltener Tropen; mitunter im seichten Wasser. Biologie: Plankton-, Fisch- und Tintenfischfresser; lebt paarweise und in großen Gruppen bis zu 1000 Tieren in Nahrungsgründen; der Blas ist schlecht identifizierbar, da schon knapp unter der Wasseroberfläche ausgeatmet wird, mitunter Strandungen. Geschätzte Bestände: Antarktis ca. 500000; Zahlenangaben für frühere Bestände sind sehr unsicher, da der Zwergwal lange wirtschaftlich kaum genutzt wurde. Schutz: WA ab 1986, IWC; Fang zu wissenschaftlichen Zwecken.

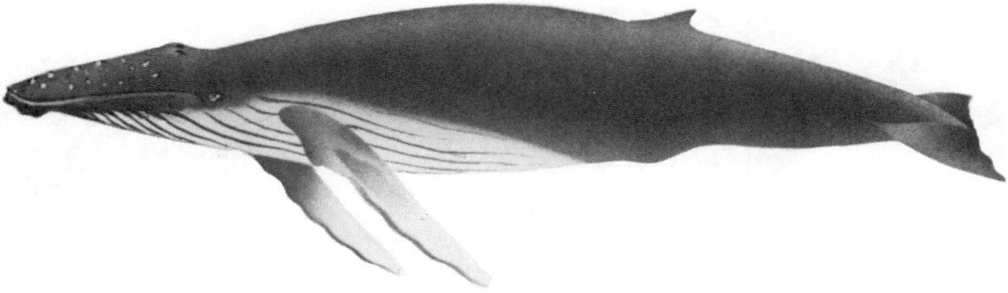

Buckelwal (Megaptera novaeangliae Borowski, 1781). Größe in Metern: ♂ 14,6 (max. 17,5), ♀ 15,2 (max. 19), Kalb ca. 4,5. Verbreitung: Alle Weltmeere zwischen tropischen bis subtropischen Gewässern im Winter, polare Regionen im Sommer, jedoch nicht im Packeis; wandert relativ dicht unter Land. Biologie: Frißt Plankton, aber auch Fisch; kleine Familienverbände von 3 bis 4 Tieren. Geschätzte Bestände: In der nördlichen Hemisphäre max. 4000, in der Antarktis 4000 von ehemals 100000, stark gefährdet, auch durch Fischerei, Tourismus, Umweltschmutz. Schutz: WA, IWC; Eingeborenenfang.

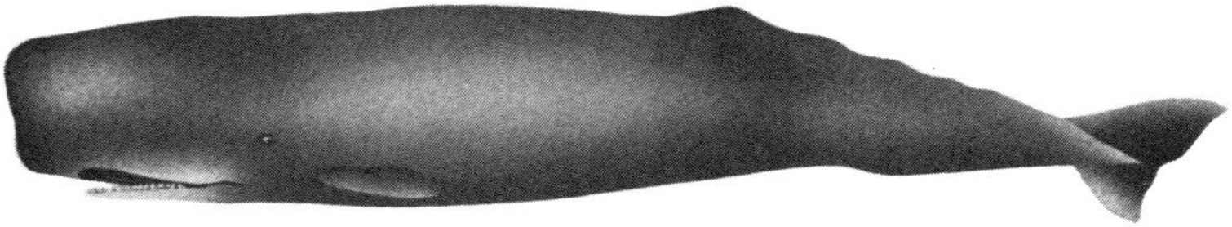

Pottwal (Physeter macrocephalus Linnaeus, 1758). Größe in Metern: ♂ 15 (max. 18), ♀ 11 (angeblich max. 17), Kalb 4,5. Verbreitung: Kosmopolit zwischen 40°N und 40°S, ausgewachsene Bullen wandern bis ins Eis. Biologie: Tintenfischfresser, Tieftaucher; Sozialstruktur weitgehend unbekannt, vermutlich Haremsbildung (Weibchen mit Jungen), aber ohne ständigen Leitbullen; die fortpflanzungsfähigen Männchen sind vermutlich 25 Jahre alt. Geschätzte Bestände: In der südlichen Hemisphäre 350000, in der nördlichen 175000 (vermutlich sehr optimistisch). Schutz: WA, IWC manche Bestände.

Nördlicher Entenwal (Hyperoodon ampullatus Forster, 1770). Größe in Metern: ♂ 9,1 (max. 10), ♀ 7,3 (max. 8,5), Kalb ca. 3. Verbreitung: Nordatlantik bis hohe Arktis im Sommer, im Winter Wanderung in den Süden etwa auf die Höhe Portugals, vielleicht sogar bis ins Mittelmeer. Biologie: Tintenfischfresser; bildet Gruppen von 4 bis 10 Tieren und hat ein ausgeprägtes Sozialleben; Tieftaucher; im Nordpazifik nennen ihn manche Autoren H. ampullatus oder H. rostratus, in der südlichen Hemisphäre wird er als H. planifrons bezeichnet. Vermutlich der meist gefährdete Kleinwal, Schutz: WA, IWC (provisorische Null-Fangquote).

Amazonasdelphin (Inia geoffrensis de Blainville, 1897). Größe in Metern: ♂ 2,2 (max. 2,7), ♀ 1,8 (max. 2,4), Kalb ca. 0,8. Verbreitung: Amazonas (Süßwasser!) vom Delta bis nahe der Anden, verläßt bei Hochwasser (Januar bis Mai) den Hauptstrom, um den Nahrungsfischen in die Laichgründe, die Überflutungsbereiche, zu folgen; dabei verliert er nie die Orientierung. Biologie: Fischfresser; Sinneshaare an der Schnauze; tritt meist paarweise auf, soziale Bindung. Bestände: Unbekannt; durch Fang kaum, aber durch Umweltzerstörung und durch zunehmende Fischerei (Beifang) gefährdet.

Weißwal (Delphinapterus leucas Pallas, 1776). Größe in Metern: ♂ 4,2 (max. 6), ♀ 3,9 (max. 5), Kalb ca. 1,2. Verbreitung: Zirkumpolar in arktischen und subarktischen Gewässern bis ca. 15°C; wurde auch in Flußmündungen gesehen (1966 schwamm »Moby Dick« im Rhein bis Bonn); Fortpflanzungswanderungen. Biologie: Diverse Nahrung in Bodennähe; kann Atemlöcher ins Packeis schlagen; große Gruppen bei Wanderung, sonst wohl nur Weibchen mit Jungen und Gruppen von ca. 10 Männchen. Geschätzte Bestände: Weltweit 26000–32000; gefährdet, zumal er leicht zu fangen ist, da er sich oft dem Land nähert.

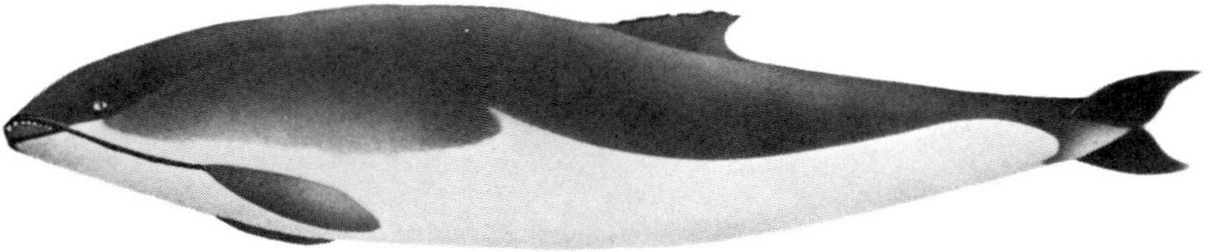

Schweinswal (Phocaena phocaena Linnaeus, 1758), Größe in Metern: ♂ ♀ 1,4 (max. 1,8), Kalb ca. 0,7. Verbreitung: In der nördlichen Hemisphäre zirkumpolar bis ca. 15°C, mitunter weiter südlich; auch in Mittelmeer, Nordsee und Schwarzem Meer anzutreffen; meist in Küstennähe. Biologie: Erreicht schnell die Geschlechtsreife (♂ nach ca. 14 Monaten, ♀ im 3. Lebensjahr); Fischfresser (z. B. Hering); bildet 10–15 Tiere umfassende Gruppen mit einer strengen Sozialstruktur; mitunter Strandungen. Bestände: Keine genaueren Angaben; gefährdet durch Umweltschmutz, Gifte – die zu einer niedrigen Geburtenrate führen –, Fischerei und Tourismus.

Rauzahndelphin (Steno bredanensis Lesson, 1828), Größe in Metern: ♂ 2,4 (max. 2,7), ♀ 2,2. Verbreitung: Vermutlich zirkumpolar in tropischen Gewässern (mittlere Tiefen) sowie im Mittelmeer. Biologie: Wenig bekannt; wahrscheinlich pelagische Nahrung, wohl Tintenfisch und Fisch; vereinzelt bei Thunfischschwärmen anzutreffen; kontaktfreudig; Sozialverhalten unbekannt, vermutlich Schulen bis 50 oder mehr Tiere; sehr gelehrig, nach Angaben, die von der Gefangenschaftshaltung auf Hawaii stammen. Bestände: Unbekannt; Untersuchung nötig, da er möglicherweise durch Beifänge in der Thunfischerei gefährdet ist.

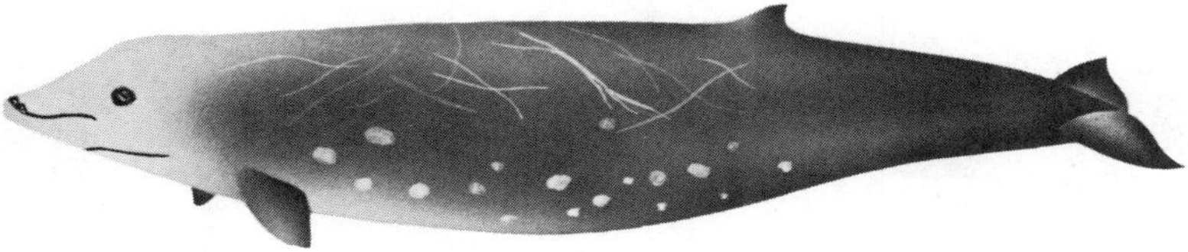

Cuvier-Schnabelwal (Ziphius cavirostris Cuvier, 1823). Größe in Metern: ♂ ♀ 6,4 (max. 7), Kalb ca. 2,1. Verbreitung: Kosmopolit mit Vorliebe für wärmere Gewässer und die Hochsee. Biologie: Tintenfisch- und Fischfresser; Tieftaucher, bleibt bis zu 30 Minuten unter Wasser; lebt vermutlich in Familienverbänden bis zu 15 Tieren; Kratzspuren auf der Haut lassen auf Kämpfe untereinander schließen; nicht selten Strandungen. Bestände: Unbekannt; geringfügiger Fang besonders in Japan für menschliche Ernährung.

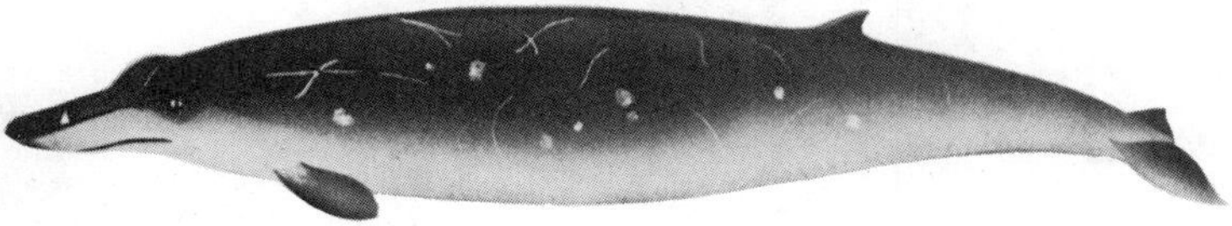

Sowerby-Zweizahnwal (Mesopolopdon bidens Sowerby, 1804). Größe in Metern: ♂ ♀ etwa 5 (max. vielleicht 6,7). Verbreitung: Nordsee, vereinzelt bis Nordamerika; derzeit werden andere Arten genannt: M. mirus, M. europäeus, M. bowdoini, M. carlhubbsi, M. densirostris, M. ginkgodens, M. grayi, M. hectori, M. layardi, M. stejnegeri mit anderen Verbreitungsgebieten. Biologie: Vermutlich Tintenfisch- und Fischfresser. Bestände: Keine Angaben; Gefährdung regional durch Umweltschmutz.

Narwal (Monodon monoceros Linnaeus, 1758). Größe in Metern: ♂ ohne Zahn 4,7 (max. 6,2), ♀ 4 (max. 5,1), Kalb ca. 1,5. Verbreitung: Hohe Arktis, nördlichste Zone aller Wale, selten weiter als 70°N anzutreffen; Tiefwasserbereich. Biologie: Männchen mit »Einhorn« (bis 2,7 Meter langer, gedrehter Zahn im Oberkiefer) als vermutlich sekundärem Geschlechtsmerkmal, das bei Rivalenkämpfen benutzt wird; Zahn tritt aber auch gelegentlich bei Weibchen auf; Fisch-, Tintenfisch- und Krabbenfresser; bildet soziale Gruppen von 6 bis 10 Tieren, vermutlich mit einem geschlechtsreifen Männchen. Geschätzte Bestände: Weltweit 20000 (optimistisch; die Geburtenrate liegt vermutlich unter der Todesrate); stark gefährdet.

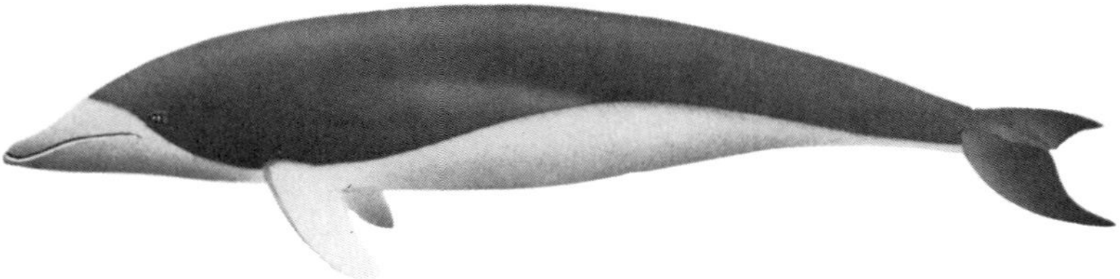

Südlicher Glattdelphin (Lissodelphis peronii Lacépède, 1804). Größe in Metern: ♂ ♀ ca. 1,8 (max. wohl 2,4). Verbreitung: Zirkumpolar in der südlichen Hemisphäre; wahrscheinlich vor allem im offenen Wasser nördlich der antarktischen Konvergenz; wird in der nördlichen Hemisphäre (Nordpazifik) Lissodelphis borealis genannt. Biologie: Kaum bekannt, vermutlich Fisch- und Tintenfischfresser; scheu gegenüber Seefahrt; trotz fehlender Rückenfinne gute Aquadynamik, Schnellschwimmer; bildet Gruppen von 30 bis 100, manchmal sogar von 1000 Tieren. Bestände: Keine Angaben; wirtschaftlich kaum genutzt; Beifang möglich.

Blauweißer Delphin (Stenella coeruleoalba Meyen, 1833). Größe in Metern: ♂ ♀ ca. 2,4 (max. 3), Kalb ca. 1. Verbreitung: In allen Weltmeeren mit tropischen bis temperierten Gewässern. Biologie: Kaum Kenntnisse; Fischfresser; bei Nahrungssuche oft mit Thunfischschwärmen vergesellschaftet; Schulen von 25 bis 2000 Tieren; mitunter sind jüngere getrennt. Geschätzte Bestände: Unbekannt; im Pazifik: 500000 (optimistisch); die Japaner fangen etwa 200000 im Jahr und schießen zudem viele als »Fischereischädlinge« ab; Tausende ertrinken in Thunfischnetzen! Gefährdet auch durch Umweltverschmutzung im Mittelmeer.

Gemeiner Delphin (Delphinus delphis Linnaeus, 1758). Größe in Metern: ♂ ♀ 2,1 (max. 2,6), Kalb ca. 0,9. Verbreitung: Weltweit in tropischen bis warmtemperierten Gewässern, in der Tiefsee wie in Landnähe; unregelmäßige Wanderungen, mitunter erreichen sie sogar die Ostsee. Biologie: Fisch- und Tintenfischfresser; im Sprung werden auch fliegende Fische erbeutet; bilden Gruppen von 20 bis mehreren hundert oder gar Tausenden Tieren mit Sozialhilfe. Bestände: Unbekannt; im Schwarzen Meer dezimiert, da dort bis 1966 bis zu 130000 Tiere im Jahr durch die UdSSR gefangen wurden; Türkei und Bulgarien noch heute aktiv; in der Nordsee durch Umweltschmutz bedingter Rückgang.

Großer Tümmler od. »Delphin« (Tursiops truncatus Montagu, 1821). Größe in Metern: ♂ ♀ 3 (max. 4,2), Kalb 1. Verbreitung: Weltweit in warmen bis temperierten Gewässern, eher in Landnähe als in der Hochsee, die vermutlich nur bei Wanderungen durchquert wird. Biologie: Allesfresser; bildet Gruppen von 15 und mehr Tieren mit einer ausgeprägten Sozialstruktur; Lebensretter und Helfer des Menschen beim Fischfang. Er ist gelehrig und uns als »Flipper« und von Delphin-Shows wohlbekannt; Höchstalter ca. 30 Jahre. Bestände: Unbekannt; gefährdet durch Umweltschmutz und Thunfischerei.

Weißseitendelphin (Lagenorhynchus acutus Gray, 1828). Größe in Metern: ♂ ♀ 2,4 (max. 3), Kalb ca. 1. Verbreitung: Nordatlantik, Adria, Ostsee, mitunter Nordsee. Biologie: Kaum bekannt; vermutlich Fisch- und Tintenfischfresser; bildet Gruppen von bis zu 50 Tieren – manchmal sogar weit mehr – aller Altersklassen und Geschlechter. Bestände: Unbekannt; gefährdet durch Umweltschmutz, Überfischung der Nahrungsfische, Beifang in der Fischerei sowie unkontrollierte Nutzung und Verwechslung mit anderen Arten.

Commerson-Delphin (Cephalorhynchus commersoni Lacépède, 1804). Größe in Metern: ♂ ♀ 1,35 (max. 1,65). Verbreitung: Südatlantik (etwa bis Feuerland); andere lokale C. hectori (Neuseeland), C. eutropia (Chile), C. heavisidei (Südafrika). Biologie: Wenig bekannt; C. commersoni scheint mehr pelagisch zu sein als die anderen; Nahrung wohl Tintenfisch, Krill und Fisch; bildet Gruppen von meist höchstens 6, seltener auch 30 und mehr Tieren. Bestände: Unbekannt; scheint häufig von Schwertwalen angegriffen zu werden.

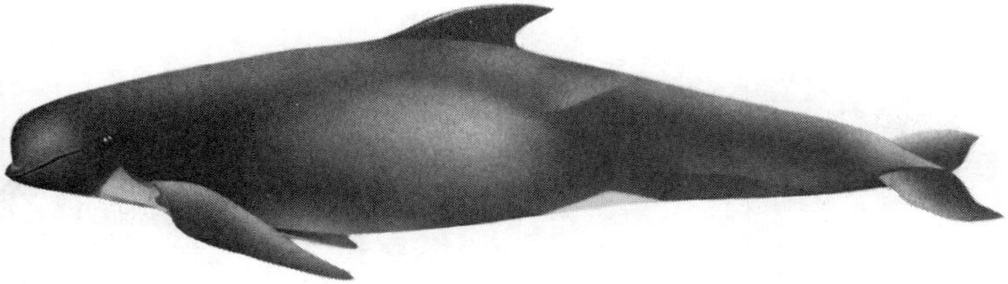

Grindwal (Globicephala melaena Traill, 1809). Größe in Metern: ♂ 6 (max. 8,5), ♀ 4,8 (max. 6), Kalb ca. 1,8. Verbreitung: Nordatlantik (etwa zwischen 13°–30°C), Mittelmeer, Nordsee, Ostsee; tieferes Wasser; früher trat er nach japanischen Darstellungen vermutlich auch im Nordpazifik auf, wo er aber ausgerottet wurde (Tropen, Subtropen: G. macrorhynchus). Biologie: Tintenfisch- und Fischfresser; bildet Gruppen von 6 bis 40 oder gar 200 und mehr Tieren mit sozialer Rangordnung und Leitbullen; Polygam; Massenstrandungen. Geschätzte Bestände: 50000; vor den Faröer Inseln traditionell, unter Ausnutzung künstlich erzeugter Massenhysterie, gejagt.

Schwertwal (Orcinus orca Linnaeus, 1758). Größe in Metern: ♂ 8 (max. 9,75), ♀ 7 (max. 8,5), Kalb 2–2,4. Verbreitung: In allen Meeren bis zur Eisgrenze mit einer Vorliebe für seichtere Zonen; unregelmäßige Wanderungen, vermutlich ziemlich standorttreu. Biologie: Allesfresser (auch Vögel, Robben und andere Wale); die Gruppen bestehen aus 5 bis 20 Tieren, wahrscheinlich aus Familienmitgliedern, von ihnen sind etwa 20 % erwachsene Männchen, 20 % Kälber, der Rest Weibchen und Heranwachsende; jagt kooperativ. Bestände: Zahlen liegen nicht vor; vermutlich nicht gefährdet, aber als »Fischereischädlinge« getötet; begrenzter Fang an Stelle geschützter Arten.

Kleiner Schwertwal (Pseudorca crassidens Owen, 1864). Größe in Metern: ♂ 5,4 (max. 6), ♀ 4,6 (max. 5,4), Kalb ca. 1,5. Verbreitung: Weltweit in tropischen bis temperierten Gewässern. Biologie: Tintenfisch- und Fischfresser, sogar große Thune; Familien von 4–6 Tieren, die sich oft zu großen Schulen zusammenschließen. Bestände: Unbekannt, wohl nicht gefährdet; heute geringfügiger Fang, aber Beifang in der Thunfischerei; wurde, wie der Große Tümmler, von japanischen Fischern mehrfach als »Fischräuber« in großer Zahl abgeschlachtet.

ANHANG

Ordnung Waltiere (Cetacea)

Unterordnung Bartenwale (Mystacoceti)

FAMILIE GLATTWALE (BALAENIDAE)
Gattung Balaena, Grönlandwal, B. mysticetus, Linné, 1758
Gattung Eubalaena, Nordkaper, Eu. glacialis (Borowski, 1781), Nordpazifik-Glattwal, Eu. japonica (Lacépède, 1818), Südlicher Glattwal, Eu. australis (Desmoulins, 1822)
Gattung Neobalaena, Zwergglattwal, N. marginata (Gray, 1846)

FAMILIE GRAUWALE (ESCHRICHTIIDAE)
Gattung Eschrichtius, Grauwal, E.

FAMILIE FURCHENWALE (BALAENOPTERIDAE)
Gattung Finnwale (Balaenoptera), Blauwal, B. musculus (Linné, 1758), Zwergblauwal, B. musculus brevicauda Zemsky & Boronin, 1964, Finnwal, B. physalus (Linné, 1758), Seiwal, B. borealis Lesson, 1828, Brydewal, B. edeni Anderson, 1878, Zwergwal, B. acutorostrata Lacépède, 1804
Gattung Megaptera, Buckelwal, M. novaeangliae (Borowski, 1781)

Unterordnung Zahnwale (Odontoceti)

Überfamilie Pottwalartige (Physeteroidea)

FAMILIE POTTWALE (PHYSETERIDAE)
Gattung Physeter, Pottwal, Ph. Linné, 1758
Gattung Kogia, Zwergpottwal, K. breviceps (Blainville, 1838)

FAMILIE SCHNABELWALE (ZIPHIIDAE)
Gattung Entenwale (Hyperoodon), Nördlicher Entenwal, H. ampullatus (Forster, 1770), Südlicher Entenwal, H. planifrons Flower, 1882
Gattung Schwarzwale (Berardius), Baird-Wal, B. bairdi Stejneger, 1883 Südlicher Schwarzwal, B. arnouxii Duvernoy, 1851
Gattung Ziphius, Cuvier-Schnabelwal, Z. cavirostris G. Cuvier, 1823
Gattung Zweizahnwale (Mesoplodon), Sowerby-Zweizahnwal, M. bidens (Sowerby, 1804), Gerais-Zweizahnwal, M. europaeus (Gervais, 1852), Layard-Wal, M. layardii (Gray, 1866), True-Wal, M. mirus True, 1913
Gattung Tasmacetus, Shephard-Wal, T. shepherdi Oliver, 1937

Überfamilie Flußdelphinartige (Platanistoidea)

FAMILIE GANGES-DELPHINE (PLATANISTIDAE)
Gattung Platanista, Ganges-Delphin, P. gangetica (Lebeck, 1801)

FAMILIE INIAS (INIIDAE)
Gattung Inia, Amazonas-Delphin, I. geoffrensis (Blainville, 1817)
Gattung Lipotes, Chinesischer Flußdelphin, L. vexillifer G. S. Miller, 1918
FAMILIE LA-PLATA-DELPHINE (STENODELPHINIDAE)
Gattung Stenodelphis, La-Plata-Delphin, St. blainvillei (Gervais, 1844)

Überfamilie Narwalartige (Monodontoidea)

FAMILIE GRÜNDELWALE (Monodontidae)
Gattung Delphinapterus, Weißwal, D. leucas (Pallas, 1776)
Gattung Monodon, Narwal, M. monoceros Linné, 1758

Überfamilie Delphinartige (Delphinoidea)

FAMILIE SCHWEINSWALE (PHOCAENIDAE)
Gattung Phocaena, Schweinswal, Ph. phocaena (Linné, 1758), Pazifischer Hafenschweinswal, Ph. sinus, Norris & McFarland, 1958, Brillenschweinswal, Ph. dioptrica Lahille, 1912, Burmeister-Schweinswal, Ph. spinipinnis Burmeister, 1865
Gattung Phocaenoides, Dall-Hafenschweinswal, Ph. dalli (True, 1885)
Gattung Neophocaena, Indischer Schweinswal, N. phocaenoides (G. Cuvier, 1829)

FAMILIE LANGSCHNABEL-DELPHINE (STENIDAE)
Gattung Steno, Rauhzahndelphin, St. bredanensis (Lesson, 1828)
Gattung Sotalia, Amazonas-Sotalia, S. fluviatilis (Gervais, 1855) Guayana-Delphin, S. guianensis (P. J. v. Beneden, 1863)

Gattung Sousa, Kamerunfluß-Delphin, S. teuszi (Kükenthal, 1892)
Chinesischer Weißer Delphin, S. sinensis (F. Cuvier, 1835)

FAMILIE DELPHINE (DELPHINIDAE)

Unterfamilie Glattdelphine (Lissodelphinae)

Gattung Lissodelphis, Nördlicher Glattdelphin, L. borealis (Peale, 1848), Südlicher Glattdelphin, L. peronii (Lacépède, 1804)

UNTERFAMILIE EIGENTLICHE DELPHINE (DELPHININAE)

Gattung Fleckendelphine (Stenella), Blau-Weißer Delphin, St. caeruleoalba (Mayen, 1833), Schlankdelphin, St. attenuata (Gray, 1846), Zügeldelphin, St. frontalis (G. Cuvier, 1829), St. pernettensis (Blainville, 1817), St. clymene (Gray, 1850)

Gattung Delphine i. e. S. (Delphinus), Delphin, D. delphis Linné, 1758

Gattung Grampus, Rundkopfdelphin, G. griseus (G. Cuvier, 1812)

Gattung Tümmler (Tursiops), Großer Tümmler, T. truncatus (Montagu, 1821), Rotmeer-Tümmler, T. aduncus (Ehrenberg, 1832), Gill-Tümmler, T. gillii Dall, 1873

Gattung Lagenodelphis, Borneo-Delphin, L. hosei Fraser, 1956

Gattung Lagenorhynchus, Weißseitendelphin, L. acutus (Gray, 1828), Weißschnauzendelphin, L. albirostris Gray, 1846, Weißstreifendelphin, L. obliquidens Gill, 1865

UNTERFAMILIE SCHWARZ-WEISS-DELPHINE (Cephalorhynchinae)

Gattung Cephalorhynchus Commerson-Delphin, C. commersonii (Lacépède, 1804)

UNTERFAMILIE SCHWERT- UND GRINDWALE (ORCININAE)

Gattung Grindwale (Globicephala), Gewöhnlicher Grindwal, G. melaena (Traill, 1809), Indischer Grindwal, G. macrorhyncha (Gray, 1846), Pazifischer Grindwal, G. sieboldii (Gray, 1848)

Gattung Feresa, Zwerggrindwal, F. attenuata Gray, 1875

Gattung Orcaella Irawadi-Delphin, O. brevirostris (Owen, 1866)

Gattung Pseudorca, Kleiner Schwertwal, P. crassidens (Owen, 1846)

Gattung Orcinus, Schwertwal, O. orca (Linné, 1758)

Literatur zum Thema

Abel, O. (1907), Die Morphologie der Hüftbeinrudimente der Cetaceen. Denkschr. Kais. Akad. Wiss. Wien, Math.-naturw. Kl 81.

Allen, J. A. (1908), The North Atlantic right whale and its near allies. Bull. Am. Mus. Nat. Hist. 24: 277–329.

Allen, G. M. (1941), Pygmy sperm whale in the Atlantic. Field. Mus. nat. Hist. Zool. Series. 27: 17–36.

Allen R. & Neill, W. T. (1957), White whales of the Amazon. Natural History (June): 324–329.

Alpers, A. (1961), Dolphins: The Myth and the Mammal. Houghton-Mifflin: London.

Alpers, A. (1963), Dolphins. Butler & Tanner: London.

Anderson, H. T. (ed.) (1969), The Biology of Marine Mammals. Academic Press: NY.

Andrews, R. C. (1914), Monographs of the Pacific Cetacea, 1: The California Gray Whale. Mem. Amer. Mus. Nat. Hist. 1: 231–285.

Andrews, R. C. (1916), Monographs of the Pacific Cetacea, 2: The sei whale. Mem. Amer. Mus. Nat. Hist. 1: 291–388.

Anon. (1929), International Whaling Statistics. Published annually by the Bureau IWS at Sandjefjord, Norway.

Baker, A. N. (1972), New Zealand Whales and Dolphins. Tuatara 20: 1–49.

Baldredge, A. (1972), Killer whales attack and eat a gray whale. J. Mammal. 53: 898–900.

Barthelmeß, K. (1982), Das Bild des Wals. dme-Verlag Dietmar/Mölich, Köln.

Barthelmeß, K. (1982), Vortrag, privat.

Bay, E. G. (1968), Fall! Fall! Fall! öwerall. Verlag Egon Heinemann, Hamburg-Garstedt.

Beale, T. (1839), The Natural History of the Sperm Whale. Van Hoorst: London.

Beamish, P. & Mitchell, E. (1971), Ultrasonic sounds recorded in the presence of a blue whale. Deep Sea Research 18: 803–889.

Beamish, P. & Mitchell, E. (1973), Short pulse length audio frequency sounds recorded in the presence of a minke whale. Deep Sea Research 20: 375–386.

Beddard, F. E. (1915), Contributions to the knowledge of the anatomy of the sperm whale (Physeter macrocephalus) based upon the examination of a young foetus. Ann. Durban Mus., 1, (2), 107–124.

Beddard, F. E. (1919), Further contributions to the anatomy of the sperm whale (Physeter macrocephalus) based upon an examination of two additional foetus. Ann. Durban Mus., 2 (4), 129–148.

Beddington, J. R., May, R. M. (1982), The Harvesting of Interacting Species in a Natural Ecosystem. Scientific American.

Bee, J. W. & Hall, E. R. (1956), Mammals of Northern Alaska. University of Kansas: Lawrence.

Benjaminsen, T. (1972), On the biology of the bottlenose whale. Norwegian J. Zool. 20: 233–241.

Bennett, A. G. (1932), Whaling in the Antarctic, Henry Holt, New York.

Bennett, M. V. L. (1971 a), Electric organs. In W. S. Hoar and D. J. Randall (Eds.), Fish Physiology, Vol. V. Academic Press, New York. pp. 347–491.

Berzin, A. A. (1971), The Sperm Whale. N. O. A. A. (from Russian).

Best, P. B. (1960), Further information on Bryde's whale from Saldanha Bay, South Africa. Norsk Hvalfangst Tidende 49: 201–215.

Best, P. B. (1967), Distribution and feeding habits of baleen whales off the Cape Province. Investl. Rep. Div. Sea Fish. S. Afr. 57: 1–44.

Best, P. B. (1967–1970), The sperm whale off the west coast of South Africa. Investl. Rep. Div. Sea. Fish. S. Afr. 61: 1–27; 66: 1–32; 72: 1–20; 78: 1–12; 79: 1–27.

Best, P. B. (1970), Exploitation and recovery of right whales off the Cape Province. Rep. Div. Sea. Fish. S. Afr. 80: 1–20.

Best, P. B. (1970), Records of the pygmy killer whale from southern Africa, with notes on behaviour in captivity. Ann. S. Afr. Mus. 57: 1–14.

Bond, C., Siegfried, R. (1980), Antarktika. Landbuch-Verlag Hannover.

Boschma, H. (1938), On the teeth and some other particulars of the sperm whale. Temminckia 3: 151–278.

Braham, H. et al (1979), Preliminary report of the 1978 spring bowhead whale research program results. Rep. Int. Whal. Commn. 29: 291–305.

Brown, D. H. (1960), Behaviour of a captive Pacific pilot whale. J. Mammal. 41: 342–349.

Brown, D. H. (1962), Further observations on the pilot whale in captivity. Zoologica 47: 59–64.

Brown, D. H. et al (1966), Oberservations on the behaviour of wild an captive false killer whales… Contr. Sci. No 95: 1–32.

Brown, D. H. & Norris, K. S. (1956), Observations on captive and wild cetaceans. J. Mammal. 37: 311–326.

Brown, R. J. (1976), Whales: a bibliography with abstracts. Nat. Tech. Inf. Serv. PS 76/0111.

Brown, S. G. (1954), Dispersal in blue and fin whales. Discovery Reports 26: 355–384.

Brown, S. G. (1957), Whales observed in the Indian Ocean. Marine Observer 27: 157–165.
Brown, S. G. (1958), Whales observed in the Atlantic Ocean. Marine Observer 28: 142–146; 209–216.
Brown, S. G. (1961), Observations on pilot whales in the North Atlantic Ocean. Norsk Hvalfangst Tidende 6: 225–254.
Budker, P. (1958), Whales and Whaling. Harrap: London.
Bullen, F. T. (1899), The Cruise of the Cachalot. Appleton: New York.
Busnel, R.-G. (ed.) (1966), Animal Sonar Systems. Lab. Phys. Acoustique. Juoy-en-Josas.

Caldwell, D. K. & Caldwell, M. C. (1971), Sounds produced by two rare cetaceans stranded in Florida, Cetology 4: 1–6.
Caldwell, D. K. & Caldwell, M. C. (1972), The World of the Bottlenose Dolphin. Lippincott: Philadelphia.
Caldwell, D. K. et al, Production of pulsed sounds by the pygmy sperm whale. Bull. S. Cal. Acad. Sci. 65: 245–248.
Caldwell, D. K. et al (1966), Behaviour of the sperm whale. In Norris.
Caldwell, M. C. et al (1965), Oberservations on captive and wild Atlantic bottlenose dolphin... Control Sci. Los Angeles County Mus. 91: 4–9.
Caldwell, M. C. et al (1966), Sounds and behaviour of the Amazon freshwater dolphin. Contr. Sci. Los Angeles County Mus. 108: 1–24.
Caldwell, M. C. et al (1973), Statistical evidence for individual signature whistles in the spotted dolphin. Cetology 16: 1–21.
Chittleborough, R. G. (1953), Aerial observations on the humpback whale. Aust. J. Mar. Freshwater Res. 4: 219–226.
Chittleborough, R. G. (1965), Dynamics of two populations of the humpback whale. Aust. J. Mar. Freshwater Res. 16: 33–128.
Cites index (1981), of species mentioned in legislation, IUCN, Gland.
Clarke, M. R. (1976), Buoyancy control as a function of the spermaceti organ in the sperm whale. J. Mar. Biol. Ass. (UK) 58: 19–26.
Clarke, M. R. (1979), The head of the sperm whale. Scientific American 240: 106–117.
Clarke, R., Macloed, N. & Paliza, O. (1976), Cephalopod remains from the stomachs of sperm whales... J. Zool. Lond. 180: 477.
Cummings, W. C. et al (1972), Sound production and other behaviour of southern right whales. San Diego. Soc. Nat. Hist. Trans. 17: 1–14.
Cummings, W. C. & Thompson, P. O. (1971), Underwater sounds from the blue whale. J. Acoust. Soc. An. 50: 1193–1198.

Davies, J. L. (1960), The southern form of the pilot whale. J. Mammal. 41: 29–34.
Davies, J. L. (1963), The Whales and Seals of Tasmania. Tasmanian Museum and Art Gallery.

Davis, R. A. & Finley, K. J. (1979), Distribution, migrations, abundance and stock identity of eastern Arctic white whales. Sci. Comm. Rep. Intl. Whaling Commn. 31: SM 10.

Deimer, P. (1977), Der rudimentäre hintere Extremitätengürtel des Pottwals... Z. f. Säugetierkunde, 42: 88–102.

Deimer, P. (1982), Könige der Meere. Engelbert Verlag, Balve.

Donnelly, B. G. (1967), Observations on the mating behaviour of the southern right whale. S. Afr. J. Sci. 63: 176–181.

Donnelly, B. G. (1969), Further observations on the southern right whale. J. Reprod. Fert.: 176–181.

Dreher, J. J. (1961), Acoustics in dolphins. J. Acoustic. Soc. Amer. 33: 1799–1800.

Duguy, R. (1968), Note sur Globicephala macrorhyncha. Mammalia 32: 113–117.

Duguy, R. (1974), Contribution à l'étude des mammifères marins de la côte nord-ouest Afrique. Rev. Trav. Inst. Pêches marit. 39: 321–332.

Duguy, R. & Robineau, D. (1973), Cétacés et phoques des côtes de France. Ann. de la Société des Sciences Naturelles de la Charente-Maritime. 9.

Duguy, R. & van Bree, P. J. H. (1968), Catalogue des Cétacés... Ann. de la Société des Sciences Naturelles de la Charente-Maritime. 4: 1–27.

Dunn, D. J. (ed.) (1978), The Humpback Whale. Waters 3: 1–33.

Earle, S. A. (1979), Humpbacks: the gentle whales. Nat. Geographic 155: 2–25.

Ellis, R. (1980), The Book of Whales. Alfred A. Knopf, New York.

Erdman, D. S. (1962), Stranding of a beaked whale on the south coast of Puerto Rico. J. Mammal. 43: 276–277.

Erickson, A. W. (1978), Population studies of killer whales in the Pacific Northwest... Nat. Tech. Inf. Srv. PB-285615.

Essapian, F. S. (1955), Speedinduced skin folds in the bottlenosed porpoise. Breviora 43.

Evans, W. E. (1962), Observations on scouting behaviour... Bull. S. Calif. Acad. Sci. 61: 217–226.

Evans, W. E. (1973), Echolocation by marine delphids and one species of freshwater dolphin. J. Acoust. Soc. Am. 54: 191–199.

Evans, W. E. (1974), Radio-telemetric studies of two species of small odontocete cetaceans. In Schevill.

Evans, W. E. (ed.) (1974), The California Gray Whale. Marine Fisheries Review 360 1–64.

Evans, W. E. & Prescott, J. H. (1962), Observations of the sound production capabilities of the bottlenosed porpoise... Zoologica 47: 121–128.

Fehring, W. K. & Wells, R. S. (1976), A series of strandings by a single herd of pilot whales... J. Mammal 57: 191.

Fejer, A. A. & Backus, R. H. (1960), Porpoises and the bowriding of ships under way. Nature 188: 700–703.

Fish, M. P. & Mowbray, W. H. (1962), Production of underwater sound by the white whale. Sears Found. J. Mar. Res. 20: 149–162.

Fish, J. F. & Vania, J. S. (1971), Killer whale sounds repel white whales. Fishery Bull. 69: 531–535.

Fisher, H. D. & Harrison, R. J. (1970), Reproduction in the common porpoise... J. Zool. 161: 471–486.

Fleischer, G. (1977), Über die Erforschung der Schallorientierung bei Delphinen und Walen. Jahresh. Ges. Naturkd. Württemb. Stuttgart, 132: 18.

Fleischer, G. (1982), Hörmechanismen bei Delphinen und Walen. HNO, 30: 123–130.

Fodor, B. (1971), The sperm whale: a bibliography. U. S. Dept. Int. Bibliog. Ser. No. 25.

Ford, J. K. B. & Fisher, H. D. (1978), Underwater acoustic signals of the narwhal. Canad. J. Zool. 56: 552–560.

Fraser, F. C. (1934), Report on Cetacea Stranded on the British Coasts... (1946); (1953); and (1974). British Museum (Nat. Hist.) Lond. Nos. 11–14.

Fraser, F. C. (1945), On a specimen of the southern bottlenose whale. Discovery Reports 23: 19–36.

Fraser, F. C. & Purves, P. E. (1960), Hearing in cetaceans. Bull. Brit. Mus. (Nat. Hist.) Zool. 7: 1.

Frazer, J. F. D. (1976), Herd structure and behaviour in cetaceans. Mammal. Rev. 6: 55–59.

Frost, P. G. H. & Best, P. B. (1976), Design and application of a coded format for recording observations of cetaceans at sea. S. Afr. J. Ant. Res. 6: 9–14.

Gambell, R. (1976), World Whale stocks. Mammal. Rev. 6: 41–53.

Gaskin, D. E. (1967), Luminescence in a squid and a possible feding mechanism in the sperm whale. Tuatara 15: 86–88.

Gaskin, D. E. (1968), Distribution of Delphinidae in relation to sea surface temperature... New Zealand J. Mar. Freshwater Res. 2: 52–534.

Gaskin, D. E. (1968), The New Zealand Cetacea. Fish. Res. Bull. No. 1.

Gaskin, D. E. (1972), Whales Dolphines and Seals. Heinemann: Auckland.

Gaskin, D. E. (1982), The Ecology of Whales and Dolphins, Heinemann, London and Exeter, New Hampshire.

Gervais, P. (1853), Remarques sur les mammifères marins qui fréquentent les côtes de la France. Bull. Soc. Centrale d'Agric. Hérault 40: 140–156.

Gibson-Hill, C. A. (1949), The whales, porpoises and dolphins known in Malayan waters. Malay. Nat. J. 4: 44–61.

Gray, J. (1948), Aspects of the locomotion of whales. Nature 161: 199–200.

Gray, J. E. (1870), The geographical distribution of the cetacea. Ann. Mag. Nat. Hist. 35: 387–394.

Greendale, R. G. & Brousseau-Greendale, C. (1976), Observations of marine mammal migrations... Fish. Mar. Serv. Res. Dev. Tech. Rep. 680: 25.

Gregory, W. K. (1951), Evolution emerging. New York.

Guiler, E. R. (1978), Whale strandings in Tasmania since 1945. Pap. Proc. Roy. Soc. Tasmania 112: 189–213.

Gulland, J. (1972), Future of the blue whale. New Scientist 54: 198–199.

Hale, H. M. (1964), The pygmy right whale in Australia. Rec. So. Aust. Mus. 14: 679.

Haley, D. (ed.) (1978), Marine Mammals. Pacific Search Press: Seattle.

Hancock, J. (1965), Killer whales kill and eat a minke whale. J. Mammal. 46: 341.

Harmer, S. F. (1922), On Commerson's dolphin and other species of Cephalorhynchus. Proc. Zool. Soc. Lond.: 627–638.

Harrison, R. J. (1972), Functional anatomy of Marine Mammals. Academic Press: London.

Harrisson, T. (1960), South China Sea dolphins. Malay. Nat. J. 14: 87–89.

Hart, T. J. (1935), On the diatoms of the skin film of whales... Discovery Reports 10: 247–282.

Hawley, F. (1958–1960), Whales and Whaling in Japan. Kawakita: Kyoto.

Hayes, W. D. (1953), Wave-riding of dolphins. Nature 172: 1060.

Hayes, W. D. (1959), Wave-riding dolphins. Science 130: 1657–1658.

Heezen, B. C. (1957), Whales entangled in deep sea cables. Deep Sea Research 4: 105–115.

Hempel, G. (1981), Biomass. Umschau 81: 13.

Herald, E. S. (1969), Field and aquarium study of the blind river dolphin. Steinhart Aquarium: San Francisco.

Herman, L. M. (1980), Cetacean Behavior. John Wiley & Sons, New York, Chichester, Brisbane, Toronto.

Herman, L. M. & Arbeit, W. R. (1973), Stimulus control and auditory discrimination learning sets in the bottlenose dolphin. J. Expt. Anal. Behav. 19: 379–394.

Holm, J. L. & Jonsgard, A. (1959), Occurrence of the sperm whale in the Antarctic and the possible influence of the moon. Norsk Hvalfangst Tidende 4: 161–182.
Hoyt, E. (1981), The Whale called Killer. E. P. Dutton, New York.
Hubbs, C. L. (1953), Dolphin protecting dead young. J. Mammal. 34: 498.
Hubbs, C. L. (1954), Natural history of the gray whale. Proc. 15th Int. Congr. Zool. (Sect 3): 313–316.

IWC (1980), Sperm Whales Special Issue 2, Cambridge.

Japha, A. (1908), Zusammenstellung der in der Ostsee bisher beobachteten Wale. Schriften d. Physik-ökonom. Gesellschaft zu Königsberg i. Pr., IL.
Joensen, J. P. (1976), Pilot whaling in the Faeroe Islands. Ethnol. Scandinavica: 1–42.
Jonsgård, A. (1961), Studies on the little piked whale or minke whale. Norsk Hvalfangst Tidende 5: 1.
Jonsgård, A. (1966), Biology of the North Atlantic fin whale. Hvalradets Skrifter 49: 5–62.

Kasuya, T. (1978), The life history of Dall's porpoise... Sci. Rep. Whales Res. Inst. 30: 1–63.
Kasuya, T. & Ichihara, T. (1965), Some informations on minke whales... Sci. Rep. Whales Res. Inst. 19: 37–43.
Kasuya, T. & Rice, D. W. (1970), Notes on baleen plates and on arrangement of parasitic barnacles of gray whale. Sci. Rep. Whales Res. Inst. 22: 39.
Kawamura, A. (1974), Food and feeling ecology in the southern sei whale. Sci. Rep. Whales. Res. Inst. 26: 25.
Kellogg, R. (1928), The history of whales... Quart Rev. Biol. 3: 29–76 and 174–208.
Kellogg, W. & Rice, C. (1964), Visual problem-solving in a bottlenose dolphin, Science 143: 1052–1055.
Kleinenberg, S. E. (1978), Mammals of the Black Sea and the Sea of Azov. Dept. Env. Fish. Mar. Serv. Div. Trans. Series No. 4319.
Kritzler, H. (1952), Observations on the pilot whale in captivity. J. Mammal. 33: 321–324.
Kükenthal, W. (1893), Vergleichend-Anatomische und Entwicklungsgeschichtliche Untersuchungen an Walthieren, Denkschr. Med. Naturw. Ges. Jena 3.
Kükenthal, W. (1922), Zur Stammesgeschichte der Wale. Sitzungsber. Preuss. Akad. Wiss. Phys. Math. Kl., 72.

Lang, T. G. (1966), Hydrodynamic analysis of dolphin fin profiles. Nature 209: 1110–1111.

Lang, T. G. & Norris, K. S. (1966), Swimming speed of a Pacific bottlenose porpoise. Science 151: 588–590.

Lang, T. G. & Pryor, K. (1966), Hydrodynamic performance of porpoises. Science 152: 531–533.

Lang, T. G. & Smith, H. A. P. (1965), Communication between dolphins in separate tanks by an acoustic link. Science 150: 1839–1843.

Lattin, G. de (1967), Grundriß der Zoogeographie. Fischer: Jena.

Laws, R. M. (1961), Reproduction, growth and age of southern fin whales. Discovery Reports 31: 327–486.

Laws, R. M. (1977), Seals and Whales of the Southern Ocean. Phil. Trans. R. Soc. Lond. 279: 81–96.

Layne, J. N. (1958), Observations on freshwater dolphins in the upper Amazon. J. Mammal. 39: 1–22.

Layne, J. N. (1965), Observations on marine mammals in Florida waters. Bull. Fla. State Mus. Biol. Sci. 9: 131–181.

Layne, J. N. & Caldwell, M. C. (1964), Behaviour of the Amazon dolphin in captivity. Zoologica 49: 81–108.

Lilly, J. C. & Miller, A. (1961), Sounds emitted by the bottlenose dolphin. Science 133: 1689–1693.

Lilly, J. C. & Miller, A. (1961), Vocal exchanges between dolphins. Science 134: 1873–1876.

Lilly, J. C. (1969), Delphin... Winkler Verlag München.

Lockyer, C. (1978), The history and behaviour of a solitary wild, but sociable, bottlenose dolphin... J. Nat. Hist.

Lockyer, C. et al (1978), Some field observations and experiments on a bottlenosed dolphin. Progress in Underwater Science 3: 177–190.

Lübbert, H. & Ehrenbaum, E. (1937), Naturgeschichte der nordatlantischen Wale und Robben, Handb. d. Seefischerei Nordeuropas. III. 1.

Lydekker, R. (1909), On an Indian dolphin and porpoise. Proc. Zool. Soc. Lond.: 802–808.

McBride, A. F. & Hebb, D. O. (1948), Behavior of the captive bottlenose dolphin, J. Comp. & Physiol. Psychol. 41: 111–123.

McBride, A. F. & Kritzler, H. (1951), Observations on pregnancy, parturition, and post natal behaviour in the bottlenose dolphin. J. Mammal. 32: 251–266.

McCann, C. & Talbot, P. H. (1963), The occurrence of Trues beaked whale in South African waters... Proc. Linn. Soc. Lond. 175: 137–144.

Mackintosh, N. A. (1965), The Stocks of Whales. Fishing News: London.

Mackintosh, N. A. (1966), Observations on whales from ships. Marine Observer 22: 87–90.
Mackintosh, N. A. & Wheeler, J. F. G. (1929), Southern blue and fin whales. Discovery Report 1: 257–540.
Magnolia, L. R. (1972), Whales, whaling and whale research: a selected bibliography. Spec. Lit. Surv. 52 TRW Systems California.
Mansfield, A. W. (1971), Occurence of the bowhead in Canadian Arctic waters. J. Fish. Res. Board. Can. 28: 1873–1875.
Mansfield, A. W. et al (1975), The narwhal in eastern Canadian waters. J. Fish. Res. Board Can. 32: 1041–1046.
Martin, H. B. et al (1971), Methods for radio tracking marine mammals in the open sea. Proc. IEEE Conf. Eng. Ocean Env.: 44–49.
Martin, R. M. (1977), Mammals of the Seas. Batsford: London.
Matthews, L. H. (1937), The humpback whale. Discovery Reports 17: 7–92.
Matthews, L. H. (1938), The sei whale. Discovery Reports 17: 183–290.
Matthews, L. H. (1938), The sperm whale. Discovery Reports 17: 113–168.
M'Gonigle, R. M. (1980), The Economizing of Ecology: Why Big, Rare Whales Still Die. Ecology Law, University of California, Berkeley.
McIntyre, J. (1982), Der Geist in den Wassern. Zweitausendeins.
Mearns, Ch. (1980), International Trade in Whale Products. R. S. P. C. A.
Melville, H., Moby Dick.
Mitchell, E. D. (1968), Northeast Pacific stranding, distribution and seasonality of Cuviers beaked whale. Can. J. Zool. 46: 265–279.
Mitchell, E. D. (1970), Pigmentation pattern evolution in delphinid cetaceans: an essay in adaptive coloration. Can. J. Zool. 48: 717–740.
Mitchell, E. D. (1972), Whale pigmentation and feeding behaviour. Amer. Zool. 12: 60.
Mitchell, E. D. (1973), The status of the world's whales. Nat. Can. 2: 9–25.
Mitchell, E. D. (1974), Trophic relationships and competition for food in northwest Atlantic waters. Proc. Can. Soc. Zool. Ann. Meeting.
Mitchell, E. D. & Kozicki, V. M. (1975), Autumn stranding of a northern bottlenose whale... J. Fish. Res. Board Can. 32: 1019–1040.
Mizue, K. et al (1966), On the ecology of the Dalls porpoise... Bull, Fac. Fish. Nagasaki Univ. 19: 1–36.
Mizue, K. et al (1968), Underwater sound of the Chinese finless porpoise... Bull. Fac. Fish. Nagasaki Univ. 25: 26–32.
Mohr, E. (1931), Die Säugetiere Schleswig-Holsteins, Naturwissenschaftlicher Verein Altona/Elbe.
Mol, T. & van Bree, P. J. H. (1969), A short Contribution to the Histoy of Whaling in Japan... Sci. Rep. Whales Res. Inst. 21: 125–129.

Mörzer Bruyns, W. F. J. (1969), Sight records and notes on false killer whales. Säug. Mitt. 17: 351–356.
Muller, J. (1954), Observations on the orbital region of the skull of Mystacoceti. Zool. Meded. 32: 279–290.
Münzing, J. (1975), Wale and Walfang... Altonaer Museum Hamburg.
Münzing, J. (1978), Die Jagd auf den Wal. Westholsteinische Verlagsanstalt Boyens & Co., Heide in Holstein.

NCC (1980), A World Review of the Cetacea, London.
Nishiwaki, M. (1967), Distribution and migration of marine mammals in the North Pacific area. Bull. Ocean Res. Inst. 1: 1–64.
Nishiwaki, M. (1975), Ecological aspects of smaller cetaceans, with emphasis on the striped dolphin. J. Fish. Res. Board Can. 32: 1069–1072.
Norman, J. R. & Fraser, F. C. (1948), Giant Fishes, Whales and Dolphins. Putnam: London.
Norris, K. S. (1961), Standardized methods for measuring and recording data on the smaller cetaceans. J. Mammal. 42: 471–476.
Norris, K. S. (1965), Trained porpoise released in the open sea. Science 147: 1048–1050.
Norris, K. S. (ed.) (1966), Whales, Dolphins and Porpoises. Univ. Calif. Press: Berkeley.
Norris, K. S. et al (1965), Open ocean diving test with a trained porpoise. Deep Sea Research 12: 505–509.
Norris, K. S. et al (1978), The behaviour of porpoises and tuna... U. S. Dept. Comm. PB 283970.
Norris, K. S. & Prescott, J. H. (1961), Observation on Pacific cetaceans... Univ. Calif. Publ. Zool. 63: 291–370.

Odell, D. K. (1979), A preliminary study of the ecology and population biology of the bottlenose dolphin in south-east Florida. U. S. Dept. Comm. PB 294336.
Oelschläger, H. A. (1978), Erforschungsgeschichte, Morphologie und Evolution der Wale. Natur und Museum, 108: 11.
Oesau, W. (1937), Schleswig-Holsteins Grönlandfahrt. Verlag J. J. Augustin, Glückstadt–Hamburg.
Oesau, W. (1955), Hamburgs Grönlandfahrt. Verlag J. J. Augustin, Glückstadt–Hamburg.
Ohsumi, S. (1958), A descendant of Moby Dick, or a white sperm whale. Sci. Rep. Whales Res. Inst. 13: 207–209.
Ohsumi, S. (1966), Sexual segregation of the sperm whale in the North pacific. Sci. Rep. Whales Res. Inst. 11: 39–46.

Ohsumi, S. (1971), Some investigations on the school structure of the sperm whale. Sci. Rep. Whales Res. Inst. 23: 1–25.

Ohsumi, S. (1972), Catch of marine mammals... along the coast of Japan. Bull. Fish. Res. Lab. Shimizu 7: 137–166.

Olschowy, G. (1978), Natur- und Umweltschutz in der Bundesrepublik Deutschland. Verlag Paul Parey, Hamburg.

Omura, H. (1958), North Pacific right whale. Sci. Rep. Whales Res. Inst. 13: 1–52.

Parry, D. A. (1949), The anatomical basis of swimming in whales. Proc. Zool. Soc. Lond. 119: 49.

Parry, D. A. (1949), The swimming of whales and a discussion of Gray's paradox. J. Exp. Biol. 26: 24.

Patterson, B. & Hamilton, G. R. (1964), Repetitive 20 cycle per second biological hydroacoustic signals at Bermuda. In W. N. Tavolga (Ed.), Marine Bio-Acoustics. Pergamon Press, Oxford. pp. 125–145.

Payne, R. (1976), At home with right whales. Nat. Geog. 149: 322–339.

Payne, R. & McVay, S. (1971), Songs of humpback whales. Science 173: 587–597.

Payne, R. & Payne, K. (1971), Underwater sounds of southern right whales. Zoologica 56: 159–165.

Payne, R. & Webb, D. (1971), Orientation by means of long range acoustic signalling in baleen whales. Ann. New York. Acad. Sci. 188: 110–142.

Pederson, T. & Ruud, J. T. (1946), Bibliography of Whales and Whaling. Hvalradets Skrifter No. 30.

Perrin, W. F. (1968), The porpoise and the tuna. Sea Frontiers 14: 166–174.

Perrin, W. F. et al (1979), Progress in reducing incidental kill of dolphins in the US tuna purse seine fishery... NOAA Admin. Rep. LJ 7919.

Perrin, W. F. & Hunter, J. R. (1972), Escape behaviour of the Hawaiian spinner porpoise. Fish. Bull. 700 49–60.

Peters, N. (1937), Über Hochseewalfang und Tierleben im Südlichen Eismeer. Der Fischmarkt 7/8, Cuxhaven.

Peters, N. (1938), Der neue deutsche Walfang, Hansa, Hamburg.

Pike, G. C. (1956), Guide to the whales, porpoises and dolphins of the north-east Pacific and Arctic waters of Canada and Alaska. Fish. Res. Board Can. Circ. 32: 1–14.

Pike, G. C. & Giovando, L. (1963), Whales and dolphins of the West Coast of Canada. Fish. Res. Board Can. 69: 1–31.

Pilleri, G. (1967), Behaviour of Pseudorca crassidens off the Mediterranean Spanish coasts. Rev. Suisse Zool. 74: 679–683.

Pilleri, G. (1969), On the behaviour of the Amazon dolphin. Rev. Suisse Zool. 76: 57–91.

Pilleri, G & Knuckey, J. (1969), Behaviour patterns of some Delphinidae observed in the western Mediterranean. Zeit f. Tierpsych. 26: 48–72.

Pilleri, G., Inv. on Cetacea: diverse Veröffentlichungen.

Porter, J. W. (1977), Pseudorca stranding. Oceans 10: 8–15.

Poulter, T. C. (1970), Ultrasonic frequencies recorded from three captive blind dolphins. Proc. 7th Ann. Conf. Biol. Sonar and Diving Mamm.

Pryor, K. (1969), The creative porpoise. J. Exp. Anal. Behav. 12: 653–661.

Purves, P. E. (1963), Locomotion in whales. Nature 197: 334–337.

Rack, R. S. (1952), Blackfish hunting off St. Vincent. In Fisheries in the Caribbean, Caribbean Commission: Trinidad.

Ray, G. C. & Schevill, W. (1974), Feeding of a captive gray whale. Marine Fisheries Rev. 36: 31.

Reeves, R. R. (1977), Hunt for the narwhal. Oceans 10: 50–57.

Rice, D. W. (1977), The humpback whale in the North Pacific. Rep. Workshop on Problems Related to Humpback Whales: Hawaii.

Rice, D. W. & Scheffer, V. B. (1968), A list of the marine mammals of the world (1st ed.) U.S. Dept. Int. Fish Wildl. Serv. Spec. Sci. Rep. No. 579.

Rice, D. W. & Wolman, A. A. (1971), The life history and ecology of the gray whale. Spec. Publ. No. 3 Am. Soc. of Mammal.

Ridgway, S. (ed.) (1972), Mammals of the Sea. Thomas: Springfield.

Robson, F. D. & van Bree, P. J. H. (1971), Some remarks on a mass stranding of sperm whales... Zeit. f. Säugetierk. 36: 55–60.

Roest, A. I. (1964), Physeter and Mesoplodon strandings on the central California coast. J. Mammal. 45: 129–136.

Ross, G. J. B. (1969), Evidence for a southern breeding population of Trues beaked whale. Nature 222: 585.

Saayman, G. S. & Tayler, C. K. (1973), Some behaviour patterns of the southern right whale. Z. f. Säugetierk. 38: 172–183.

Samaras, W. F. (1974), Reproductive behaviour of the gray whale in Baja California. Bull. S. Calif. Acad. Sci. 73: 57–64.

Scammon, C. M. (1874), The Marine Mammals of the North Western Coast of North America. Carmany: New York (Reissued by Dover: New York in 1968).

SCAR (1981), Die Antarktis und ihr Lebensraum. Alfred-Wegener-Institut für Polarforschung Bremerhaven.

Scheffer, V. B. (1970), The Year of the Whale. Souvenir Press: London.

Scheffer, V. B. & Rice, D. W. (1963), A list of the marine mammals of the world. (2nd ed.) U.S. Fish. Wildl. Serv. Spec. Sci. Rep. 431.

Schenkkan, E. J. & Purves, P. E. (1973), The comparative anatomy of the nasal tract and the function of the spermaceti organ in Physeteridae. Bijdr. Dierk. 43: 93–112.
Schevill, W. E. et al (1967), The 20 cycle signals and Balaenoptera. In Tavolga.
Schevill, W. E. et al (1972), Biology of Whales, Harvard Univ. Press.
Schevill, W. E. & Watkins, W. A. (1966), Radio tagging of whales. Woods Hole Oceanogr. Inst. 66: 1–15.
Schlegel, H. (1841), Abhandlungen auf dem Gebiete der Zoologie und vergleichenden Anatomie. Arnz: Leiden.
Scholander, P. F. (1959), Wave riding dolphins: how do they do it? Science 129: 1085.
Scholander, P. J. (1959), Wave riding dolphins, Science 130: 1658.
Sergeant, D. E. (1962), On the external characters of the blackfish or pilot whales. J. Mammal. 43: 395–413.
Sergeant, D. E. (1962), The biology of the pilot or pothead whale in Newfoundland waters. Bull. Fish. Res. Board Can. 132: 1–84.
Sergeant, D. E. (1973), Biology of white whales in western Hudson Bay. J. Fish. Res. Board Can. 30: 1065–1090.
Sergeant, D. E. (1979), Summary of knowledge on populations of white whales and narwhals in Canadian waters. Rep. Sci. Comm. Intl. Whaling Commn. 31: SM5.
Sergeant, D. E. & Brodie, P. F. (1975), Identity, abundance and present status of populations of white whales in North America. J. Fish. Res. Board. Can. 32: 1047.
Siebenaler, J. B. & Caldwell, D. K. (1956), Cooperation among adult dolphins. J. Mammal. 37: 126–128.
Sivasubramanian, K. (1964), Predation of tuna longline catches in the Indian Ocean by killer whales... Bull. Fish. Res. Stn. Ceylon 17: 221–236.
Slijper, E. J. (1962), Whales. Hutchinson (revised): London (1979).
Slijper, E. J. (1962), Riesen des Meeres. Verständliche Wissenschaft. Springer-Verlag, Berlin, Göttingen, Heidelberg.
Slijper, E. J. (1973), Die Cetaceen. A Asher & Co. B. V., Amsterdam.
Slijper, E. J. (1976), Whales and Dolphins. Univ. of Michigan Press.
Slijper, E. J. et al (1964), Remarks on the distribution and migration of whales based on observations from Netherlands ships. Bijdr. tot de Dierk. 34: 1–93.
Small, G. L. (1971), The Blue Whale. Columbia Univ. Press
de Smet, W. M. A. (1976), Evidence of Whaling in the North Sea and the English Channel... ACMRR/MM/SC/102.
Stephenson, A. B. (1975), Sperm whales stranded at Muriwai Beach... N. Z. J. Mar. Freshwater Res. 9: 299–304.

Stümpcke, S. (1979), Delphine... wie sie wirklich sind. Wilhelm Moestel, Fürth/ Bayern.

Tait, R. V. (1971), Meeresökologie. Georg Thieme Verlag, Stuttgart.
Tavolga, W. M. (ed.) (1964), Marine Bioacoustics. Pergamon: Oxford.
Tavolga, M. C. & Essapian, F. S. (1957), The behaviour of the bottlenose dolphin... Zoologica 42: 11–31.
Tayler, C. K. & Saayman, G. S. (1973), Imitative behaviour by Indian Ocean bottlenose dolphins in captivity. Behaviour 44: 286–298.
Taylor, R. J. F. (1957), An unusual record of three species of whale being restricted to pools in Antarctic sea ice. Proc. Zool. Soc. Lond. 129: 325–331.
Thenius, E., aus Grzimeks Tierleben (1979), Stammesgeschichte der Wale. dtv.
Toennessen, J. N. Johnsen, A. O. (1982), The History of Modern Whaling, C. Hurst & Company London.
Tomilin, A. G. (1978), Wundertier Wal? Verlag MIR Moskau, Urania-Verlag, Leibzig, Jena, Berlin.
Townsend, C. H. (1935), The distribution of certain whales as shown by logbook records of American whaleships. Zoologica 19: 3–93.
Truitt, D. (1974), Dolphins and porpoises: a comprehensive annotated bibliography of the smaller cetacea. Gale Research: Detroit.

van Bénéden, P. J. (1889), Historie naturelle des cétacés des mers d'Europe. Brussels.
van Bénéden, P. J. & Gervais, M. P. (1880), Ostéographie des cétacés vivants et fossiles. Bertrand: Paris.
van Bree, P. J. H. (1966), On skull of Tursiops aduncus found at Mossel Bay, South Africa. Ann. Natal Mus. 18: 425–427.
van Bree, P. J. H. (1971), On two skulls of Delphinus dussumieri. Beaufortia 18: 169–172.
van Bree, P. J. H. (1971), On Globicephala sieboldii and other species of pilot whales. Beaufortia 19: 79–87.
van Bree, P. J. H. (1975), Preliminary list of the cetaceans of the southern Caribbean. Stud. Fauna Curacao 48: 79–87.
van Bree, P. J. H. & Gallagher, M. D. (1978), On the taxonomic status of Delphinus tropicalis, Beaufortia 28: 1–8.
van Bree, P. J. H. & Nijssen, H. (1964), On three specimens of Lagenorhynchus albirostris. Beaufortia 11: 85–93.
van Heel, W. H. D. (1962), Sound and cetacea. Neth. J. Sea Res. 1: 407–507.
van Utrecht, W. L. & van der Spoel, S. (1962), Observations on a minke whale from the Antarctic, Zeit. f. Säugetierk. 27: 217–221.

van Valen, L. (1968), Monophyly or Diphyly in the Origin of Whales. Evolution, Kansas, 22: 37–41.

Walker, R. A. (1963), Some intense, low-frequency, underwater sounds of wide geographic distribution, apparently of biological origin. J. Acoust. Soc. Amer. 35: 1816–1824.
Watkins, W. A. (1977), Acoustic behaviour of spem whales. Oceanus 20: 50–58.
Watkins, W. A. et al (1971), Underwater sounds of Monodon. J. Acoust. Soc. Amer. 49: 595–599.
Watkins, W. A. & Schevill, W. E. (1974), Listening to Hawaiian spinner porpoises... J. Mammal. 55: 319–328.
Watkins, W. A. & Schevill, W. E. (1977), Spatial distribution of sperm whale underwater. Deep Sea Research 24: 693–699.
Watkins, W. A. & Schevill, W. E. (1979), Aerial observation of feeding behaviour in four baleen whales. J. Mammal. 60: 155–163.
Watson, L. (1981), Sea Guide to Whales of the World, Hutchinson London.
Wheeler, J. F. G. (1946), Observations on whales in the South Atlantic Ocean in 1943. Proc. Zool. Soc. Lond. 116: 221–224.
Williamson, C. J. (1977), Pilot Whales. New Scientist 73: 481.
Winn, H. E. et al (1970), Sounds of the humpback whale. Proc. 7th Ann. Conf. Biol. Sonar Diving Mamm.
Winn, H. E. & Olla, B. L. (1979), Behaviour of Marine Mammals. Current Perspectives in Research. 3. Plenum. Press: New York.
Winn, H. E. & Perkins, P. J. (1976), Distribution and sounds of the minke whale... Cetology 19: 1–12.
Woodcock, A. H. (1948), The swimming of dolphins. Nature 161: 602.
Wuersig, B. (1978), Occurrence and group organization of tursiops truncatus. Biol. Bull. 154: 348–359.

Yosei, Y. (1983), Whaling in Words and Pictures. Inv. on Cetacea XIV: 7–71.

Zoeger, J. (1981), Magnetic Material in the Head of the Common Pacific Dolphin. Science, 213: 4510.

Serien: ua.
Inv. on Cetacea (Investigations on Cetacea) Herausgeber: Pilleri, Schweiz.
International Whaling Commission, Cambridge
Norsk Hvalfangst Tidende, Norwegen.
Cetology

Rep. Sci. Com. Int. Whaling Commn. (Wissenschaftskomitee der Internationalen Walfang-Kommission), Cambridge.
Sci. Rep. Whales Res. Inst. (Scientific Report of the Whales Research Institute), Japan.
ACMRR (Advisory Committee on Marine Resources Research), FAO, Rom.

Liste der Wissenschaftler (Meeressäugetiere) erhältlich bei:
International Marine Mammal Scientists Directory
c/o National Marine Mammal Laboratory
Northwest Alaska Fisheries Center
National Marine Fisheries Service
7600 Sand Point Way, N. E. Seattle, Washington 98115

Abbildungsnachweis

All Japan Seamen's Union 191

Archiv Deimer 6, 32, 44, 68/69, 156, 164/165, 172/173, 182/183, 230

Convention on International Trade in Endangered Species of Wild Fauna and Flora. Guidelines for Transport and Preparation for Shipment of Live Wild Animals and Plants. Secretariat of the Convention IUCN, Gland, Switzerland 1980 15

Petra Deimer 10, 38, 50, 52, 54, 106, 122, 125, 126, 134, 159, 214

Gesellschaft zum Schutz der Meeressäugetiere 204

François Gohier 76

Thomas Grimm 232

Handbuch der Zoologie, hrsg. v. Helmcke, Starck, Wermut, Verlag De Gruyter, Berlin 48, Lieferung 1969 117

Internationaler Tierschutz-Fond (IFAW) 71, 198, 242/243, 246

Japan Whaling Association (Hrsg.), Man, Whales & The Sea 209

Willy Kükenthal, Vergleichend-anatomische und entwicklungsgeschichtliche Untersuchungen an Walthieren, Jena 1893 200

Hermann Melville, Moby Dick, Ensslin-Verlag 1950 64/65

Erna Mohr, Die Säugetiere Schleswig-Holsteins, Altona/Elbe 1931 120/121

Natur und Museum, Frankfurt a. M., Nr. 11/1978 90, 93, 110, 116, 236 (Zeichnungen von Horst L. Schneeberger)

Nicolaus Peters (Hrsg.), Der neue deutsche Walfang, Hamburg 1938, Schiffahrtsverlag »Hansa« 20, 22, 40, 142, 195

G. Pilleri (Hrsg.), Investigations on Cetacea, Volume XIV, Supplementum, Bern 1983 178/179

Romer, Alfred Sherwood; Parson, Thomas S.: Vergleichende Anatomie der Wirbeltiere, 5., neu bearbeitete und erweiterte Auflage, Hamburg und Berlin: Paul Parey 1983 112/113

Sielmanns Tierwelt, Hamburg, Nr. 9/1980 194

E. J. Slijper, Riesen des Meeres. Eine Biologie der Wale und Delphine, Berlin–Göttingen–Heidelberg 1962 82, 87, 88
Ronald Victor Tait, Meeresökologie. Eine Einführung, Georg Thieme Verlag, 2. unveränderte Auflage, Stuttgart 1981 146/147
Hallwag Verlag, Bern/Stuttgart, Sielmanns Tierwelt Nr. 9/1980, seit 1981: Das Tier, hg. von B. Grzimek und H. Sielmann (mit Genehmigung des Hallwag Verlags) 194
Werksarchiv Henkel, Düsseldorf 186
World Wildlife Fund (WWF) 28

Zeichnungen von Jürgen v. Kroge 60, 72 (nach Gaskin, 1964, ergänzt von Rovnin), 73 (nach Gaskin, 1964), 79 (nach Heezen, 1957), 98 (nach Berzin, 1972), 114/115 (nach Greg Davis, 1975), 128 (nach Peters, 1938), 129 (nach Peters, 1938), 130 (nach Reinhold Blank, »Stern«, Nr. 9/1979), 137 (nach Bannan, Hermans), 138 (nach Nishiwaki und Hayashi, 1951), 151, 163, 222 (nach Lyall Watson, 1981), 234 (nach Siebenaler und Caldwell, 1956), 248–260 (nach Lyall Watson, 1981)

Der Text des Walfängerliedes auf S. 34 wurde der im Verlag »pläne«, Dortmund, erschienenen Schallplatte »Leviathan. Lieder der Walfänger« entnommen.

Farbteil

Petra Deimer Tafel 2 unten, Tafel 7 unten, Tafel 9, Tafel 10/11, Tafel 10 unten, Tafel 11 unten, Tafel 13 oben, Tafel 14 oben
W. Fietz Tafel 12 oben
François Gohier Tafel 1, Tafel 6/7, Tafel 7 Mitte, Tafel 8, Tafel 16
Internationaler Tierschutz-Fond (IFAW) Tafel 13 unten, Tafel 15 oben
Wulf Schomer Tafel 10 Mitte, Tafel 12 unten
Richard Sears/Earthviews Tafel 4/5
Gregg Vane Tafel 3
World Wildlife Fund (WWF) Tafel 2 oben

Register

Die *kursiv* gesetzten Seitenzahlen verweisen auf die Abbildungen